“国家级一流本科课程”配套教材系列

计算机导论

李宁 编著

清華大學出版社
北京

内 容 简 介

本书是国家级一流本科课程"计算机导论"指定教材，以专业导学为目标，培养学生"知识、能力、素质、方法、思维、职业"六个维度的专业认知，为后续计算机专业课程的学习和综合专业素质的培养打下基础。本书内容包括计算机原理、数据处理、算法与软件、自动控制、多媒体技术和计算机发展史等专业基础知识，以及大数据、云计算和人工智能等前沿技术。每章内容都是通过问题和案例切入，引出原理性知识的学习、计算思维的启迪和前沿问题的思考，使学生能够掌握相关知识，解释概念，简述原理，分析问题，以适应未来的专业学习；同时激发学生的专业兴趣，引导学生逐步形成发现问题、分析问题和解决问题的思维方式，造就自己成为合格的计算机专业人才。

本书适合作为高等学校计算机相关专业的"计算机导论"课程或新生研讨课的教材，也可作为其他专业的学生学习计算机基础知识的参考用书。

图书在版编目（CIP）数据

计算机导论/李宁编著. —北京：清华大学出版社，2024.3（2024.8 重印）
"国家级一流本科课程"配套教材系列
ISBN 978-7-302-65908-2

Ⅰ. ①计…　Ⅱ. ①李…　Ⅲ. ①电子计算机－高等学校－教材　Ⅳ. ①TP3

中国国家版本馆 CIP 数据核字(2024)第 064733 号

责任编辑：龙启铭　王玉梅
封面设计：刘　键
责任校对：胡伟民
责任印制：杨　艳

出版发行：清华大学出版社
　网　　址：https://www.tup.com.cn，https://www.wqxuetang.com
　地　　址：北京清华大学学研大厦 A 座　　**邮　　编**：100084
　社 总 机：010-83470000　　**邮　　购**：010-62786544
　投稿与读者服务：010-62776969，c-service@tup.tsinghua.edu.cn
　质量反馈：010-62772015，zhiliang@tup.tsinghua.edu.cn
　课件下载：https://www.tup.com.cn，010-83470236
印 装 者：三河市龙大印装有限公司
经　　销：全国新华书店
开　　本：185mm×260mm　　**印　　张**：13.25　　**字　　数**：332 千字
版　　次：2024 年 3 月第 1 版　　**印　　次**：2024 年 8 月第 2 次印刷
定　　价：39.00 元

产品编号：093649-01

前言

导论类课程一般是大一新生的第一门专业课，虽然深度不足，难度不高，但讲好不易，因为面对以下几方面挑战：

(1) 授课内容的广泛性。由于计算机学科发展快，且与多个学科交叉，因此导论课的内容涉及面广。目前大多数高校的导论课学时数为48～64，为适应教学改革，我们将课程学时数控制在32，因而授课内容很难面面俱到。即使选讲一部分，学生仍然会感觉内容杂乱，抓不到重点。

(2) 授课对象的差异性。一些来自发达地区的学生，在中学阶段上过信息技术基础课，甚至还具备了一定的编程能力。但是来自欠发达地区的学生过去很少接触这些知识。因而面对同样的课程内容，一些学生吃不饱，一些学生吃不了。

(3) 培养目标的挑战性。今天计算机教育普遍提倡系统能力的培养，包括系统思维、系统设计、系统开发和系统应用等方面的能力，工程教育专业认证也要求培养学生解决复杂工程问题的能力。但是大一新生的计算机基础还很薄弱，如何使他们具备这样的能力呢？

尽管导论课面临种种困难和挑战，但学界对于导论课的期望是基本一致的。概括说来，一门好的导论课应该具备以下特点：

(1) 能够达到课程目标和毕业要求。

(2) 能够唤起学生的兴趣。

(3) 能够起到专业引导的作用。

据我们了解，各高校的“计算机导论”课程一般有以下几种讲法：

(1) 替代大学计算机基础，主要讲解计算机基础知识和办公软件、操作系统等的使用。该课程常常面向非计算机专业的学生，难以满足计算机专业人才培养的要求。

(2) 以专业知识为主。按照传统门类讲解计算机原理、操作系统、数据库、计算机网络等核心课程的入门知识。这种讲法很难让学生感兴趣，而且和日后的专业课多有重复。

(3) 以编程能力培养为主。虽然编程是计算机专业的基础，但是这样讲难免以偏概全，难以达到导论课专业导学的全面要求，况且也会与其他的程序设计课程重复。

(4) 以系列讲座为主。这种讲法难以满足课程目标的要求，各讲的内容缺少整体关联性。

(5)以计算思维为主。讲解计算科学的核心问题和解决方式。这种讲法比较适合高年级的学生，但对于大一学生，特别是非重点高校的学生很难听懂或真正接受，还会让学生日后对专业敬而远之。

我们认为，为解决上述问题，首先要对专业培养目标有明确认识。什么样的培养目标就会有什么样的导论课设计。研究型的高校可以侧重计算思维的培养，引导学生在毕业后从事理论性的研究工作；应用型的高校可以侧重工程思维或设计思维的培养，引导学生毕业后进行产品创新或解决复杂工程问题。北京信息科技大学的“计算机导论”课程就属于后者。

其次，“计算机导论”课程的教学要坚持以“导”为主，而不是以讲授知识为主。我们赞同导论课要发挥“五导”作用，即知识引导、方法引导、思维引导、意识引导和职业引导；注重引导学生对专业的认知和对未知问题的探索。因此我们从认知规律出发，坚持从应用中来到应用中去的理念，通过好奇心激发学生的专业兴趣，注重知识的原理性、系统性和实用性，避免套用生硬、高深的专业理论框架，从学生熟悉的IT领域热点案例切入，通过问题引导，结合实物，深入浅出地讲解计算机工作原理，并把计算思维的培养贯穿其中。本教材主要内容如下：

第1章，从学生们编写的第一个程序入手，讲解计算机如何工作，引出计算机的基本功能、数据和指令的表示、CPU的工作原理、程序和算法的概念。

第2章，从超市购物谈计算机如何记算，引出二进制和十六进制数据表示、存储器的工作原理、内存和外存的概念、数据类型和数据库，以及数据挖掘与大数据。

第3章，从计算机博弈谈如何让计算机具有智慧，引出算法、图灵测试、神经网络、人工智能及其应用。

第4章，从无人驾驶汽车谈计算机如何改变外部世界，引出信息感知、计算机接口、控制和反馈、计算机外部设备、计算机系统的概念，以及单片机与嵌入式系统的应用。

第5章，从共享单车谈计算机如何通信，引出计算机网络的概念、以太网工作原理、互联网协议，以及网络安全的重要性。

第6章，从元宇宙谈计算机如何创造虚拟时空，引出文、声、图、像的计算机处理、信息检索，以及虚拟现实和增强现实技术。

第7章，从算盘和齿轮入手，讲解计算机如何从过去走向未来，引出计算机的分代、并行处理和超级计算机、软件工程、新一代计算技术，以及信息技术产业和未来发展。

总之，本教材改变了传统的专业知识体系，但又覆盖了应有的知识点，使授课内容更加贴近实际，各部分知识的关联更加紧密。

再者，既要让学生知道今天解决了哪些问题，还要让学生知道哪些问题还没有解决，或者怎样解决会更好，这有助于培养学生的创新意识，激发其学习兴趣和学习动力，甚至可以帮助他们明确人生规划和未来的奋斗方向。另外，将前沿知识和最新发展融入“计算

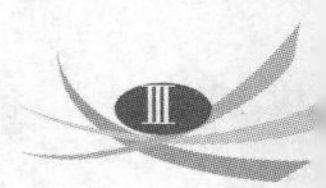

机导论"课程的教学内容中,既是深化专业课程改革的必然趋势和发展方向,也是创新型、应用型人才培养的有效途径。学生对前沿知识、先进技术和重要成果有了一定了解之后,能够拓展视野,启迪思维,对自身创新能力以及解决复杂工程问题能力的培养都大有裨益。我们在本教材中融入了诸多信息技术领域的最新发展,例如人工智能,云计算和大数据,量子计算与量子通信等,并鼓励学生通过多种途径学习这些知识。这些层次丰富的教学内容,有助于开展分层教学工作,解决学生计算机基础水平参差不齐的问题。

北京信息科技大学自2014年起开设"计算机导论"课程,本课程在2019年入选"双万计划"国家级一流课程,本教材是在近十年的教学探索中逐步积累而成的。除了教材之外,我们还需要从认识规律出发,设计合理的教学内容和教学方法。导论类课程要特别尊重人类的认识规律,即从感性认识到理性认识,从具体到抽象,从现象到本质。例如,本教材中并没有设置专门的章节讲授计算思维,而是将基础知识与计算思维关联起来讲授。每讲完一部分知识,都会引导学生从计算思维的高度加以深入认识,使学生在潜移默化中体会计算思维的精髓,做到"授之以渔"。又如,学生对计算机的感性认识大多来自硬件。我们在讲授导论课的时候,常会将一堆零零碎碎的计算机配件带到课堂,如计算机主板、CPU、内存条、拆开的硬盘和U盘、拆开的键盘和光驱等。这些实物对于学生理解计算机原理很有帮助。再如,在解决复杂工程问题的能力以及创新能力的培养方面,我们设计了许多开放性的问题,例如,如何提高计算机的速度、怎样设计一个智慧校园等,作为课后研讨问题或在课堂上讨论。这些问题往往会得到几十种回答,其中不乏创新的想法。本课程的实践环节还会安排学生自主完成计算机组装实验和开源软件的使用,锻炼学生"学到、看到、用到、做到"的能力。此外,尽管课时较少,6年来我们坚持组织全体学生到曙光信息产业股份有限公司参观高性能服务器生产线,听取讲解,目睹国产芯片的成功应用,让学生了解真实的计算机制造过程、所用的关键技术和国产化水平,在加深知识理解的同时,激发打好基础迎接挑战,将来为国家解决"卡脖子"难题的爱国情怀。

总之为使导论课达到金课所要求的"高阶性、创新性、挑战度"标准,需要从课程目标、教材建设、教学内容、教学方法、考核方式等多方面加以探索,我们也期待使用本教材的同行们不断给予指导和反馈。

本教材在编写方面,注意到以下几方面:

(1) 言简意赅。有人总结说,学习知识应该把一本厚书读薄,再把薄书读厚,可见教材的薄厚并不是关键。薄一些的教材可以适当减轻学生的心理负担,并帮助学生节省一些买书的费用。本教材虽然只有200页左右,但在内容的系统性和新颖性上并不逊色。

(2) 音在弦外。任何一本教材都不可能包罗万象,尤其是日新月异的信息技术相关教材。本教材在各章加入了适量的"延伸阅读"内容,鼓励学生从课堂之外汲取营养,养成自主学习的习惯。

(3) 信而通达。本教材的语言表达尽量通俗易懂,章节标题采用问句形式,尽量避免冗长的术语和公式,以消除学生对未知领域的恐惧心理。但是在概念和原理的表达上,力求准确精练,部分内容参考了多种来源的资料,并融入了作者的理解。不妥之处,敬请批评指正。

本教材第3章和第7章为李宁与侯霞编写，第5章为李宁与焦立博编写，其余4章由李宁编写。本教材在编写过程中得到许多师生的关心和帮助，在此一并表示感谢。

作　者

2023年10月6日

目 录

第2章　计算机如何记算　/27

第3章　如何让计算机具有智慧　/54

第 1 章 计算机如何工作

大家学习计算机编程后的第一个收获，一定是把图 1-1 这样的一个程序成功运行起来了。

```
1  #include <stdio.h>
2  int main()
3  {
4      printf("hello world! \n");
5      return 0;
6  }
```

图 1-1　C 语言写出的"hello world!"程序

当第一次看到屏幕出现了期待的"hello world!"，我们肯定很兴奋，然后就认为学会了这段程序。其实这时，我们只看到了冰山的一角。大家有没有想过如下这些问题？

(1) 程序中的字符是怎么通过键盘输入到计算机里去的？

(2) 计算机是如何读出程序文件的？

(3) 程序文件是怎么运行起来的？

(4) "hello world!"这几个字是怎么显示在屏幕上的？

(5) 把"hello world!"这几个字换成中文"大家好！"又该如何做？

(6) ……

要回答这些问题，我们不得不把计算机先大概了解一下。

1.1 什么是电子计算机

什么是电子计算机呢？如果要给电子计算机下个定义，可能十个人有十种说法。其中有一种我们认为比较贴切的说法是：电子计算机是一种在存储指令集的控制下，接收输入，处理数据、存储数据，并产生输出的多用途电子设备。为简便起见，除非特指，本书讲的计算机均指电子计算机。

这个定义中有几个关键点大家要注意体会：

(1) 存储指令集的控制,这说的是每台计算机天生都能听懂几条命令,例如,把两个数相加,把数据移动一个位置,等等。无论多复杂的任务,最后都要翻译成这些命令让计算机去执行。

(2) 输入,就是把我们想表达的内容输入到计算机。简单的输入有诸如组成上面那段程序的字符,复杂的输入则可以是棋盘的走棋、人类的语音,甚至是人脸的图像等。这些内容输入计算机后,便成为了数据。

(3) 处理数据,即计算机对输入的数据进行加工,例如进行运算或修改等。

(4) 存储数据,即将计算机处理后的数据保存起来。

(5) 输出,即让人看到计算机处理或保存的数据,或者再发送给其他系统。

(6) 多用途,即计算机可以完成多种任务,例如除了计算之外还可以处理办公事务。

这里最重要的就是数据处理功能。计算机一般会对输入的数据进行处理后再输出,如果输入后直接保存或输出,那计算机就跟复印机、录音机没什么两样了。能够对数据进行处理正是计算机的价值所在。

下面我们开始一个探索之旅,尝试构造一些设备,完成“hello world!”程序从输入到运行的过程,换句话说,凭借我们中学学到的物理知识,一起来造一台计算机。

1.2 怎样把字符输入计算机

回到“hello world!”程序,大家肯定都是通过键盘和鼠标把代码输入到计算机中的。那我们就先做一个键盘。

1.2.1 典型的输入设备是怎样工作的

当然,为了造出一个东西,我们最好先把已有的东西拆开来“解剖”一下,这样“仿制”起来比较快,后面的很多东西我们都采用类似的思路来做。

下面我们就拆一个键盘。图 1-2 是一个计算机键盘。当我们把这个键盘外壳上能找到的螺丝都拧下来后,键盘的内部就很容易看到了。

图 1-2 键盘

这时,我们大胆地用螺丝刀撬起几个按键,就会看到图 1-3 所示的拆掉了一部分按键的键盘。

图 1-3　拆掉了一部分按键的键盘

这时我们会发现每一个按键下面都是一个按键式的开关。我们继续把按键这一层电路板取下来，会看到导电薄膜，如图 1-4 所示。

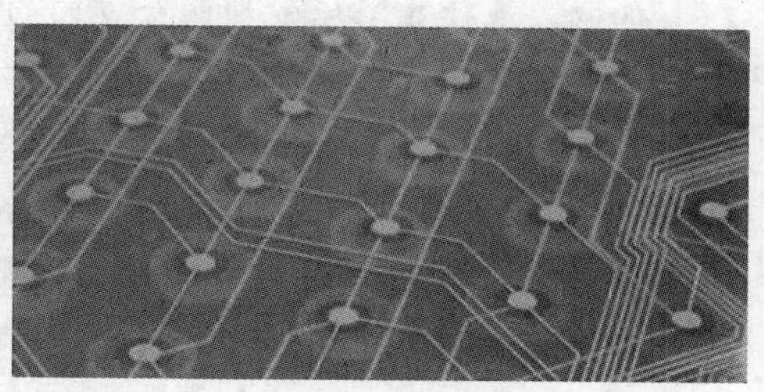

图 1-4　键盘中的导电薄膜

分析图 1-4 所示的电路，我们可以得到图 1-5 的结果。

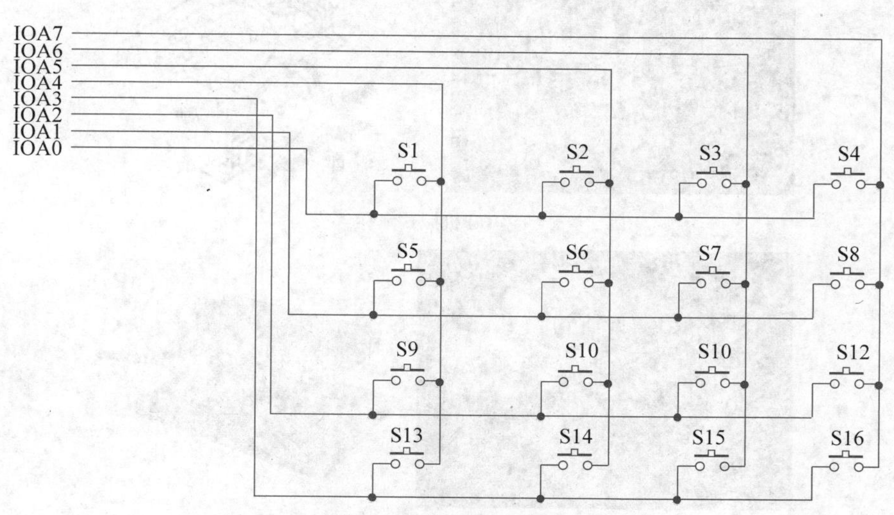

图 1-5　键盘中的电路开关

图 1-4 所示的导电薄膜上面，分布着纵横向的导线，它们的交点就是一个开关。平时纵横向导线不接触，纵向导线电位均为 0。使用时循环给每根横向导线加上高电位，当某个按键按下时，按键下面的纵横向导线接通，如果恰巧横向导线为高电位，此时会探测到纵向导线也会出现高电位，这时根据这对导线的位置我们就知道哪个键被按下了。用这样的方式循环探测每根纵向导线的电位，就可以判断每个按键的操作。由于横向导

线加电的频率以及纵向导线检测的频率都很快(就像不间断地“扫描”每个按键),当我们按下某个按键的时候,相应的横向导线总有足够的时间被加上高电位,因此不用担心哪个按键动作会被漏掉。

知道了这个原理,大家造出这样一个键盘应该不会太难了吧?

由于大家使用的是图形用户界面,我们可能还需要造一个鼠标,请大家看一下“延伸阅读”这部分。

延伸阅读:鼠标的工作原理

鼠标主要分为机械式鼠标和光电式鼠标两种。

机械式鼠标靠滚球带动两个方向的转盘转动,转盘上有光栅,发光二极管(LED)发出的光经过光栅,由此可以得到 X-Y 方向转动幅度的计数(这个计数通过鼠标接口送到计算机中),从而感知到鼠标移动的位置,如图 1-6(a)所示。由于滚球容易脏,导致计数不准,因此现在普遍使用的是光电式鼠标。光电式鼠标 LED 发出的光到达桌面再反射回鼠标的光学镜头,由此可以测出桌面纹理的变化快慢和方向,从而感知到鼠标移动的位置,如图 1-6(b)所示。

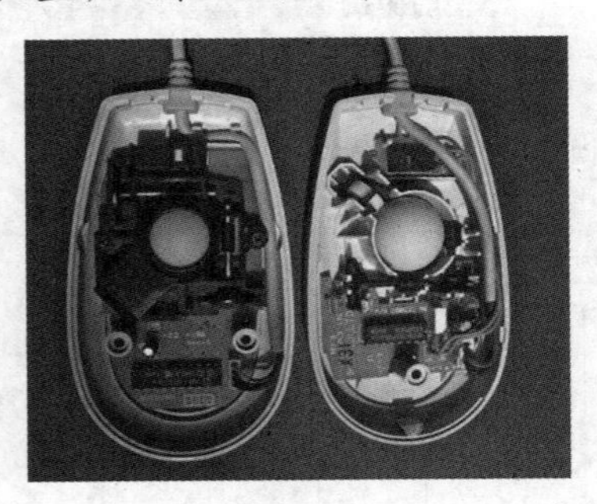

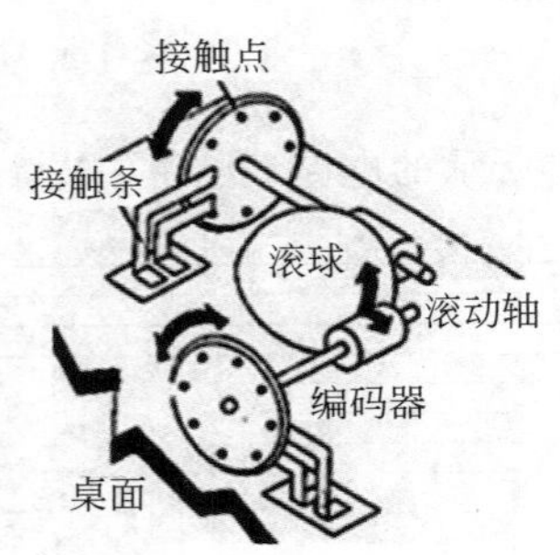

(a) 机械式鼠标

(b) 光电式鼠标

图 1-6 鼠标的工作原理

1.2.2 还有哪些输入设备

除了键盘、鼠标,我们常用的输入设备还有很多,例如早期的穿孔卡片,到后来的手写板、扫描仪、游戏手柄、条码扫描枪,再到身体姿态捕捉器,这些年随着人工智能技术出现的生物特征提取设备，例如人脸识别摄像头、指纹传感器等也都是输入设备。部分输入设备如图 1-7 所示。希望大家留心观察身边的各种输入设备，特别想一探究竟的时候可以动手拆一个，但是最好还是先上网查查有没有这方面的资料，如果弄明白了，能不拆就不拆。

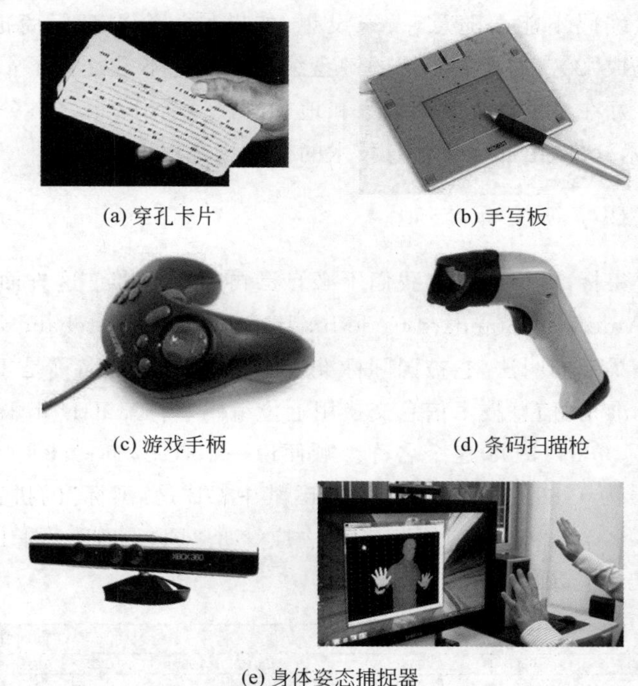

(a) 穿孔卡片 (b) 手写板

(c) 游戏手柄 (d) 条码扫描枪

(e) 身体姿态捕捉器

图 1-7 部分输入设备

现在我们可以开始编写代码了。

1.3 计算机如何记录和保存代码

现在我们碰到了一个新问题：按键盘得到的按键位置，怎么能变成计算机里的字符呢？不急，我们先来认识一下计算思维。

大家要逐渐养成一种计算机工作者思考问题的方式，就是所谓的计算思维。所谓思维就是人们思考问题的方式。不同的人，特别是不同职业的人，思考问题的方式有所不同。大家可能听说过这个故事：有一年发生饥荒，百姓没有粮食吃，只能挖草根，吃树皮，许多百姓因此活活饿死。消息被迅速报到了皇宫中，晋惠帝坐在高高的皇座上听完了大臣的奏报后，大为不解。“善良”的晋惠帝很想为他的子民做点事情，经过冥思苦想后终于找到一个办法，帝曰：“百姓无粟米充饥，何不食肉糜？”（百姓肚子饿没米饭吃，为什么不去吃肉粥呢？）。这显然是皇帝的思维，一般人不会这么去想问题。要成为计算机行业的从业者，我们要培养正确的计算思维才能“不说外行话，不做外行事”。

计算思维中有一个要点称为变换，也就是说，要把现实世界中的事物变换成计算机容易处理的数据。

要把键盘位置变换成数据，大家想到的最简单的办法，就是给键盘的每个位置编一个号，例如键盘“a”的位置为“01”，“b”的位置为“02”。这就是编码的含义了。这里要注意，我们给键盘的位置编码不能太随意，大家设想，如果另一个键盘厂商把位置“a”编码成“10”，位置“b”编码成“20”，这样用不同的键盘编写代码岂不是乱套了？所以我们需要用一套统一的编码。好在经过世界各个国家和地区的协商合作，很多事务都能够形成一致的方案，即信息技术标准，由此可见信息技术的标准化是很重要的。

1.3.1 什么是编码字符集标准

幸好编码字符集标准已经有了，我们不必自己再发明一套。这方面国际上用得最多的标准是 ASCII(American Standard Code for Information Interchange，美国信息交换标准代码)，当然这是早期的叫法，它被国际标准采用之后，正式的名称是 ISO/IEC 646。在我国对应的国家标准是《信息技术信息交换用七位编码字符集》GB/T 1988—1998。我们建议大家用 GB/T 1988—1998 这个名称。顺便说一下，GB/T 1988—1998 的含义是，在 1998 年修订的编号为 1988 的推荐性国家标准，其中 GB 是“国标”的拼音字头，T 是推荐的“推”的拼音字头，所以“GB/T”的正确念法应该是“国标-推”。图 1-8 所示为 GB/T 1988—1998 的编码字符集。

高四位		非打印控制字符										打印字符												
		0000					0001					0010		0011		0100		0101		0110		0111		
		0					1					2		3		4		5		6		7		
低四位		十进制	字符	ctrl	代码	字符解释	十进制	字符	ctrl	代码	字符解释	十进制	字符	十进制	字符	十进制	字符	十进制	字符	十进制	字符	十进制	字符	ctrl
0000	0	0	BLANK NULL	^@	NUL	空	16	►	^P	DLE	数据链路转意	32		48	0	64	@	80	P	96	`	112	p	
0001	1	1	☺	^A	SOH	头标开始	17	◄	^Q	DC1	设备控制 1	33	!	49	1	65	A	81	Q	97	a	113	q	
0010	2	2	☻	^B	STX	正文开始	18	↕	^R	DC2	设备控制 2	34	"	50	2	66	B	82	R	98	b	114	r	
0011	3	3	♥	^C	ETX	正文结束	19	‼	^S	DC3	设备控制 3	35	#	51	3	67	C	83	S	99	c	115	s	
0100	4	4	♦	^D	EOT	传输结束	20	¶	^T	DC4	设备控制 4	36	$	52	4	68	D	84	T	100	d	116	t	
0101	5	5	♣	^E	ENQ	查询	21	§	^U	NAK	反确认	37	%	53	5	69	E	85	U	101	e	117	u	
0110	6	6	♠	^F	ACK	确认	22	■	^V	SYN	同步空闲	38	&	54	6	70	F	86	V	102	f	118	v	
0111	7	7	●	^G	BEL	震铃	23	↨	^W	ETB	传输块结束	39	'	55	7	71	G	87	W	103	g	119	w	
1000	8	8	◘	^H	BS	退格	24	↑	^X	CAN	取消	40	(	56	8	72	H	88	X	104	h	120	x	
1001	9	9	○	^I	TAB	水平制表符	25	↓	^Y	EM	媒体结束	41	)	57	9	73	I	89	Y	105	i	121	y	
1010	A	10	◙	^J	LF	换行/新行	26	→	^Z	SUB	替换	42	*	58	:	74	J	90	Z	106	j	122	z	
1011	B	11	♂	^K	VT	竖直制表符	27	←	^[	ESC	转意	43	+	59	;	75	K	91	[	107	k	123	{	
1100	C	12	♀	^L	FF	换页/新页	28	∟	^\	FS	文件分隔符	44	,	60	<	76	L	92	\	108	l	124	|	
1101	D	13	♪	^M	CR	回车	29	↔	^]	GS	组分隔符	45	-	61	=	77	M	93	]	109	m	125	}	
1110	E	14	♫	^N	SO	移出	30	▲	^6	RS	记录分隔符	46	.	62	>	78	N	94	^	110	n	126	~	
1111	F	15	☼	^O	SI	移入	31	▼	^-	US	单元分隔符	47	/	63	?	79	O	95	_	111	o	127	Δ	^Back space

图 1-8　GB/T 1988—1998 的编码字符集

编码字符集就像一个字典，其中列出了字符和编码的对应关系。只要大家能共同遵守这个字典的约定就可以了。字典本身不一定要存在于计算机里，当想不起来某个字符

的编码的时候能从网上查出来就可以了。

回到图 1-1 所示的"hello world!"程序代码，如果按 GB/T 1988—1998 编码，那实际的内容就如图 1-9 所示。

#	i	n	c	l	u	d	e	*SP*	<	s	t	d	i	o	.
35	105	110	99	108	117	100	101	32	60	115	116	100	105	111	46
h	>	\n	\n	i	n	t	*SP*	m	a	i	n	(	)	\n	{
104	62	10	10	105	110	116	32	109	97	105	110	40	41	10	123
\n	*SP*	*SP*	*SP*	*SP*	p	r	i	n	t	f	(	"	h	e	l
10	32	32	32	32	112	114	105	110	116	102	40	34	104	101	108
l	o	,	*SP*	w	o	r	l	d	\	n	"	)	;	\n	*SP*
108	111	44	32	119	111	114	108	100	92	110	34	41	59	10	32
SP	*SP*	*SP*	r	e	t	u	r	n	*SP*	0	;	\n	}	\n	
32	32	32	114	101	116	117	114	110	32	48	59	10	125	10	

图 1-9　按 GB/T 1988—1998 编码的"hello world!"程序代码

1.3.2　为什么要把代码保存起来

当我们把代码保存成文件，例如 hello.c 时，它里面存放的就是图 1-9 所示的内容。为什么要把代码保存下来呢？这里有几个原因：首先，这段代码我们可能要经常调出来运行，或修正出错的地方，或增加一些功能；其次，这段代码没法在计算机中直接运行，需要经过编译、汇编、链接等过程才能运行起来，而编译、汇编、链接都需要有文件才行。另外，前面说过，存储数据也是计算机的一项功能。

这里需要强调的是，计算机只有把代码保存起来，才能成为通用设备。因为每一个程序都对应某些特定的功能，例如，hello.c 的功能是打印英文的"hello world!"，而 c-hello.c 能够打印中文的"大家好！"。这样，切换到不同的程序来运行，计算机就可以完成各种任务，变得通用，而不只是打印"hello world!"。

这样的一个 hello.c 文件会保存在哪里呢？一般情况下它会被保存在硬盘里。比起计算机的内存，硬盘有一个很重要的特点就是保存在里面的数据不会丢失。至于为什么会这样，以及怎样做出这样一个硬盘来，这是第 2 章要讲的内容，这里先略过不提。

下面，我们最想做的事，就是让图 1-1 这段代码运行起来。

1.4　计算机如何读懂程序

现在，我们需要有一个器件，能够读懂和运行 hello.c 这段代码。为了造出这样一个器件，我们还得学习几个概念。

1.4.1　什么是指令和指令集

首先要说一说指令。

指令就是让计算机完成某项任务的命令。这与我们军训中的命令很相似，有的命令要做很复杂的事，例如，全体集合！它的含义可能有：起床，穿衣，穿鞋，跑步出门，到达指定地点，列队等；有的命令却十分简单，例如，立正，稍息。计算机的指令有的也很复杂，但是我们这里关注的是非常基本的指令，一般称为基本指令，例如，取数据、相加、保存结果等。有了这些基本命令，完成一次复杂的任务也是可以的，我们只要把复杂的任务分解成简单的步骤，每个步骤只对应一个基本指令就可以了。这也属于一种常见的计算思维，即化繁为简，分而治之。

我们需要的这个器件用专业术语来说就是中央处理器(Central Processing Unit, CPU)。它是计算机的大脑，负责理解和执行各种指令。这个计算机的大脑其实并不十分聪明，它只能解释和执行一组预先设定好的基本指令，这组指令称为CPU的指令集。每种CPU在开发出来的时候，都设计好了一套指令集，换句话说，指令集的不同是不同CPU的根本区别。

这么看CPU是靠着勤奋，把各种复杂的任务映射为基本指令来完成的。这就是所谓的"勤能补拙"吧。

1.4.2 怎样让高级语言程序变成机器指令

CPU执行的指令和计算机处理的数据都有一个共同的特点：它们都是由"0""1"构成的二进制形式。例如，可以用00000100表示加法操作，这种由"0""1"构成的指令也称为机器指令，这也是CPU真正可以理解和运行的指令。关于二进制，我们会在第2章再深入介绍。

把一个任务分解成一行行代码的过程，称为编写程序或编程。

现在，摆在我们面前的问题是，怎么把图1-1中用C语言写出的代码，变成一系列的机器指令让CPU来执行。另外，大家可能会问，我们能不能直接用二进制形式的机器指令来编写程序？

其实，最早的计算机程序就是用机器指令写出的，或者说人们曾经直接用机器看得懂的语言(机器语言)来编写代码。这样的代码可以直接交给CPU运行，效率很高。但这样做带来的问题是，程序员需要熟记这些机器指令，另外，即使是完成一项并不复杂的任务，往往也要写成千上万行代码，更麻烦的是，如果有了错误，则要从这些代码中找到错误所在，实在是一件令人生畏的事情，更不要说让别人来帮助修改代码了。

后来人们发明了汇编语言。汇编语言里面使用了大量的英文单词作为操作的助记符，例如，MOV表示移动操作(move)，ADD表示相加操作(addition)等。例如，计算55加11，可以写成：

```
MOV ra, 55
ADD ra, 11
```

第1条语句表示将55放到寄存器ra中，第2条语句表示将11和ra寄存器中的数相加，并将结果放在ra中。

如果我们用汇编语言表示图 1-1 所示的 C 语言代码，则会是下面的形式（这里仅列出了一部分），如图 1-10 所示。

```
1  main:
2      subq    $8, %rsp
3      movl    $.LC0, %edi
4      call    puts
5      movl    $0, %eax
6      addq    $8, %rsp
7      ret
```

图 1-10 汇编语言表示的“hello world!”程序

大家看这一段代码，虽然比机器语言代码好懂多了，但是还是比较费劲。一些同学将来可以跟随其他课程系统地学习汇编语言程序设计，以便彻底弄懂这段程序。但是对于大多数同学来说，可能不再需要去弄懂它了。因为我们很幸运今天已经有了 C 语言这样的高级编程语言，这种高级语言的表达方式很像自然语言，因此可以让我们很轻松地编写程序。高级语言编程的好处是：容易学会；不用太关心不同计算机的差异，程序容易移植到不同的计算机上；编程效率高。

延伸阅读：语言

我们这里所说的编程语言跟人类用到的语言有异曲同工之处。大家能说说“汉语”和“英语”的区别吗？大家学了这么多年的英语，肯定一言难尽。但是如果我们从抽象的角度看，那就是两个语言的最小单位——词（或字）不同，加上如何用词（或字）来构造句子的语法不同。计算机编程语言到现在出现了上百种，它们有很多共性，根本的区别就在于不同的关键词和语法。因此大家将来学习各种编程语言的时候重点掌握关键词和语法就可以了。另外，不同的编程语言在使用中各有千秋，大家尽可根据需要选用。

前面，我们从指令，讲到了机器语言和汇编语言，但是我们还是没弄明白，图 1-1 中的 C 语言程序到底是怎么让计算机读懂的。其实，计算机读懂 C 语言程序的过程就是前面的逆向过程，即：将 C 语言程序（源代码）翻译成汇编语言代码，再将汇编语言代码翻译成机器语言代码，从而让计算机看懂并执行。好在这中间的翻译过程不用人工来做，可以用另外的程序（编译程序）来自动完成，gcc 就是 Linux 系统中常用的 C 语言编译程序。

从高级语言到机器语言的翻译过程，称为编译。严格地说，除了翻译，编译过程还要做一些其他的事，例如，它需要对源代码进行一些预处理，在形成汇编语言代码的后期还要进行链接和打包封装等工作，最后形成能在特定系统上运行的二进制目标文件（例如，hello.exe），也称为可执行文件或目标代码，如图 1-11 所示。

大家应该会意识到，目标代码与将要运行代码的 CPU 有关，后面我们还会知道与操作系统也有关。好在有能力研制 CPU 的厂商并不多，常听到的只有 Intel、AMD 和龙芯

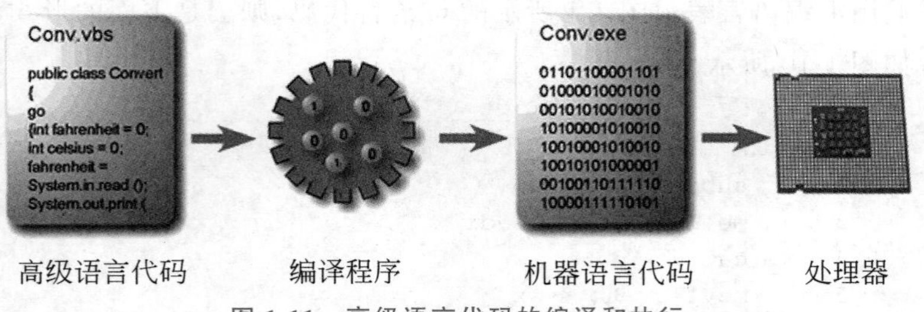

图 1-11 高级语言代码的编译和执行

等几家公司，它们生产出的 CPU 种类也有限，例如 X86 系列、ARM 系列以及 MIPS 系列等，每个系列的 CPU 的指令集很少变化，否则，我们就得整天没完没了地为新的 CPU 编译程序了。

关于程序编译的知识，将来大家可以从“编译原理”相关的课程中进一步了解。

1.5 计算机如何执行程序

现在我们手里有了 C 语言的可执行目标代码，下面要把它放在计算机的大脑——CPU 中运行起来，这就是计算机的数据处理。

1.5.1 机器如何转变成大脑

其实，计算机的工作原理很多地方跟人很接近。人的大脑有两个功能，一个是思考，一个是记忆。计算机的大脑 CPU 也有这两个功能。我们脑子里记的东西容易被忘掉，所以会用记事本把事情记下来，CPU 的记忆也是暂时的，需要硬盘把数据长久保留下来。再有，人最重要的生命体征是心跳，计算机也有个类似的时钟脉冲，维持着计算机系统平稳、协调地工作。

在电子计算机出现之前，人们曾经做出很多脑洞大开的机械计算装置。其中一个比较厉害的是 1834 年查尔斯·巴贝奇(Charles Babbage，1791—1871) 做出来的差分机，如图 1-12 所示。这台差分机靠蒸汽机驱动许许多多的齿轮来工作，一些齿轮构成“存储库”，用来存储数据，它总共能存储 1000 个 50 位数；另外一些齿轮构成“运算室”用来计算，一次可以进行 50 位数加 50 位数的加法。一个世纪后的电子计算机原理其实和这台机器差不多，只不过这些齿轮换成了电子器件。

我们不妨改造一下这台机器——将蒸汽机驱动改为步进电动机来驱动。步进电动机每接收到一个脉冲就转一个角度。这样一来，显然我们给电机的脉冲频率越高，电机转得就越快，存取数据、处理数据的速度就会更快。

今天的电子计算机也是靠脉冲驱动的。计算机的时钟脉冲是由晶振元件产生的。大家在中学物理中知道，当给一个按特定方式切割的石英晶体加上电压时，晶体就会产生振荡，从而得到固定频率的脉冲。电子手表用的就是这个原理。计算机通过时钟发生器产

图 1-12　巴贝奇差分机

生时钟脉冲，能够达到很高的频率，如每秒数十亿次，因此计算机能够达到很快的处理速度。

1.5.2　机器的大脑如何记忆

CPU 要保持高速运行，数据的读写速度也要跟上。譬如巴贝奇差分机上的各个齿轮，它们要保持同步才行。有的齿轮大，数据记得多，但是转速慢；有的齿轮小，数据记得少，但是转速快。硬盘就属于前者。如果从硬盘直接读取数据进行运算，会非常慢，导致 CPU 的速度发挥不出来。怎么解决这个问题呢？人们想到了一个办法，就是把常用的数据保存到小齿轮上，不常用的数据保存到大齿轮上，这样可以保证大部分时间整个机器都在高速运转。

前面我们把 hello.c 编译后的目标代码 hello.exe 作为文件存放在了硬盘上。硬盘属于那种数据存取速度比较慢，但是能够长久保存的外部存储器，简称外存。为了保持较快的运行速度，CPU 是不能直接访问外存的。计算机中比硬盘快的存储器是内存(内存一般能比硬盘快 1～100 000 倍)。内存虽然快，但是一旦关闭计算机的电源，内存中的数据就消失了。所以内存和外存各有所长，需要相互配合才行。

然而即使是内存，在 CPU 看来还是太慢了，因此 CPU 自己设置了一些速度更快的存储器，包括寄存器和缓存器(寄存器和缓存器的访问速度又比内存快几十倍)，以便进一步提高速度。当然寄存器和缓存器不宜设置得过多，否则会增加计算机的成本，另外，太多的数据放在这类存储器中也会降低它们的速度，再有，寄存器和缓存器越多，CPU 的电路连线也会越复杂。这里需要大家体会另一种计算思维，这就是折中和适当的取舍，我们不仅要使一个方案达到局部最优的效果，更要使其达到全局最优的效果。

1.5.3 计算机的大脑有什么样的结构

除了记忆，CPU 更重要的工作就是解释指令和执行指令，另外还要知道目前指令执行到了哪一条。要把这些功能都包括进来，一个 CPU 就可以表示成图 1-13 所示的结构。

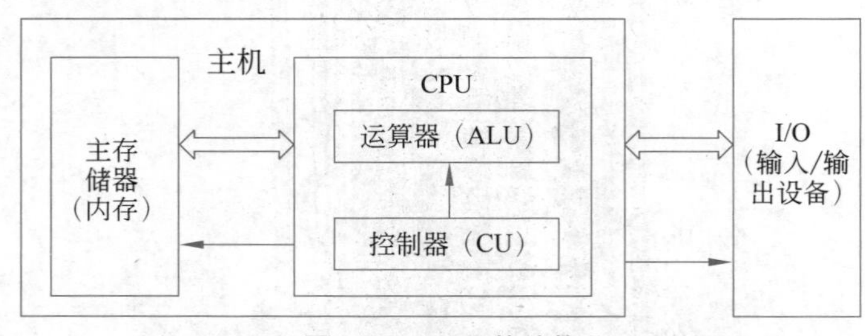

图 1-13 CPU 的结构

一台计算机可以分成主机和输入/输出设备。主机包括内存（主存储器）和 CPU。CPU 又包括运算器和控制器。运算器用于进行数据运算。控制器又包括指令计数器和指令寄存器，它从内存取出将要执行的指令，放到指令寄存器中解释执行，同时用指令计数器记住下一条要执行的指令的位置。

图 1-13 是对 CPU 的抽象表示。一个实际的 CPU 从外观上看是这样的，如图 1-14 所示。我们把一个复杂的事物表述成简单的、容易理解的形式，这个方法就是抽象，这也是我们需要掌握的一种计算思维。

(a) 外部　　(b) 内部

图 1-14 Intel Core i9 CPU

1.5.4 什么是 CPU 的心率

前面提到，计算机通过时钟发生器产生时钟脉冲，协调各个部分的工作。将脉冲的频率换算成周期（周期＝1/频率，单位：s），这就是时钟周期或节拍。时钟发生器的每一个节拍都会驱动一个基本的动作，例如：

第 1 个节拍：发送指令地址到存储器。

第 2 个节拍：取出存储器中的指令给控制器。

第 3 个节拍：控制器解释指令码。

第 4 个节拍：依据指令码控制相关动作执行。

这里需要区分几个概念：时钟周期、机器周期和指令周期。

机器周期指的是执行基本操作的时间，例如取指令、存储器读、存储器写等。

指令周期指的是 CPU 取出指令并执行这条指令的时间。一般来说，一条指令的执行时间为一至几个机器周期，但是对于复杂指令，需要更多的机器周期。图 1-15 展示了时钟周期与机器周期的关系。

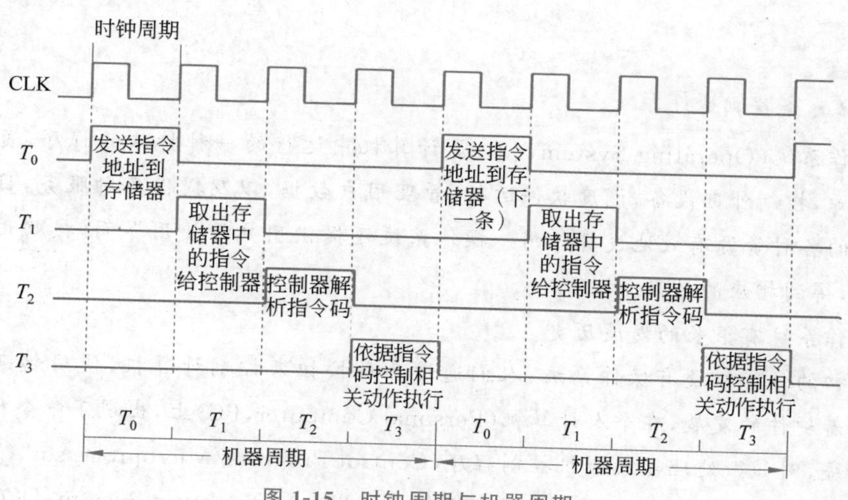

图 1-15　时钟周期与机器周期

如果按平均 1 条指令对应 1 个机器周期，1 个机器周期对应 4 个时钟周期来算，一条指令大约需要 4 个时钟周期。那么一个 1GHz 的 CPU，1s 内能够执行的指令数则为：$1\times10^9\div4=2.5$ 亿条。大家现在可以明白，我们购买计算机的时候看到的 CPU 主频表示的是什么意思了吧？

1.5.5　操作系统如何助力程序执行

前面的编译过程把高级语言程序 hello.c 要完成的任务分解成了一条条的基本指令，放到了目标文件 hello.exe 中。现在我们研究一下如何执行这个程序。

为了让 CPU 执行目标程序，大家习惯在 Windows 窗口中用鼠标双击 hello.exe 文件，或在命令窗口输入“hello.exe”来启动程序，当 hello.exe 开始运行时，就出现了我们期待已久的“hello world!”。在这些表象的后面，大家可能不知道，计算机还帮助我们做了许许多多的工作。

首先，在计算机里有一个长期驻留在那里的程序，只要计算机一开机，这个程序就开始运行了，直到关机为止。这个程序就是操作系统。操作系统负责指挥和调度各种计算机中的资源，例如，CPU 是否有空闲来运行 hello.exe（计算机在同一时刻可能有很多个程序要运行）？内存够不够用？有没有外部设备（如键盘）要和计算机打交道？从磁盘的什么地方寻找我们保存的文件？等等。除了这些之外，它还负责判断谁有权利使用计算机，如果它觉得你是个合法的用户(例如，你输对了用户名和口令)，那么它就允许你开始分派一个任务给它，这时它提示给你一个输入命令的符号，例如“$ ”，你一旦输入“hello.exe”，操作系统就开始加载这段机器指令。这时，它要在内存中找到一块空闲的地方，把hello.exe中的指令填写进去，另外它还要再找一块空闲的内存，把必要的数据放进去；同时，它还要把第一条指令放置的位置以及放置数据的位置记下来，这个过程称为程序的加载。

延伸阅读：主要的操作系统

操作系统(Operating System，OS)是计算机中运行的一种特殊的程序，负责分配硬件资源，控制外部设备，调度软件运行，管理用户数据，以及提供各种服务，目的是让计算机的各种资源有效地发挥作用。操作系统还提供用户的使用界面，接收用户的操作命令，得到相应的结果。

操作系统有很长的发展历史。

最初的计算机没有操作系统，人们通过各种按钮来控制计算机，使用起来很不方便。随着硬件的发展，在个人计算机(Personal Computer，PC)上，出现了命令行界面的操作系统，例如微处理器或微机控制程序(Control Program/Microprocessor，CP/M)操作系统(流行于1974—1980年)和磁盘操作系统(Disk Operating System，DOS)(流行于1981—1994年，目前还在使用)。这类操作系统可以接收键盘发出的命令，用字符的形式和用户交互，同一时间只能让一个用户(单用户)做一件事(单任务)。这类操作系统后来被图形用户界面(Graphical User Interface，GUI)的操作系统替代。图形用户界面的操作系统广泛使用鼠标、窗口和图标，改善了用户的交互体验，另外，也广泛支持多用户和多任务，目前常见的图形用户界面的操作系统有微软的Window系列和苹果的Mac OS等。

在一些商用计算机上，早期的计算机几乎都有自己专有的操作系统，例如IBM System/360等。1969年，贝尔(Bell)实验室的肯尼斯·汤普森(Kenneth Thompson)和丹尼斯·里奇(Dennis Ritchie)开发了一个名为UNIX的操作系统，C语言就是为UNIX而开发的高级语言。UNIX功能强大，能够支持多用户和多任务，易于移植，很快被移植到很多计算机硬件上，出现了很多衍生的版本。虽然今天一些计算机上还在使用UNIX，但是在1991年之后，UNIX逐渐被免费、开源的Linux所取代。Linux是林纳斯·本纳第克特·托瓦兹(Linus Benedict Torvalds)在1991年编写的操作系统，短小精悍，又能免费使用，迅速成为开源项目GNU的核心组件，功能上可以完全替代商业版本的UNIX，在各种计算机上得到广泛应用。在国内，用得较多的操作系统有麒麟操作系统和统信操作系统等，它们都是从Linux发展而来的。

> 今天广泛使用的手机等移动设备，大量使用 Android、iOS 和 HarmonyOS 操作系统，这些操作系统也是基于 Linux 的，它们为各种移动设备进行了定制，去掉了不必要的功能，增加了智能化的功能，例如，生物特征识别和智能人机交互等，使得手机等移动设备日趋智能化。
>
> 将来同学们可以从“操作系统”课程中进一步了解相关知识。

1.5.6 内存中怎样存放指令和数据

大家有没有想过，我们能不能把指令和数据放到内存的同一块地方呢？这个想法基本不可行。前面说过，计算机的机器指令和数据都是二进制的形式，放在一起岂不就分不清楚哪些是指令，哪些是数据了吗？另外，随着程序的运行，我们可能会产生很多新数据（试想我们用程序复制出很多个“hello world!”），如果数据增长越了界，跑到代码里面去了（有些病毒就是故意这样做的），程序就会崩溃。所以操作系统一定要把指令和数据放在内存的不同地方，而且要保证它们不会重合。

大家可能还想到了一个办法，我们能不能设置两种存储空间呢？一种专门存放指令，一种专门存放数据，井水不犯河水，这个想法倒是行得通。历史上的确有这样的设计，这种结构称为哈佛结构。这种结构带来的问题是，使用两个存储器造价会较高，另外空间的利用率不会很高，所以目前大多数计算机还是采用的前面这种设计，即将指令和数据放在同一存储器的不同位置，这种结构称为冯·诺依曼结构或普林斯顿结构。在冯·诺依曼结构中，要判断一个二进制数“00000100”表示的是操作指令“加”，还是值为 4 的数据，要看它是处在存放指令的区域还是存放数据的区域。

回到前面关于程序执行的话题，当机器指令加载到内存的某个位置之后，第一条指令在内存中的位置（称为首地址），就被记录到 CPU 的指令计数器中。由于指令在内存中是顺序存放的，每当 CPU 的指令计数器加 1，就会指向下一条指令的地址。

假设程序要做的事是得到“4”和“5”两个数相加的结果。如前所述，我们首先要编写程序，把这个任务分解为一条条的基本指令。再通过控制器解释每一条指令，通过运算器完成每一条指令。这些基本指令如下：

第 1 步：读取第 1 个数据。

第 2 步：读取第 2 个数据。

第 3 步：把两个数据相加。

第 4 步：把和（结果）保存起来。

程序运行时，CPU 根据指令计数器找到存放第一条指令的位置，从相应的地址中取出指令，然后交给控制器解释这条指令，再让运算器执行这条指令。每执行完一条指令，程序计数器的指针会自动加 1，指向下一条指令的地址。如此不断循环，直到执行完最后一条指令。

1.5.7 一个简单的程序是如何一步步执行的

我们看看指令是怎样执行的，如图 1-16 所示。

- P 是程序加载到内存后的首条指令位置。加法的两个操作数分别放在内存的 A 单元和 B 单元中，如图 1-16(a)所示。
- CPU 的指令计数器存放首地址 P，如图 1-16(b)所示。
- 控制器将第 1 条指令取到指令寄存器中并进行解释，如图 1-16(c)所示。
- 控制器明白这条指令是要将 A 单元的数和 B 单元的数相加，因此通知运算器执行这个指令，如图 1-16(d)所示。

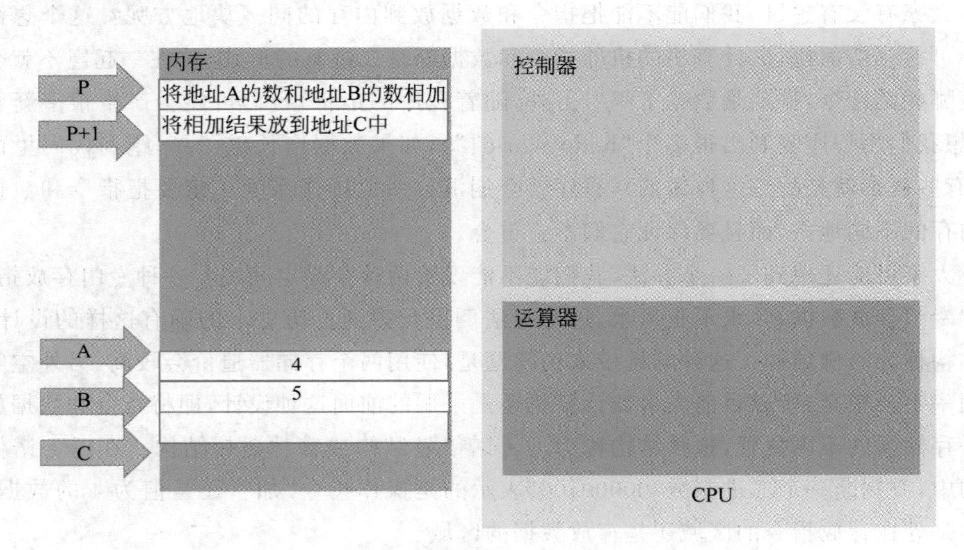

(a) 程序装载到内存

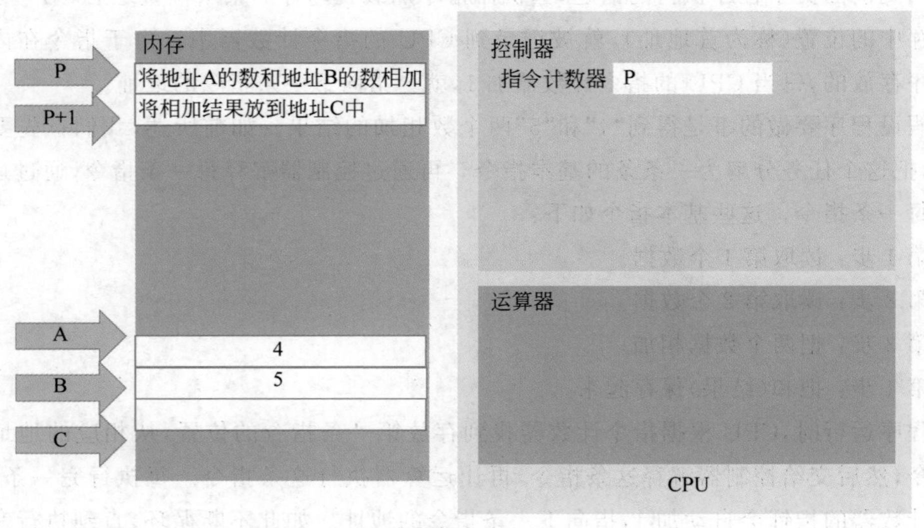

(b) 得到指令地址

图 1-16 CPU 中指令的执行过程

内存
P
将地址A的数和地址B的数相加
P+1
将相加结果放到地址C中
A
4
B
5
C
控制器
指令计数器
P
指令寄存器
将地址A的数和地址B的数相加
运算器
CPU

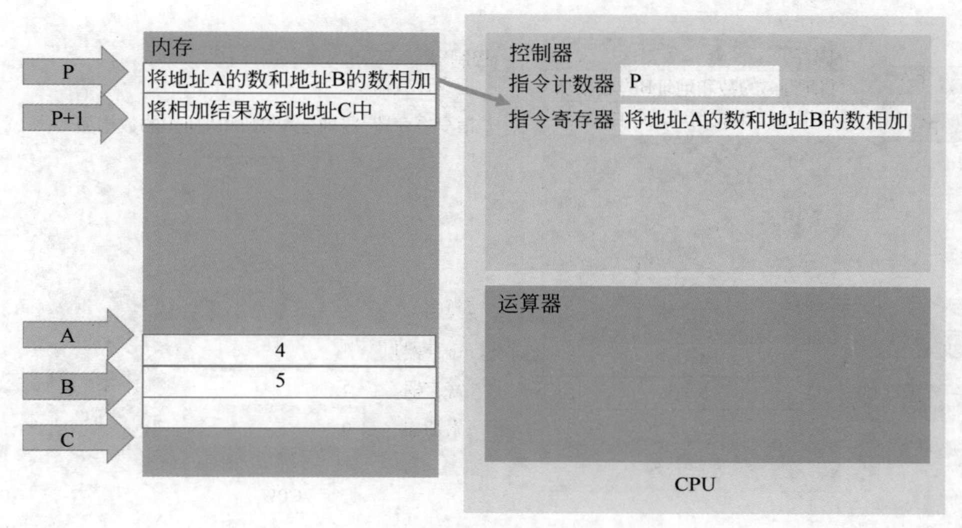

(c) 取第1条指令

内存
P
将地址A的数和地址B的数相加
P+1
将相加结果放到地址C中
A
4
B
5
C
控制器
指令计数器
P
指令寄存器
将地址A的数和地址B的数相加
运算器
寄存器1
寄存器2
累加器
CPU

(d) 执行第1条指令

图 1-16 （续）

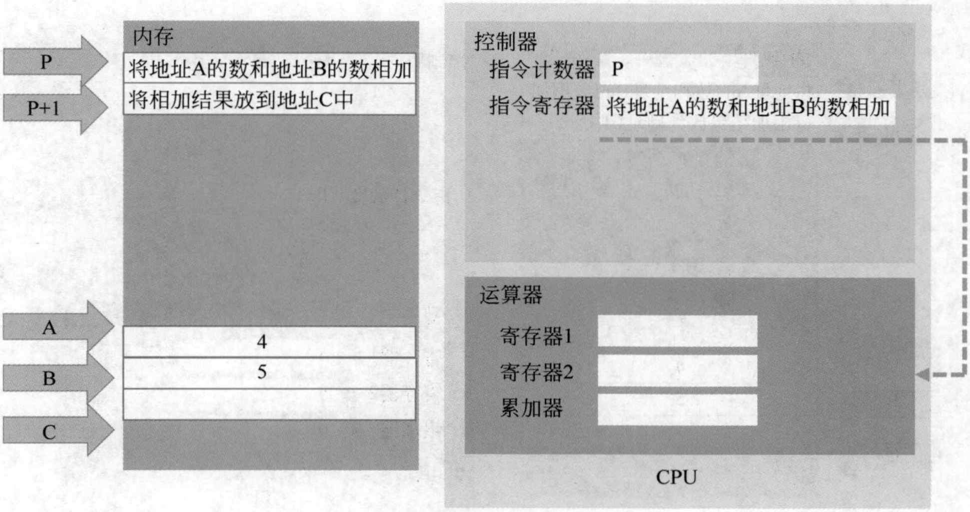

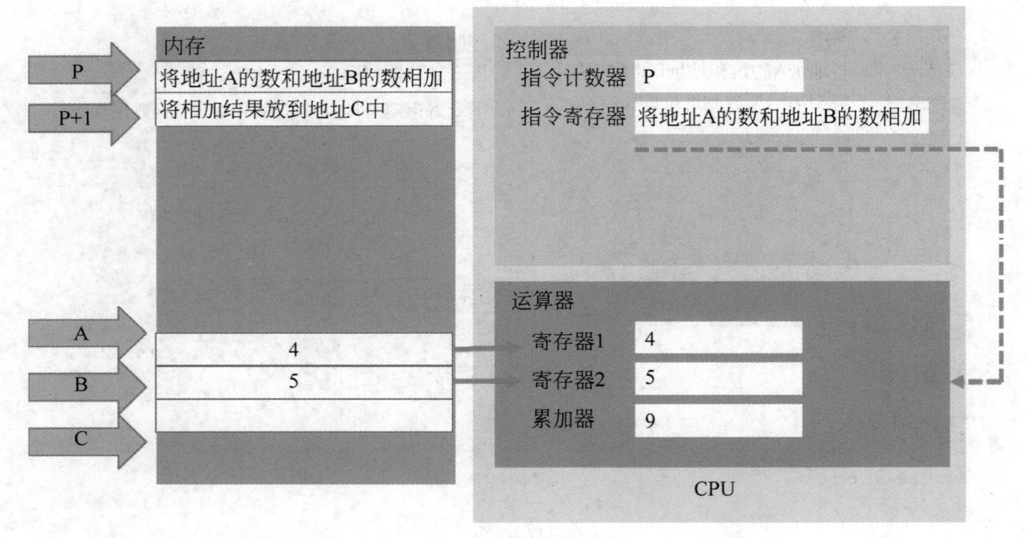

(e) 第1条指令执行完成

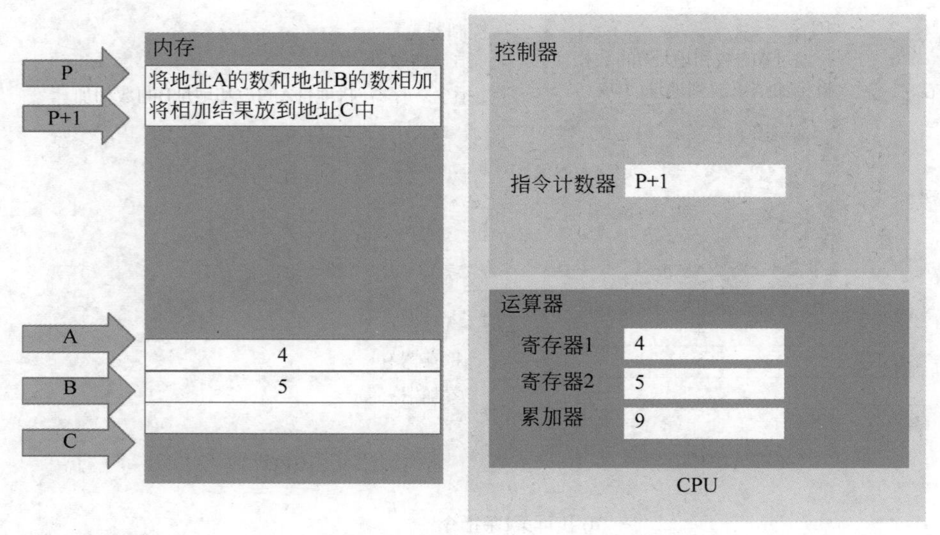

(f) 得到第2条指令的地址

图 1-16 （续）

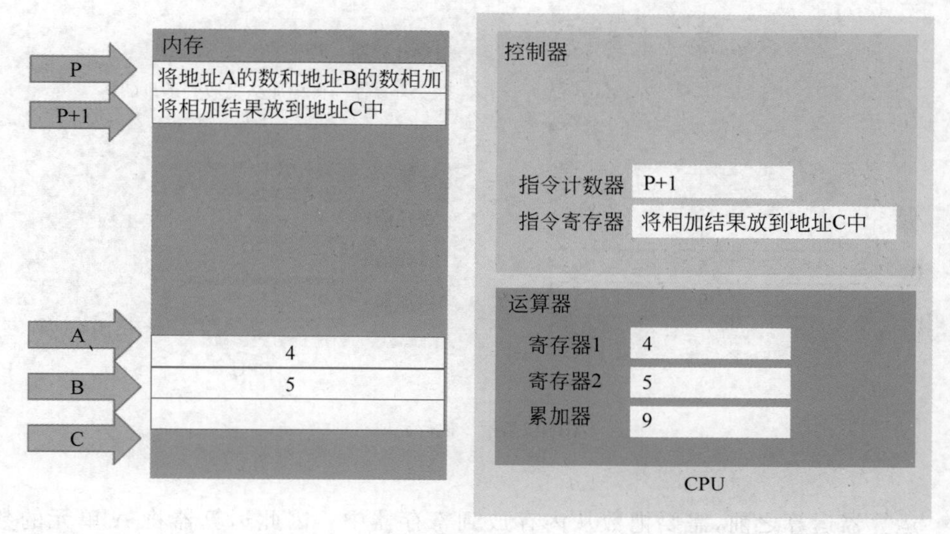

(g) 取第2条指令

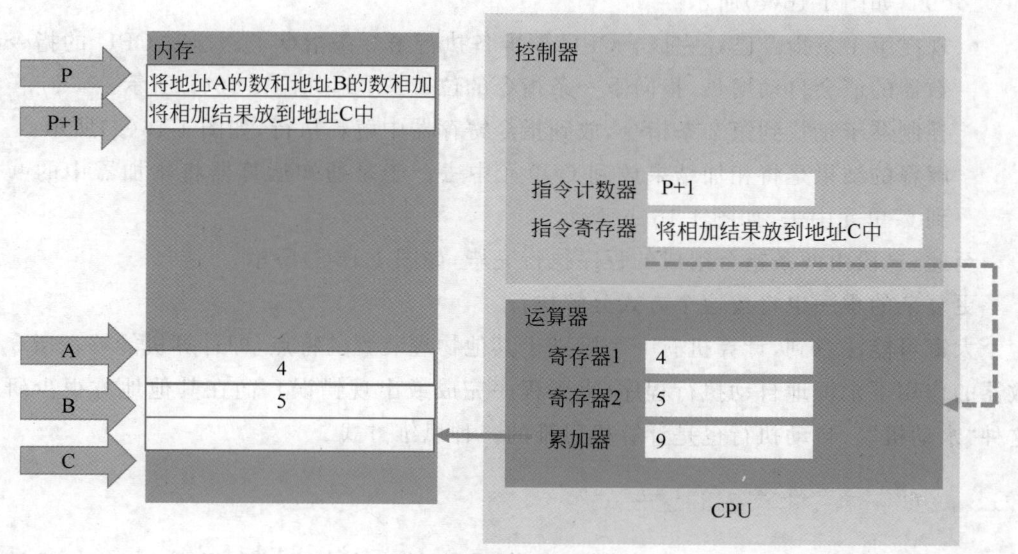

(h) 执行第2条指令

图 1-16 （续）

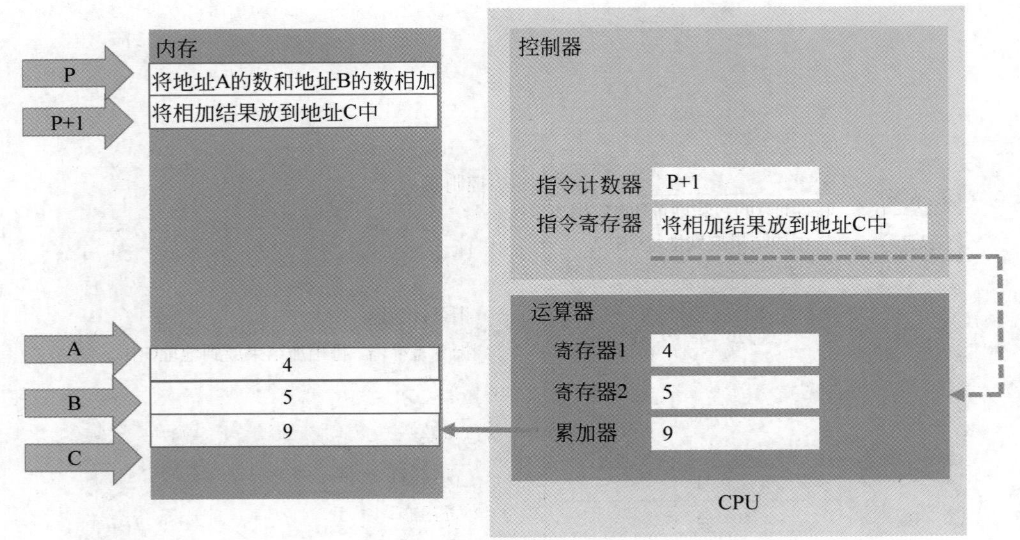

(i) 第2条指令执行完成

图 1-16 （续）

- 运算器运算之前，需要把数从内存放到寄存器中。因此运算器将 A 单元的数“4”放到第 1 个寄存器中，将 B 单元的数“5”放到第 2 个寄存器中，得到相加的结果“9”，如图 1-16(e)所示。
- 现在第 1 条指令已经完成。CPU 要准备执行第 2 条指令了。这时 CPU 的指令计数器的值会自动增长，指向下一条指令的位置 P＋1，如图 1-16(f)所示。
- 控制器于是找到第 2 条指令，放到指令寄存器中解释执行，如图 1-16(g)所示。
- 解释的结果是将相加结果放到 C 单元中去。于是通知运算器将累加器中的 9 放到 C 单元中去，如图 1-16(h)所示。

至此，这段由两条指令组成的程序执行完毕，如图 1-16(i)所示。

更复杂的程序也将按这个方式分解执行。

大家可能注意到，计算机有一个区别于其他物理装置的特点，即计算机能够在指令计数器的作用下永恒地自动执行程序（直到程序完成或出现错误），而在其他地方很少研究这种“永动机”。自动执行也是计算机思维的一种思维方式。

1.5.8 怎样提高计算机的速度

现在大家多少了解了一些计算机的工作原理，请大家考虑一个问题：如何提高计算机的速度？

上面这个问题显得好大，足够让同学们从大一想到大四，甚至作为将来硕士和博士的题目。因为计算机自出现起，人们一刻也没有停止在“多、快、好、省”四个方面对它进行改进。“多”是希望计算机能够完成更多的任务，例如，能不能让一个计算机同时为多个人服务？“快”是希望计算机能够在更短的时间内完成任务，例如，计算机预测天气原来需要一周的时间，能不能缩短成几个小时？“好”是希望计算机能够高质量地完成任务，例如，计算机算出来的数都是对的，做出来的图都是准的。“省”是希望计算机能够节省成本，例如，本来一个冰箱大小的计算机能否做成手机大小，本来电功率为1000W的计算机能否降到100W？作为工科专业的同学，一定要把“多、快、好、省”这四个字牢记在心，这也是将来评价一个计算机工程师能力的标准，即，你能不能在同样的条件下，在上述四方面比别人做得更好？

我们现在重点讨论几个提高计算机速度的办法。

首先，通过前面的学习，我们知道，寄存器和缓存器是比内存快的存储器件。而我们要运行的程序和数据是放在内存里的，能不能让CPU从高速缓存器中获得程序和数据，而不必每次都去读内存呢？有些同学可能想，那就把整个程序和数据都放到缓存器里呗，但是前面说过，缓存器的空间不可能很大，放不下整个程序和数据。那怎么办呢？有一个办法就是在内存取一条指令的时候，顺便把它后面的几条指令也同时取出来，放到缓存器里，因为程序有很大概率是顺序执行的，当然也有少数情况(例如10%)是跳转执行的，这样有90%左右的概率我们能够从缓存器快速地得到下一条要执行的指令。在个别跳转指令出现的时候，我们不得已再到内存里去找指令。对数据也可以做类似的处理。这种“抓大放小”处理问题的方式，也是一种计算思维。当然，这并不意味着我们可以忽略那些个别情况(在编程时我们反而要对这些个别情况倍加关注)，而是注重寻找对于大多数情况来说有效的解决方法。

其次，有些同学可能会想到，为什么机器指令不能设计得复杂一点呢？比如，一个指令集中，一个乘法可能需要分解成很多次加法来完成，能否设计一条指令一次就能把它完成呢？这也是可能的，这样的复杂指令一方面可能会省去很多个机器周期，但是另一方面可能要增加很多复杂的电路，带来芯片体积和成本的增加。事实上，到底是简单指令集对提高计算机的速度更有效还是复杂指令集对提高计算机的速度更有效，一直是个有争议的话题，谁也没争过谁。今天的计算机由此分为两大阵营——精简指令集计算机(Reduced Instruction Set Computer，RISC)和复杂指令集计算机(Complex Instruction Set Computer，CISC)。

再有，大家分析一下1.5.4节所介绍的指令的一般执行过程。

当计算机工作在第1个节拍时，除了指令计数器和相关存储单元以外的其他CPU资源(例如控制器、运算器和寄存器)都处于空闲中；当计算机工作在第2个节拍时，除了指令寄存器和控制器以外的其他CPU资源都处于空闲中……几乎在每个节拍中，都有很多资源处于空闲中，这是很可惜的，CPU资源很宝贵，我们应该设法让所有的部件都充分发挥作用。

于是人们就想能否将几条指令的处理过程重叠起来呢？于是有了超标量体系结构，如图1-17所示。

这部分的详细讨论见7.4.1节。

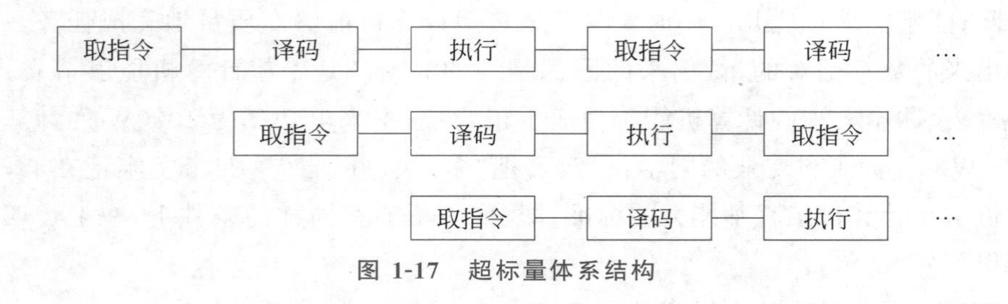

图 1-17 超标量体系结构

1.6 计算机如何显示结果

现在我们对其他方面有了大致了解,只有计算机的输出还没有了解过。

1.6.1 print 语句究竟都做了什么

我们先看看计算机究竟是怎样把 hello.c 的运行结果“hello world!”显示在屏幕上的。

大家知道,之所以会显示“hello world!”,是因为 hello.c 里面有一条关键语句:

```
printf("hello world! \n");
```

首先,这条语句的名字很让人困惑,print 翻译成中文是打印,按常识,应该在打印机上打印才对,为什么显示在屏幕上呢?的确这有点不合理,好在后来出现的 C++ 程序设计语言换成了“out”。

其实 C 语言不区分屏幕还是打印机是有原因的。最早 C 语言是随着 UNIX 操作系统出现的。在 UNIX 操作系统中就不太区分屏幕还是打印机,甚至不区分输入设备还是输出设备。UNIX 认为这些都是终端设备。具体是从屏幕输出还是从打印机输出,则看调用输出命令的时候给的是什么参数。

printf 究竟怎么知道要往屏幕上输出呢?这是在前面 include 的头文件 stdio.h 里说明的,由于 stdio.h 比较冗长难懂,这里就不列出来了,等大家深入理解了 C 语言,可以分析一下。总之经过 stdio.h 的替换,printf 就变成了对操作系统的一个函数调用,同时告诉操作系统,要往屏幕上输出结果。这种替换是在前面提到的编译的预处理阶段做的。

有兴趣的同学可以想一下,怎样把 stdio.h 改一改,让 printf 输出到其他设备上。当然这完全可以做到,但是会带来一个问题,别人写的程序 printf 把结果都输出到屏幕上,唯独你的程序把结果输出到别的地方,大家都这么做不就乱套了吗?所以程序设计语言也是需要标准化的,例如我们常用的 C 语言的标准就是 ANSI C,另外这种公用的头文件和库程序是不建议随便更改的。

那下一步的问题就是,这个系统调用是怎样把那一串字符送到屏幕上的呢?

经过编译预处理，printf 会变成一个操作系统的函数调用 sys_write()，同时会带有一个设备的编号，这个设备对应的就是屏幕，当安装了显卡的驱动程序之后，这个编号就确定了。后面 sys_write()还会调用操作系统的内核函数 write()进一步完成显示的任务。从这里看到，我们的应用程序 hello.c 会通过函数调用逐渐映射到操作系统的核心功能，对硬件设备进行控制。

1.6.2 屏幕上的字形是如何显示出来的

在操作系统内核，计算机会分析“hello world！\n”这串字符，挨个得到每个字符的编码，例如，“h”的编码是 0104，再通过这个编码，从字库中查到每个字符的显示形状，例如“0104”编码的字符形状如图 1-18 所示。

字库是计算机操作系统中记录各个文字形状的文件。这个文件一般跟文字的字体和编码有关，通过某个字符的编码可以查到这个字符特定字体下的形状(字形)。大家在 Windows 操作系统默认安装的目录/fonts 下，就能找到这种字库。

计算机知道了要显示的字符的字形，后面就可调用绘制函数把字形画在屏幕上。计算机在屏幕上绘图的原理，就是要把输出的点阵设置到一个称为显示缓存区的地方，这个缓存区往往做在显卡或计算机的显示元器件中，如图 1-19 所示。

图 1-18 编码为 0104 的“h”的字形

图 1-19 显示缓存芯片

显示缓存就像一块画布，你在画布上设置一个像素(点阵中的每个点)，屏幕就会在相应位置显示一个像素。绘制函数于是就把字库里字符的形状复制到显示缓存里。

最后，计算机是怎样把显示缓存里的像素显示到屏幕上的呢？这是由计算机的硬件电路完成的。现在大多数人都在用液晶显示器。液晶是一种液态的晶体物质，液晶分子大体上都呈细长条状或者扁平片状，当在两个电极之间加上电压后，晶体分子就会按相同的方向排列，如图 1-20 所示。

当在液晶两端加上导电玻璃，接通电源后，液晶分子会按顺序排列，使光线容易通过；不通电时液晶分子排列混乱，会阻止光线通过。就像加了一扇控制光通量的闸门。这样我们就能看到明暗不同的光点(像素)。液晶显示器的屏幕上密密地分布着液晶构成的点阵，通常都能达到 1920×1080，组合起来就是我们看到的显示内容了。

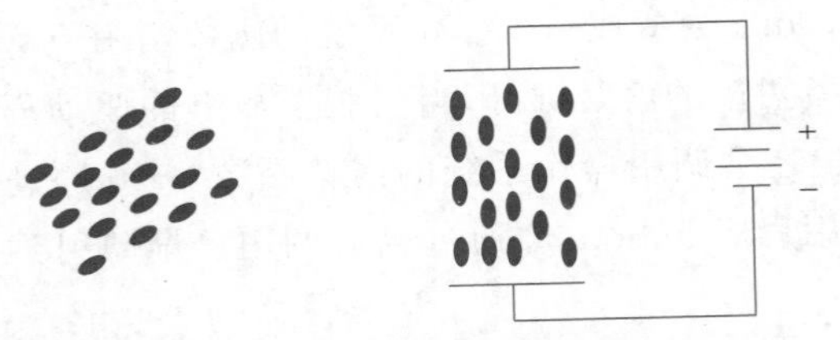

图 1-20　外加电压改变液晶的排列方向

现在让我们回顾一下计算机文字输入/输出的全部过程：我们在输入文字的时候，按照输入法将键盘的按键组合映射为文字的编码。计算机在显示文字的时候，通过文字的编码，从字库中寻找相应的字形，把字符绘制到显示缓存区，最后显示到屏幕上，如图 1-21 所示。

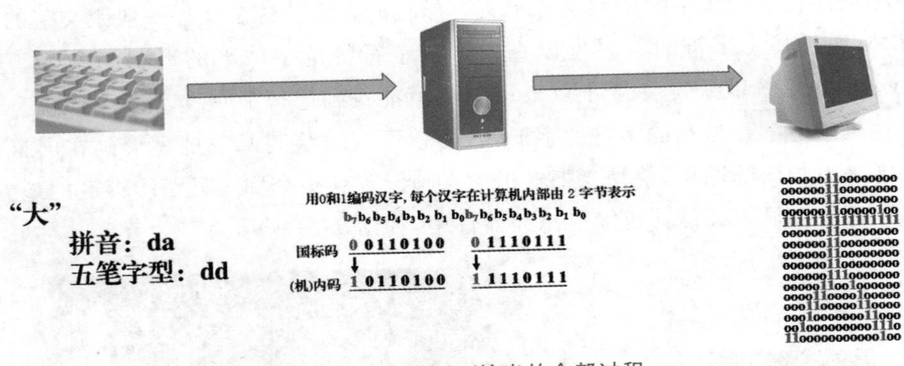

图 1-21　文字输入/输出的全部过程

这里只讲了一个基本原理，还有很多问题需要大家从后面的章节找出答案。

1.6.3　还有哪些输出设备

前面我们把“hello world!”显示在屏幕上，但是计算机的输出设备有很多，常见的还有投影仪和打印机等。液晶投影仪的原理跟液晶显示器差不多，请同学们自己找资料学习一下。打印机将表示形状的色点按特定的位置呈现在纸面上。打印机有很多种，例如宽幅打印机可以喷绘出大张的海报，3D 打印机可以根据计算机建立的模型，打印出三维的物体。还有一些打印机具有高速打印、装订、分发的功能。

计算机的输出包括屏幕上显示出来的文字、符号和图像等，也包括打印机打印出来的内容。计算机的输出还可能是声音或影像，例如让计算机把输出的文字内容念出来。

在 1.2 节中，我们还介绍过一些输入设备。大家要知道，有一些设备既有输入的功能又有输出的功能，例如，触摸屏。触摸屏除了一般的显示功能外，它的表面覆盖了一层透明的感应电路，可以通过手指划过时产生的电容或电阻的变化，获得要输入的文字或得到点选的内容。

1.7 什么是计算机系统

1.1节中给出过一个计算机的概念。这个概念现在看来有点过于狭隘，因为我们今天看到、用到的计算机大多数都不是一个单一设备，而是一套设备，例如都带着键盘、鼠标、显示器、音箱、网络接口等，因此，一般意义上的计算机是一个多种设备组成的系统。在这个系统中，各个设备之间是相互协作的，配合起来共同完成某项任务。其中一般会有一个设备负责指挥各个设备协调工作。

系统思维也是计算思维的一种。这种思维强调从整体上考虑一个问题的解决方案，把过于复杂的系统分解成几个比较简单的子系统，当然，这需要充分考虑子系统之间的协作配合。分解的原则是，子系统之间的联系尽量少，子系统内部的联系尽量紧凑。按照这种观点，我们可以把一个计算机系统分为输入子系统、输出子系统、存储子系统和处理子系统等。

在不同的语境中，计算机系统的含义可能是不同的。例如，有人说，计算机系统包括软件和硬件；也有人说，一个系统包括很多台作用不同的计算机；还有人说，带着键盘、鼠标和显示器的是通用的计算机系统，更多的是专用的计算机系统，例如戴有头盔和数据手套的虚拟现实系统等。这些说法都是对的。今天计算机作为信息处理的工具，广泛用在各个领域，很多计算机系统会按照其应用目的不同，有不同的名称，例如，图书管理系统、战场指挥系统等，本质上都是为计算机配置了特定的软硬件而已，它们都属于计算机系统，当然它们的子系统如何划分可能会很不一样。

1.8 计算机有哪些常用概念

前面各节中，我们提到过很多概念，例如程序、代码、软件、硬件等，大家虽然可能对这些概念有了初步认识，但是为了让大家打下扎实的基础，我们在这里把这些概念好好梳理一下。

- 程序：为完成一个任务，用特定的编程语言表示的处理过程。
- 程序设计（编程）：编写程序。
- 程序设计语言（编程语言）：编写程序时遵循的关键字和语法规则。
- 高级语言：类似自然语言的编程语言。
- 机器语言：机器指令对应的编程语言。
- 代码：程序的具体存在形式。
- 语句：程序的基本单位。
- 源代码：高级语言代码。
- 目标代码：机器语言代码。
- 计算机软件：计算机程序的总称，有时还包括相关文档资料。

- 计算机硬件：组成计算机的电路和器件的总称。

程序一般都是为计算机设计的，由计算机来执行。程序一般是把一个复杂任务分解为简单任务，至于分解到什么程度，取决于具体的编程语言，高级语言的一条语句往往就能做很复杂的事。而机器语言则不然，往往需要很多条语句才能完成一件比较复杂的事。另外要注意，这里说的程序有可能中间存在错误或者说程序中存在Bug(参见7.5.2节)，因此程序不一定都是对的。另外，一般说来程序比代码更宏观，但是有的人在一些场合不仔细区分它们，可以认为它们具有相近的含义。

另外，一些概念并不绝对，在一定情况下会相互转化。例如，一些高级语言程序(解释型语言)不一定要经过编译才能执行，再有，有的计算机软件也可以根据需要固化成特殊的电路，成为计算机的硬件，所以大家要在理解的基础上掌握这些概念，而不能教条地死记硬背。

研 讨 问 题

1. 怎样让hello.c显示“大家好!”?
2. 怎样让hello.c显示不同的字体和大小?
3. 为什么显示缓存速度要很快？为什么常常需要两个显示缓存?
4. 如何让液晶显示不同的颜色?
5. 为什么要不断刷新显示内容?
6. 假设执行一条指令需要8个时钟周期，主频为4GHz的CPU在10s内能执行多少条指令?
7. 请说明影响CPU性能的因素。
8. 计算机为什么能够成为多用途设备?
9. 简述源代码和目标代码的关系。
10. 请用真人游戏模仿CPU的工作过程。

第 2 章 计算机如何记算

大家看到这一章的题目，一定认为其中有个错别字。不过“记算”这个词的确不能算错，这个词古已有之，明朝黄淳耀在《自监录二》中记载：“杨椒山年十一岁，即能代兄收粮，收纳记算，卯酉点查，俱不错误。”这一章的目的就是要跟大家一起探讨计算机是如何把数据记录下来的，又是如何对数据进行运算的。

美萍测试店名
欢迎光临

销售单号:XS090110020001
顾客名称：普通顾客

商品名称	折后价	数量	金额
859401化妆盒1#			
23700001	12.00	1	12.00
8600-01化妆盒2#			
23700002	15.00	1	15.00
蕾琪B8030粉底液			
24600002	10.00	1	10.00
忆自美三色眼影			
65100011	18.00	1	18.00
8541-03眼影			
17300006	3.00	1	3.00

消费5项，折后合计:58.0元
原价合计:58.0元，为您节省:0.0元
现金付款:58.00，找零:0.00

收银员:黄德春
销售时间:2009-01-10 11:02:56
凭小票兑换发票
客服电话037168749676

图 2-1　购物小票（测试数据为虚构）

同学们一定有过到超市或在网上购物的体验。大家去商店买东西，付完款后售货员都会给你一张购物小票（见图 2-1），你仔细看过上面都印了些什么了吗？

我们从图 2-1 所示的这张购物小票看到了这些信息：

- 商品名称。
- 单价（折后价）。
- 数量。
- 金额。
- 支付方式。
- 收银员。
- 销售时间。

……

即使大家在网上购物，最后从商家的 App 中也能看到类似的交易记录或订单。那么这些数据在计算机中是如何表示的？又是如何保存下来的呢？

2.1　计算机如何表示数据

我们先来研究一下这些“记”和“算”的对象——数据的本质。

2.1.1　什么是模拟数据和数字数据

大家都习惯使用各种数字表示数量的多少。但是数字在物理世界中并不存在。自然界中的声音大小、光照强度等都是连续变化的物理量，我们称之为模拟量，也可以称之为模拟数据(Analog Data)。这些数据是可以测量出来的，例如用温度计可以测出温度的高低。

而人们用到的数字，都是这些模拟量的人为的、抽象的表示，我们也称之为数字数据。这种数据有一个共同特点，它们是离散的，无论我们多么精确地表示它们，各个数据之间总是间断的，或者说是不连续的。

计算机表示和处理的数据都是这种数字数据。我们也可以这样认为，计算机处理的东西都是人为从现实世界中抽象出来的，这又涉及了计算思维中所说的抽象和变换。

拿照片来说，传统的胶片是银盐感光材料记录的光照变化，跟数字没啥关系，计算机并不能直接处理这种照片。而数码照片是数码相机通过光敏器件把光照的变化转换成电压，再通过采样得到每个像素的数据，这样计算机就可以处理了。

2.1.2 人们都想到哪些记数的方法

我们祖先很早就开始记录数据了，在以物易物的时代，账本显然是很重要的(否则很难弄得清楚到底得用多少条鱼换一个虎皮围裙)，传说中的结绳记事，以及莱邦博(Lebombo)山上35 000年前刻着划痕的狒狒腓骨(见图2-2)，据说都是记录数据用的。

图2-2 莱邦博狒狒腓骨

大家都习惯了使用十进制数据，有人考证说十进制来源于人类有10个手指头。但也有考证发现古代的玛雅文明把10个脚趾头也算上了，竟然用上了二十进制，他们要算乘法，得背会19×19的乘法口诀，而不是我们背的九九表，玛雅文化后来消亡了，也许跟这个二十进制有关系。

计算机没有10个手指头，该用多少进制呢？计算机虽然没有手指头，但是它的电路中都是一个个开关(可以想象成1个手指头)，所以使用的是二进制。

从十进制推想二进制并不难，首先二进制数都是由0和1组成的(10进制数由0,1,2,…,9,共10个数字组成)。

对于最简单的二进制加法，0+0、0+1 等都与十进制一样，但 1+1 需要进位，结果是10（大家千万不要念成“十”，要念成“幺零”）。

我们可以把十进制转换成二进制，例如，十进制的$(3)_{10}$转换成二进制就是$(11)_2$，人们一般用括号加脚标来区分不同的进制。下面是一些十进制数和二进制数的转换关系：

$$(0)_{10}=(0)_2$$

$$(1)_{10}=(1)_2$$

$$(2)_{10}=(10)_2$$

$$(3)_{10}=(11)_2$$

$$(365.2)_{10}=(11011.01)_2$$

注意，二进制也是可以有小数的，小数点后面的位数依次表示：$2^{-1},2^{-2},\cdots,2^{-n}$。

其实二进制记数法早在公元前 2 世纪就被发明了，17 世纪数学家戈特弗里德·威廉·莱布尼茨（Gottfried Wilhelm Leibniz，1646—1716）进一步完善了二进制。但是直到计算机发明之前，二进制并没有找到用武之地。

延伸阅读
百度百科：数制。

2.2　计算机如何实现算术运算

记数法是数学家感兴趣的事，逻辑学家关心的是哲学问题。数学和逻辑在过去一直井水不犯河水。直到 19 世纪的一位数学家乔治·布尔（George Boole，1815—1864）改变了这种状况。乔治·布尔从数字的 0 和 1 看到了和逻辑里的“真”和“假”的关系，突发奇想，能不能发明一种逻辑运算，用逻辑方法来解决数学问题呢？于是，他提出了布尔代数。

2.2.1　什么是布尔代数

布尔代数并不难懂，主要的内容包括两个值，1 表示 True 或真，0 表示 False 或假；以及几个运算符号 AND（与）、OR（或）、NOT（非）。可以用一个真值表说明这几个逻辑运算的含义，如表 2-1 所示。

表 2-1　逻辑运算真值表

运算	变量 1	变量 2	结果
AND	0	0	0
	0	1	0
	1	0	0
	1	1	1

续表

运算	变量 1	变量 2	结果
OR	0	0	0
	0	1	1
	1	0	1
	1	1	1
NOT	0		1
	1		0

真值表的含义是这样的，它罗列出各种自变量（或称变量）和因变量对应的逻辑值，以直观的形式展现运算的结果。例如，在表 2-1 中，第 2 行表示：与运算（AND）有两个变量，如果分别取值为 0 和 0，与运算的结果就是 0。其他行的意思可以类推。非运算有点特殊，它只有一个变量。从表 2-1 可以总结出几个容易记住的规律：对于与运算，只要有一个变量为 0，结果就是 0；对于或运算，只要有一个变量为 1，结果就是 1；对于非运算，结果总和变量的值相反。

布尔代数还能用布尔表达式来表达。我们可以用 $A \cdot B$ 或 $A \times B$（不会混淆的情况下还可以直接写成 AB）表示 A 和 B 的与运算，用 $A+B$ 表示 A 和 B 的或运算，用 $\overline{A}$ 表示 A 的非运算，其中 A 和 B 表示任何取值为真或假的变量。

例如：

$A \times B=0, A+B=1$，当 $A=0, B=1$ 时

$A \times \overline{A}=0, A+\overline{A}=1$，当 A 和 B 取任意 0 或 1 的值时

我们还可以用布尔代数表达更复杂的事实或推理，这是人工智能和公式证明的基础（参见第 3 章），将来大家可以在“数理逻辑”或者“离散数学”的课程中深入学习命题逻辑和谓词逻辑等方面的知识。

布尔代数出现后的几十年中，人们并没有给予其足够的重视。直到 1938 年信息论的奠基者克劳德·艾尔伍德·香农（Claude Elwood Shannon，1916—2001）在他的硕士论文中指出，用布尔代数可以表示开关电路，所有的算术运算和逻辑运算都可以转换成布尔运算来进行。换句话说，所有的算术运算和逻辑运算也都可以用开关电路来完成。

这个发现不得了，直接促成了计算机的诞生。所以香农的硕士论文被誉为史上最厉害的硕士论文。

延伸阅读
百度百科：克劳德·艾尔伍德·香农。

2.2.2 怎样用开关电路实现逻辑运算

同学们可能觉得有点难以置信。实践出真知，下面我们就动手试着用开关电路实现

一个做算术运算的加法器。

图 2-3 是大家用中学学过的物理知识就可以看明白的电路。有点特殊的是，我们给灯泡加了两个串联的开关(中学物理老师一般不这么画)。前面说了，我们研究的是开关电路，所以要突出一下开关。按照计算思维中的抽象思维方法，我们用符号表示开关，当开关断路时表示为逻辑值 0，当开关连通时表示为逻辑值 1，在这个图中 $A=B=0$。

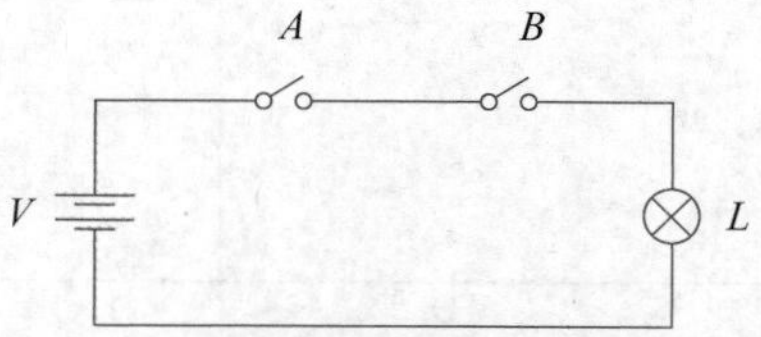

图 2-3 与运算的开关电路

我们把灯泡 L 作为逻辑电路的输出。显然，当 A 和 B 都为 1 时，灯泡才会亮，其中只要有一个为 0，灯泡就不亮。如果开关 A 和 B 作为自变量，L 作为因变量，这不就能实现“与”的逻辑运算了吗？这种用来实现逻辑运算的电路，称为逻辑电路。我们不妨把这个逻辑电路称为“与门”。门和开关是差不多的意思，指一个能完成特定逻辑运算的部件，开关电路也称作门电路。

我们再进一步抽象一下，用图 2-4 所示的符号表示与门。

大家再看图 2-5。

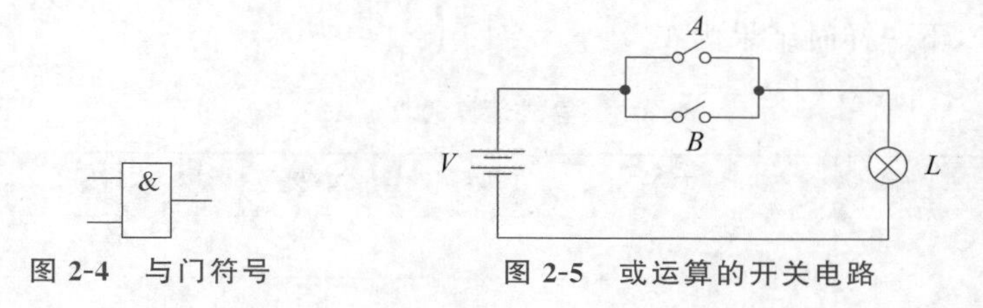

图 2-4 与门符号　　图 2-5 或运算的开关电路

按刚才的思路，大家一眼就能看明白，这个电路实现的是或运算，或者说，它是一个或门。或门用图 2-6 所示的符号表示。

再看图 2-7。

在图 2-7 中我们看到，当 $A=1$ 时，$L=0$，当 $A=0$ 时，$L=1$，这显然是一个做非运算的非门。有人发现这里的电阻 R 有点多此一举，这是因为怕大家把开关合上时，造成左边短路，否则这个非门用一次便死于“非命”了。

非门用图 2-8 所示的符号表示。

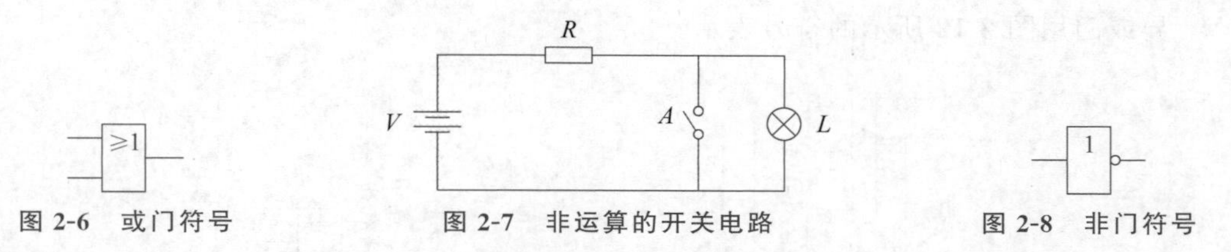

图 2-6 或门符号　　图 2-7 非运算的开关电路　　图 2-8 非门符号

为了更容易地构造出加法器，我们还要再设计几种门，一个是与非门，一个是异或门。

与非门顾名思义，是把与门的结果反过来，与非运算用 NAND 表示，其真值表如表 2-2 所示。

表 2-2　与非运算的真值表

运算	变量 1	变量 2	结果
NAND	0	0	1
	0	1	1
	1	0	1
	1	1	0

我们把非门稍加改造就可以构造出与非门了，如图 2-9 所示。

与非门用图 2-10 所示的符号表示。

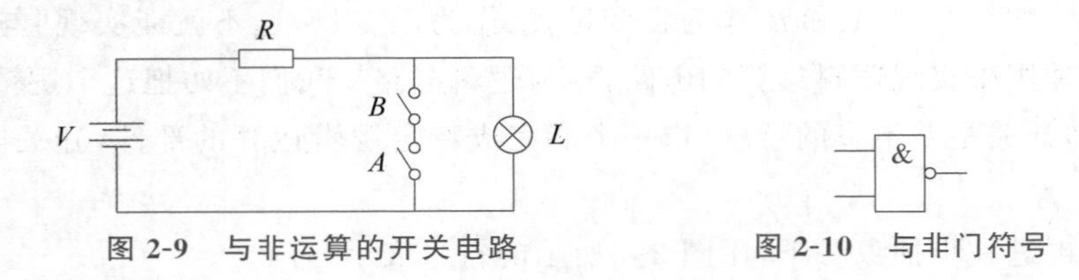

图 2-9　与非运算的开关电路　　　图 2-10　与非门符号

异或运算用 XOR 表示，其真值表如表 2-3 所示。我们可以简单地记住它：两个变量一样时结果为 0，不一样时结果为 1。

表 2-3　异或运算的真值表

运算	变量 1	变量 2	结果
XOR	0	0	0
	0	1	1
	1	0	1
	1	1	0

异或门也可以用前面的门电路构造出来，如图 2-11 所示。

在图 2-11 中我们可以看到，异或门是由 1 个或门、1 个与非门以及 1 个与门构建出来的。将两个变量同时输入或门和与非门，再把或门和与非门的结果送到与门，最后得到的就是异或运算的结果。大家可以用真值表验证一下。

异或门用图 2-12 所示的符号表示。

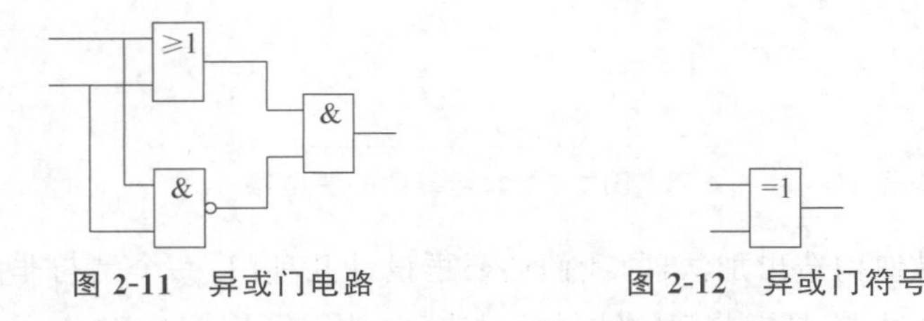

图 2-11　异或门电路　　　图 2-12　异或门符号

2.2.3　逻辑电路真的能做加法吗

这样我们就可以构造一个加法器了，其电路如图 2-13 所示。

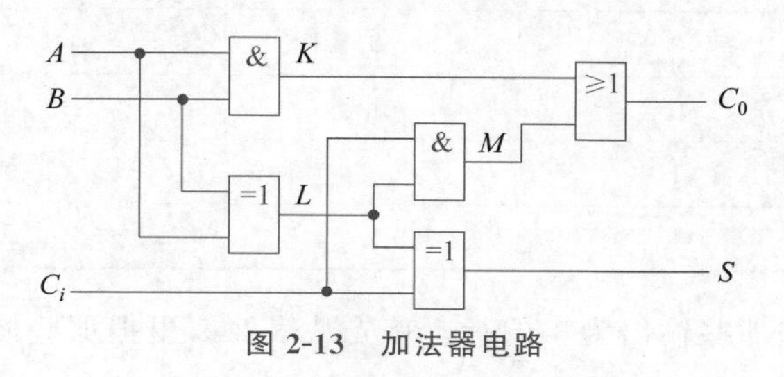

图 2-13　加法器电路

这个图实现的是二进制的算术运算 $A+B+C_i$（注意，不是逻辑运算）。C_i 可以看作是上一次的进位，本次输出的和的个位数是 S，进位是 C_0。下面用真值表验证一下结果，如表 2-4 所示。

表 2-4　加法器电路真值表

A	B	C_i	K	L	M	C_0	S
0	0	0	0	0	0	0	0
0	0	1	0	0	0	0	1
0	1	0	0	1	0	0	1
0	1	1	0	1	1	1	0
1	0	0	0	1	0	0	1
1	0	1	0	1	1	1	0
1	1	0	1	0	0	1	0
1	1	1	1	0	0	1	1

大家不难看出，带阴影的最后两列与我们期望的结果一致。

大家一定觉得图 2-13 所示的电路很神奇，谁能想到用这样的逻辑电路来实现加法的算术运算呢？其实这是可以运用布尔代数通过真值表反过来推导的。

由于三个数的排列组合数量并不多，我们先列出 $A+B+C_i$ 运算的真值表，如表 2-5 所示。

表 2-5　加法器真值表

A	B	C_i	C_0	S
0	0	0	0	0
0	0	1	0	1
0	1	0	0	1

续表

A	B	C_i	C_0	S
0	1	1	1	0
1	0	0	0	1
1	0	1	1	0
1	1	0	1	0
1	1	1	1	1

我们只需要考虑那些输出为 1 的行。首先从表 2-5 里把那些使得 S 为 1 的行挑出来,写出逻辑表达式:

$$S=\overline{A}\,\overline{B}C_i+\overline{A}B\overline{C}_i+A\overline{B}\,\overline{C}_i+ABC_i$$

再从表 2-5 里把那些使得 C_0 为 1 的行挑出来,写出逻辑表达式:

$$C_0=\overline{A}BC_i+A\overline{B}C_i+AB\overline{C}_i+ABC_i$$

大家如果学习了布尔代数,上面两个表达式可以转化为

$$S=A\oplus B\oplus C_i$$

$$C_0=C_i(A\oplus B)+AB$$

这里用符号$\oplus$表示异或,于是就得到了图 2-13 所示的电路。再复杂的运算也可以用类似的方法将门电路搭建出来。

除了加法器,我们还可以构造减法器、乘法器和除法器。不过这需要我们掌握更全面的二进制运算规则,这部分内容留待将来在“计算机组成原理”等课程中深入学习。

综上所述,用简单的与、或、非逻辑运算就可以完成复杂的算术运算。

2.2.4 怎样用晶体管构建逻辑电路

早期的逻辑电路主要用继电器来实现,继电器是一种电流控制的开关器件,它笨重、噪声大、故障多(历史上第一个有记录的程序 Bug 就是在继电器上出现的,参见 7.5.2 节),后来逐渐被电子管取代,电子管虽然体积小了些,但是容易损坏,后来被晶体管取代,一直用到今天。感兴趣的同学可以提前学习一下第 7 章的内容。

不管是电子管还是晶体管,重要的是它们可以用来实现与、或、非门,继而构建逻辑电路。下面我们看看如何用二极管和三极管来实现与、或、非的逻辑运算功能。

图 2-14 是用两个二极管 VD_1 和 VD_2 构建的电路。由于二极管单向导通的性质,只要 A 端或 B 端任何一个为低电压,R 就会有电流流过,F 处测得的就是低电压,符合与运算的性质。

如图 2-15 所示,F 和 A、B 的关系符合或运算的性质。

在图 2-16 中,利用三极管的性质,在基极 A 加上高电压,三极管的集电极和发射极将会导通,F 位置测得的就是低电压。反之如果 A 是低电压,则三极管的集电极和发射极不导通,F 将是高电压,A 和 F 的关系符合非运算的性质。

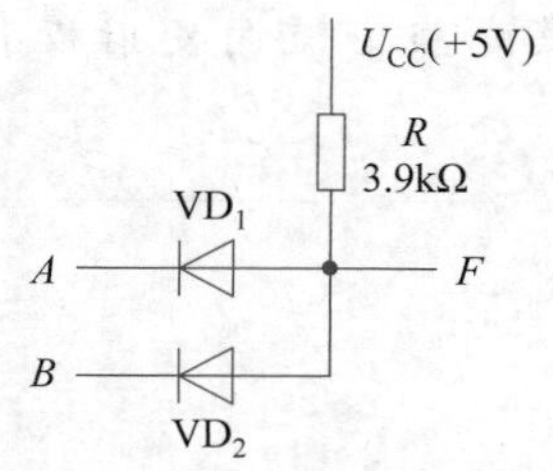

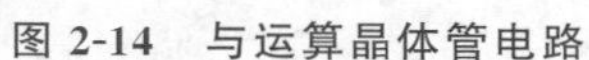
图 2-14　与运算晶体管电路

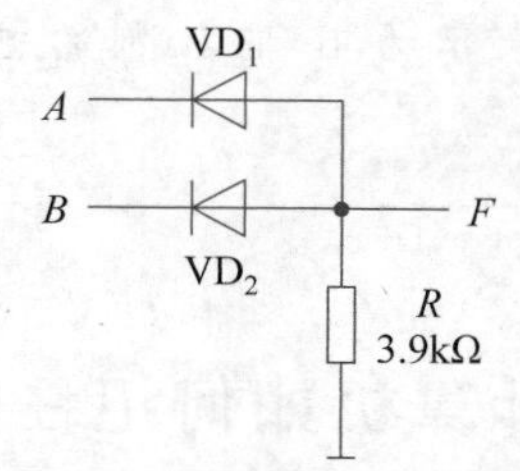

图 2-15　或运算晶体管电路

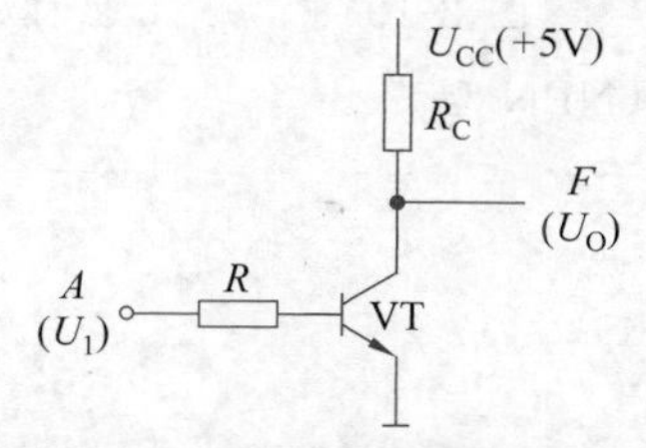

图 2-16　非运算晶体管电路

延伸阅读：二极管和三极管

1904 年物理学家约翰·安布罗斯·弗莱明(John Ambrose Fleming,1849—1945)发明了二极管。它看起来像一个灯泡,但是和一般灯泡不一样的是,灯丝边上加了两根导线,如图 2-17 所示。

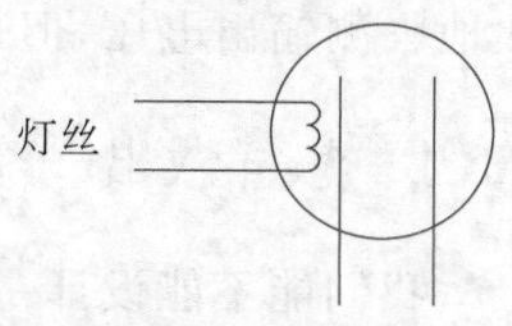

图 2-17　二极管

他很奇怪地发现,当灯丝点亮的时候,两根导线之间居然有了电位差。经过分析他终于明白了,当靠近灯丝的负极加热后,其所携带的电子能够在真空中发射给正极,或者说这个装置有了单向导电性。

另外有一个发明家李·德·福雷斯特(Lee De Forest,1873—1961),从小就习惯鼓捣各种东西。当他拿到二极管时茅塞顿开:既然电子可以从负极通过真空流向正极,那么,能不能控制它的流量大小呢? 于是,他在那个"灯泡"里的正负极之间加了一个金属网,希望这个网既能让电子通过,又能对其加以控制,如图 2-18 所示。

这个加进去的网像个栅栏,所以也称栅极。李·德·福雷斯特给栅极也加上一点电压,他惊奇地发现,通过改变栅极上电压的大小和极性,竟然可以改变正极上电流的强弱,甚至切断它。

这表明,这个装置既可以作为电流的开关,又可以作为电流的放大器(栅极上电流的一点点变化,就可以在正极和负极之间形成较大的电流)。由于这个东西比二极管多长了一条腿,所以人们称之为三极管。三极管很快被用于收音机的功率放大以及电磁波发射电路,引发了一场通信的革命。

由于三极管用得非常多,人们给它设计了一个符号,如图 2-19 所示。

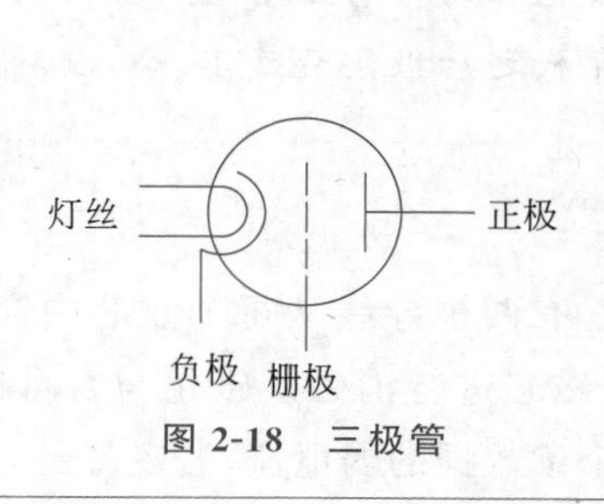

图 2-18　三极管

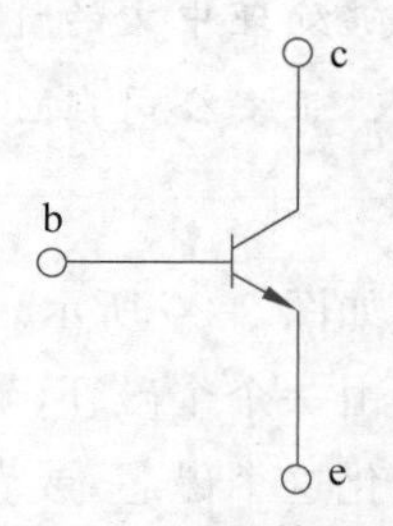

图 2-19　三极管符号

图 2-19 中,栅极也称基极,表示为 b,它控制的电流从集电极 c 流向发射极 e(NPN 型)。

2.3 计算机如何记住数据

前面说过,可以用电压的高低表示逻辑 1 和 0,把不同的电压输入逻辑电路的输入端后,我们就能从输出端测得输出的电压,即根据电压的高低得到逻辑运算的结果。不过现在还有一个问题,那就是怎么把运算的结果保存起来。当然我们可以不嫌麻烦地一次一次地去测输出电压,但是总是这样做,计算机恐怕就无暇干别的事了。

2.3.1 怎样做出一个磁芯存储器

我们能不能设计一个存放数据的存储器呢?大家可能回忆起第 1 章曾提到的穿孔卡片是可以存放数据的,这点没错。但是这种存储方式有几个问题:首先,读数据的时候要通过读卡机把光信号转换成电信号送给计算机,要用到不少设备不说,还很慢;其次,很难修改这些卡片上的数据,除非把原来的卡片作废再重新打孔;最后,如果要从卡片上找一个数据,得从头开始找,没办法随机定位到数据所在的地方。这种数据的存储方式用于外存还勉强可以,用于内存就远远不适用了。对于内存储器(简称内存),起码应该能够:

(1) 用电信号控制,以期达到很快的速度。

(2) 能够把数据读出来,需要的时候还能写进去。

(3) 能够立即找到数据。

能够做到这几点的最早的存储器应该是王安发明的磁芯存储器。

延伸阅读:王安和王安电脑

华裔科学家王安(1920—1990)于 1949 年获得磁芯存储器发明专利。王安 1920 年出生于上海,先后就读于上海交通大学和哈佛大学,1948 年获得哈佛大学博士学位。王安以其创办的王安公司和研制的王安电脑盛极一时。王安电脑主要用于办公和文字处理,是最早能够处理中文的计算机。王安电脑的销售业绩堪与当时的 IBM 比肩。可惜王安后继乏人,王安公司在 20 世纪 80 年代之后很快衰落了,令人惋惜。

磁芯存储器如图 2-20 所示。

这种存储器由一个个磁环(磁芯)构成。有两根导线从每个磁芯中穿过,当导线电流足够强时可以磁化这个磁芯,或者反方向对磁芯进行消磁。磁化与否可以视作 0 和 1 两种状态。磁环的另外一根导线可以通过一个读数据的弱电流,若磁环经过磁化,则由于电磁感应,会给导线中的电流带来改变,从而判断出磁芯是否被磁化,从而读出 0 或者 1。

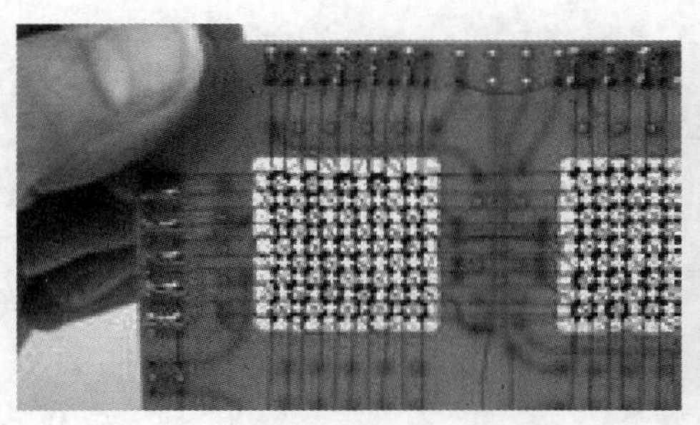

图 2-20 磁芯存储器

最初的磁芯存储器只有几百字节的容量。尽管如此,磁芯存储器是计算机最早使用的内存,我国制造出的第一台计算机采用的也是磁芯存储器。磁芯存储器的优点是:简单,断电后依靠磁芯还能保持一段记忆。缺点是:体积太大,存储量太小。现代的内存普遍使用了半导体存储器(存储芯片)。

2.3.2 怎样做一个半导体存储器

半导体存储器原理并不复杂,难在要达到很高的集成度以获得很高的容量。利用前面介绍的门电路,我们自己也可以动手构建一个存储器。下面给大家一个电路图,如图 2-21 所示。

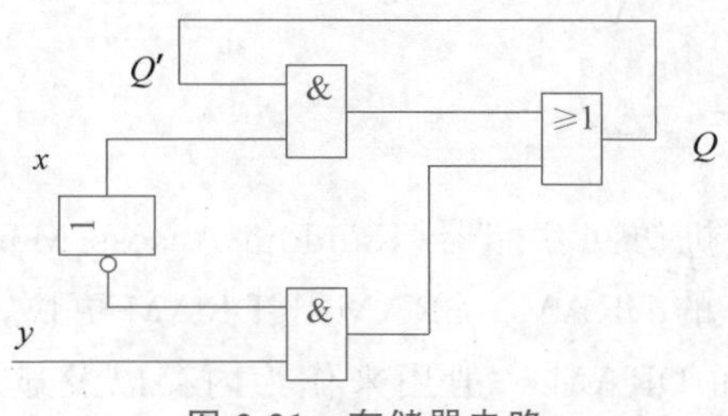

图 2-21 存储器电路

这个存储器有两个输入,即 x 和 y,存储的数据从 Q 得到。这个电路存在一个反馈,即将输出 Q 又送回了之前的与门,成为其输入(Q')(这种情况在逻辑电路里很常见,并不会造成"短路"),另外将 Q 的值传递到 Q' 是单向的,Q' 不会直接改变 Q。注意,图 2-21 中非门符号旋转了 90°,看起来跟图 2-8 所示非门符号长得有点不一样,实际上是同样的门电路。

存储器电路真值表如表 2-6 所示,可从中观察各种输入状态的组合对结果的影响。

表 2-6 存储器电路真值表

x	y	Q'	Q
0	0	0	0
0	0	1	0
0	1	0	1

续表

x	y	Q'	Q
0	1	1	1
1	0	0	0
1	0	1	1
1	1	0	0
1	1	1	1

从表 2-6 可以发现这个存储器能够实现以下功能：

- 当 $x=0$ 时，Q 是 y 的值。
- 当 $x=1$ 时，Q 保持原来 Q' 的内容。

这正是我们想要的存储器的功能。我们可以把 x 作为一个控制数据写入的钥匙，当 $x=0$ 时，存储器的内容根据 y 的值而变化，这就成功地实现了数据的写入。当 $x=1$ 时，不管 y 输入什么内容，存储器内一直保持原来的内容，这就成功地实现了数据的锁存。

到目前，我们已经用门电路实现了算术运算，并且构造出了存储器，大家可以体会到门电路有多重要了吧？现代计算机的半导体存储器中存在大量的门电路，从早期的几个、十几个，到现在的几亿个、几十亿个，正是这些高度集成的、越来越多的门电路使计算机的功能越来越强大。

2.3.3 计算机会用到哪些存储器

计算机的内存称为随机访问存储器（Random-Access Memory，RAM），主要分为两类：静态的 SRAM 和动态的 DRAM。SRAM 比 DRAM 更快，但也贵得多。SRAM 常用来作为高速缓存存储器，而 DRAM 一般用来作为内存以及显示缓存（参见 1.5 节和 1.6 节）。一个台式计算机的 SRAM 一般不会超过几兆字节，但是 DRAM 一般会有几千兆字节。

DRAM 一般封装成内存条，插在扩展槽上，如图 2-22 所示。扩展槽连接的是计算机的内部总线。总线是计算机主板上的一组并行导线，能传送地址、数据和控制信号，它是连接多个内部设备（CPU、内存、显卡等）的信息通路。可以根据需要，在扩展槽上插入一个或多个内存条。

作为内存的随机访问存储器中的数据是可读可写的。还有一类存储器只能读数据，不能往里写数据，这种存储器称为只读存储器（Read-Only Memory，ROM）。大家一定奇怪，如果不能写，那 ROM 里的数据是怎样放进去的呢？原来 ROM 的数据在出厂时已经放进去了，并固化成了固定的电路，所以以后就不能再写了。不过也有一种可擦写的 ROM，称为 EPROM（Erasable Programmable ROM，EPROM），它用的材料很特别，用紫外光照一下，就能修改其中的电路，因而可以重新写入数据。由于擦写需要特殊的设备，因此轻易不去做修改，一般也把 EPROM 归类为 ROM。

图 2-22 内存条与扩展槽

ROM 可以看成是硬件化的软件，它的好处是速度快、安全（因为不能修改），它常作为元器件固定在主板上，用于底层的引导程序。当计算机加电之后，ROM 就开始工作了，它里面的程序负责自检以及一些初始化工作。自检指的是检查必要的设备是否存在故障，例如计算机的键盘连线是否被拔掉了，内存条是否松动等。如果把内存条拔下来忘了插上，则会听到“滴”的一声怪叫，并在屏幕上看到出错警告信息。初始化工作包括设置好系统的日期和时间，找到内存可用的地址等，如果日期和时间没设好，则开机之后很多工作就会乱套，例如，新收到的邮件的时间比以前收到的邮件时间还早。所以计算机启动阶段的自检和初始化是很重要的。在此之后，ROM 把操作系统加载到内存运行，到此我们才能正常地使用计算机。因为这个原因，这种 ROM 里的程序被称为基本输入/输出系统（Basic Input/Output System，BIOS）。

上面所讲的大多是计算机内部用的存储器，计算机如果要长期保存大量的数据，则还要靠外部存储器，具体介绍参见 2.9 节。

2.4 计算机如何存放数据

大家现在终于明白了，计算机为什么要用二进制表示指令和数据。二进制有很多优点，例如：

- 运算规则简单。
- 可以用逻辑运算实现算术运算。
- 可以找到很多元器件支持逻辑运算。

但是它也有一些缺点，例如：

- 难以分辨每个二进制数。
- 人读起来比较困难。

由第一个缺点引起的问题比较严重，那就是在存储器中保存的大量 0 和 1，我们怎么知道一共是多少个数据，每个数据的边界在哪里。

大家可能想到的一种做法是在数据末尾增加一个特殊的标识，但是这样做如何保证这个标识和数据本身不会混淆？另外，为每个数据增加额外标识，会浪费很多存储空间。

人们又想到另一种做法，就是用统一的长度，例如 8 个二进制位表示 1 个数据。这样就省去了标识占用的空间和检测标识的时间。但是新的问题又来了，对于特别短的数据（比如仅 4 比特的数据），这样不是会浪费空间吗？另外，特别长的数据表示不了怎么办？

对于这些问题，我们要先解决主要矛盾——用固定的长度存储最基本的数据，其他问题再想办法。这又要用到我们前面讲的“抓大放小”的计算思维。

于是，人们发明了字(Word)和字节(Byte)。

2.4.1 什么是字和字节

一个二进制位可以表示最基本的“0”或者“1”，这样的一个二进制位称为比特(Bit)。对于大一点的二进制数，用 8 比特组成 1 字节来存放。

当初为什么把 8 比特定成 1 字节呢？大概是早期的计算机性能比较差，8 比特长度的二进制数据（最多表示 255）便能满足一般的应用了。后来发现，8 比特长度的数据越来越不够用了，于是人们又发明了一种办法使用长度更长的数据，这就是多字节组成的字，到底多少字节构成 1 个字呢？

早期的计算机，字和字节是一样的，1 个字的长度就是 8 比特，我们称之为 8 位计算机。

到后来有了 16 位计算机，1 个字是 2 字节的长度，最大表示 65 535。

再到后来的 32 位计算机，1 个字是 4 字节的长度，最大表示 4 294967 295。

今天我们普遍使用的是 64 位计算机，其中大部分 1 个字仍是 4 字节的长度（因为 4 字节长度的数据一般已经够用了）；但在部分 64 位机中，也有 1 个字是 8 字节的。

CPU 进行运算时，一次可以处理一个字长的数据。所以一般来说，字长越长，计算机的数据处理能力就越强。现在大家大概可以明白 32 位机和 64 位机的含义了。不过计算机的位数除了和处理的数据长度有关，还和计算机的内存大小有关，这个问题我们后面再讲。

于是字节就成为了计算机存放数据的最小单元。虽然 8 比特的字节并不长，但是我们要能够一眼看出这一串 01 构成的数字的大小，或者能够记住它还是不容易的，特别是对于 32 位字长的数据，看起来有点像天书。

2.4.2 为什么要用十六进制数

为了符合人类的习惯，能否每次将二进制数转换成十进制数来看呢？理论上是可以的，但是进制转换起来很麻烦。人们又找到了一个办法，那就是用十六进制数作为桥梁，让我们更容易看懂二进制数（十六进制数比较接近我们日常使用的十进制数），同时它又和字节表示的二进制数有很好的对应关系，所以转换起来很方便。

我们来看看十六进制数是怎样表示的。

十六进制数使用的数字有：0、1、2、3、4、5、6、7、8、9、A、B、C、D、E、F。其中 A 表示十进制的 10，F 表示十进制的 15，超过 15 的数就要进位了，用两个十六进制数字表示，如 $(10)_{16}$ 表示十进制的 $(16)_{10}$。

十六进制数和二进制数、十进制数的对应关系如表 2-7 所示。

表 2-7　十六进制数和二进制数、十进制数的对应关系

十六进制数	二进制数	十进制数
0	0000	0
1	0001	1
2	0010	2
3	0011	3
4	0100	4
5	0101	5
6	0110	6
7	0111	7
8	1000	8
9	1001	9
A	1010	10
B	1011	11
C	1100	12
D	1101	13
E	1110	14
F	1111	15

1 字节表示的整数最大为 2^8-1，即十六进制的 FF，这样 1 字节的数据用 2 个十六进制数字就可以表示了，2 字节的字用 4 个十六进制数字就可以表示了。

大家可以用 UltraEdit 之类的工具(注意：很多软件称为工具，因为它们像钳子、螺丝刀一样，帮助我们完成某项工作)打开一个二进制文件，例如，第 1 章的 hello.exe.，我们看到的是类似图 2-23 的内容。

其中的每个十六进制数都对应 1 字节，这样是不是很方便？

要把各种进制的数据转换成十进制表示不是什么难事，用下面这个公式就可以了。

$$\begin{aligned} N &= (d_{n-1}d_{n-2}\cdots d_1 d_0 d_{-1}\cdots d_{-m})_r \\ &= d_{n-1}r^{n-1}+d_{n-2}r^{n-2}+\cdots+d_1 r^1+d_0 r^0+d_{-1}r^{-1}+\cdots+d_{-m}r^{-m} \\ &= \sum_{i=-m}^{n-1} d_i r^i \end{aligned} \tag{2-1}$$

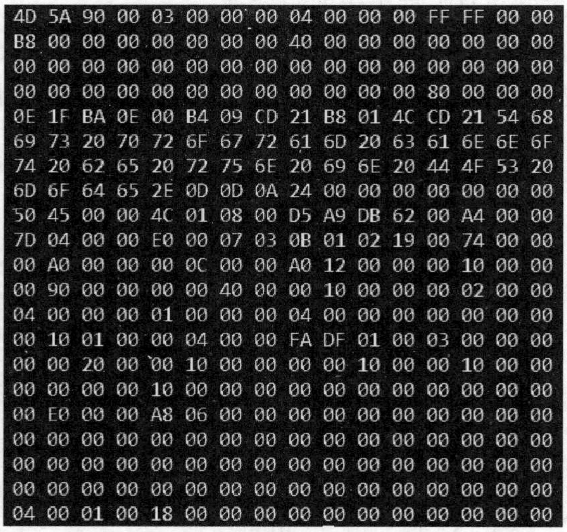

```
4D 5A 90 00 03 00 00 00 04 00 00 00 FF FF 00 00
B8 00 00 00 00 00 00 00 40 00 00 00 00 00 00 00
00 00 00 00 00 00 00 00 00 00 00 00 00 00 00 00
00 00 00 00 00 00 00 00 00 00 00 00 80 00 00 00
0E 1F BA 0E 00 B4 09 CD 21 B8 01 4C CD 21 54 68
69 73 20 70 72 6F 67 72 61 6D 20 63 61 6E 6E 6F
74 20 62 65 20 72 75 6E 20 69 6E 20 44 4F 53 20
6D 6F 64 65 2E 0D 0D 0A 24 00 00 00 00 00 00 00
50 45 00 00 4C 01 08 00 D5 A9 DB 62 00 A4 00 00
7D 04 00 00 E0 00 07 03 0B 01 02 19 00 74 00 00
00 A0 00 00 00 0C 00 00 A0 12 00 00 00 10 00 00
00 90 00 00 00 00 40 00 00 10 00 00 00 02 00 00
04 00 00 00 01 00 00 00 04 00 00 00 00 00 00 00
00 10 01 00 00 04 00 00 FA DF 01 00 03 00 00 00
00 00 20 00 00 10 00 00 00 00 10 00 00 10 00 00
00 00 00 00 10 00 00 00 00 00 00 00 00 00 00 00
00 E0 00 00 A8 06 00 00 00 00 00 00 00 00 00 00
00 00 00 00 00 00 00 00 00 00 00 00 00 00 00 00
00 00 00 00 00 00 00 00 00 00 00 00 00 00 00 00
00 00 00 00 00 00 00 00 00 00 00 00 00 00 00 00
04 00 01 00 18 00 00 00 00 00 00 00 00 00 00 00
```

图 2-23 二进制文件中的数据

其中，d_i 表示整数部分的第 i 位；d_{-i} 表示小数部分的第 i 位；r 表示进制。

2.5 计算机为什么需要数据类型

前面我们知道了计算机中的数据都是二进制数，但是表示日期的数和表示价格的数显然不同，如果我们不加区分把这两个数加到了一起，结果一点意义都没有。我们编程时也需要明白在计算什么数据，例如，我们不能简单地把两个表示日期的二进制数据相加得到最后的日期，而价格是可以相加的，得到的是总价格。

2.5.1 什么是数据类型

因此我们需要引入数据类型的概念。数据类型就是一类数据区别于另一类数据的性质，以便于计算机理解和处理。

例如，表示性别时，我们一般只需要 1 和 0 两个状态，分别表示男和女。而表示颜色时，如果我们也使用 1 和 0 两个状态，那么最多只能表示两种颜色，如黑或白。为了表示更多的颜色，可能需要更多的位数，例如用 1～2 字节来表示。

于是就可以用两种数据类型表示这两者，例如，称前者为性别类型，后者为颜色类型。这样，我们可以在程序中，把某些变量声明为性别类型，某些变量声明为颜色类型。计算机就按相应的类型来解释或处理相应变量里的数值。

这样一来岂不是会有许许多多的数据类型啦？例如，表示日期的类型，表示学院名称的类型，表示同学姓名的类型，表示同学年龄的类型等。

太多的数据类型很难记住，用起来也不方便。于是人们从很多应用中提炼出一些经常用到的数据类型，用在编程语言或数据库（我们马上会讲到数据库）中。这样一些性质近似的数据就可以共用一种数据类型了。例如，把姓名或商品名称归类为字符串类型；数目或年龄归类为整数类型；单价或金额归类为浮点数类型，等等。表2-8列出了一些常见的数据类型。

表2-8　常见的数据类型

数据类型	描　述	存　储
String	字符串类型，用于文本或文本与数字的组合	多字节
Byte	字节类型，允许0～255的数	1字节
Integer	整数类型，允许介于－32 768～32 767的数	2字节
Long	长整数类型，允许介于－2 147 483 648～2 147 483 647的全部数	4字节
Float	单精度浮点类型，用于一般的小数	4字节
Double Float	双精度浮点类型，用于小数位很多的小数	8字节
Date/Time	日期和时间类型	8字节
Boolean	布尔类型，可以显示为Yes/No、True/False或On/Off	1比特

一些程序设计语言(例如C语言)，允许开发者自己定义数据类型，作为系统提供的常规数据类型的扩充，为编程带来了更大的灵活性。

数据类型还有一个作用，就是可以更有效地利用存储空间。例如，某个变量若声明为布尔类型，意味着它只需要占用1比特的存储空间，而长整型，意味着需要4字节表示过亿的整数，一般的整数类型可能无法表示这么大的数。编译程序和操作系统会区别对待不同类型的数据，按需要给它们分配适合的存储空间。

2.5.2　数据量的单位和量纲有哪些

数据还有量级和单位的概念，否则对于数字1，我们弄不清楚它表示的是单个的1，还是1000，或是10 000？是字节还是字？

我们用数据量表示数据的多少。数据量中要指明数量、量级和单位。

在计算机中我们表示数据多少的量级有K、M、G、T等，数据量的基本单位是字节(Byte或B)。

例如，1KB表示1Kilo Byte，也就是1000字节，K是量级，B是单位。

注意，在数据量中，各个量级之间是1024倍的关系，而不是1000倍的关系，这与表示频率的kHz不同。之所以是1024倍而不是1000倍，是因为二进制计数的关系，即$1024=2^{10}$。这样我们有：

$1KB=2^{10}B$

$1MB=2^{10}KB=1\ 048\ 576B$(约100万字节)

$1GB=2^{10}MB=1\ 073\ 741\ 824B$(约10亿字节)

$1TB = 2^{10}GB = 1\ 099\ 511\ 627\ 776B$(约1万亿字节)

$1PB = 2^{10}TB$

$1EB = 2^{10}PB$

这里体现了计算思维的另一个特点,即所有计算机处理的对象都要表示成数据,并精确到比特级别,这称为"比特精准",这种能力应该是我们计算机专业同学的基本功。

数据类型一般在程序设计语言或数据库中提供给开发人员使用,当程序编译成目标代码之后,就不会再带有数据类型信息了,机器指令一般都是对字节或字进行操作。换句话说,数据类型是编译系统确保源代码能够正确翻译成目标代码的必要信息,它最后会体现到目标代码之中,将影响机器指令如何执行。

2.6 计算机如何找到并读取数据

第1章介绍过,程序运行时,数据需要加载到内存中。内存不但要能够存储数据,还要随时能够让我们把存储的数据取出来。对内存的数据进行读写,用专业一点的话来说就是内存数据存取或访问(access)。

2.6.1 如何实现内存数据的访问

计算机要从存储器中找到需要的数据,就像我们找东西一样,需要知道数据的存放地址。例如,告诉计算机——给我取出第200号单元中的数据。

表示存储单元位置的地址也是一种数据,一般是32位或64位的二进制数据,这也是由计算机的字长决定的。多长的地址意味着可以从多大的空间中寻找数据。例如用2位二进制数可以表示00、01、10、11一共4个地址,而32位的地址最多能寻址2^{32}字节的内存空间,即4G字节。这就是说,32位计算机的内存空间最多为4GB,即使配再多的内存也用不上。

计算机存储器的原理如图2-24所示。

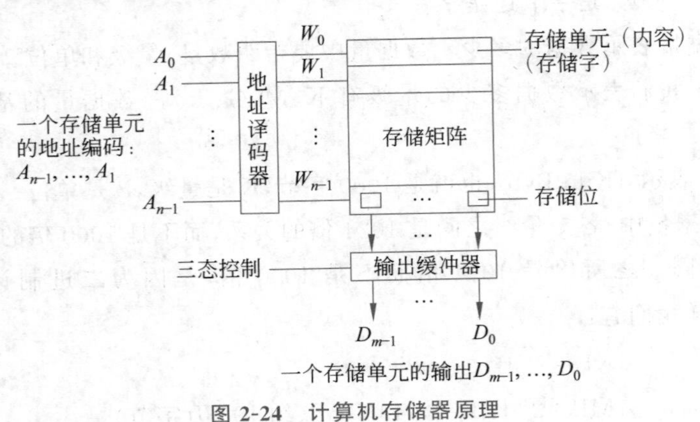

图2-24 计算机存储器原理

我们编程时用的地址称为虚拟地址 $A_0, A_1, \cdots, A_{n-1}$，例如通过：

```
char * a="hello world";
```

声明变量 a 中存放的是指向"hello world"字符串的指针。这个指针就是一个地址，这个地址取决于操作系统加载目标代码时，"hello world"字符串数据在内存中的存放位置。这个地址需要地址译码器翻译成具体的物理地址 $W_0, W_1, \cdots, W_{n-1}$。

为什么要进行地址翻译呢？这是因为内存可能由多个内存条以及存储芯片组成，所以一个物理地址要明确是哪个内存条的哪个存储芯片上的哪个地址。然后将这个存储单元中的每个比特都读出来放到输出缓冲器里，目标程序再从这个输出缓冲器中把数据取到变量中使用，或保存到另外的地址空间中去。这样就实现了数据的读取。

这里还要强调一下，计算机的内存只有在计算机加电的情况下才能够保持记忆，一旦断电，数据在几毫秒内就丢失了，因此称为易失性存储器。

2.6.2 数据为什么需要索引

同学们在编程练习中，可能有所体会，有时我们要从一堆人名中看看有没有谁的名字，如果这些人名没有顺序，我们只能一个一个地通过字符串比较来查找。从几十个人里找名字还算好，如果要从全北京市的几十万的考生中找到一个学生的成绩，那就会慢得不得了，高考成绩揭榜的时候大家肯定等不及。我们想做的就是能够快速确定存放某个名字或内容的存储单元。这有什么好办法吗？有的，这就需要为它们建立索引。

我们都有这样的经验，如果把人名按照拼音或笔画排序，则在查找某个人名的时候就可以按照拼音或笔画快速找到了。这里的排序就是一种索引。我们在编程时，把排好序的名单保存成一个数组，再从这个数组中定位人名。数组的下标和内存的地址是一一对应的。数组是一种数据结构。

建立索引的方法有很多种，索引技术也是今天互联网信息检索的基础。希望大家能够通过下列延伸阅读深入学习一下。

延伸阅读
吴军. 计算之魂[M]. 北京：人民邮电出版社出版，2021：274-278.

2.7 计算机怎样有效地管理数据

现在大家了解了计算机数据存储的一些基础知识，想必都想编写一个实用的程序了吧？

那大家就想一想怎样编写一个 C 语言程序把本章开头讲到的商店购物的事务管起来。这件事看起来不难，但是如果我们真的仔细琢磨这件事，做起来好像并不太容易。

2.7.1 怎样保存销售数据

我们想到的第一个问题就是——怎么把销售数据存起来?

大家可能想到了用输入/输出语句,把数据存放在数组之类的变量中,但是这些变量只有在运行时在内存中才有效,一关上计算机,数据就没有了。这就要求我们有一台24小时开机的计算机,不能断电,不能出故障……再加上同学们的计算机内存一般大小有限,显然很难办到。

有些C语言基础比较好的同学,想到把数据保存到文件之中。这的确是一个解决的办法。文件的概念在第1章提到过——我们的源代码就保存在 hello.c 文件中,另外目标代码所在的 hello.exe 也是一个文件。文件是操作系统管理的。通过目录和文件,我们可以很好地把数据分层、分类组织起来;我们也可以用各种软件或工具打开文件,看到其中保存的内容。文件是保存在外存里的,所以可以长久保存。另外,很多程序设计语言也提供了文件访问的库程序,可以方便地读写文件中的数据。但是,在方便操作的背后,操作系统的文件管理是十分烦琐的,它要找到特定大小的空闲磁盘空间把数据写进去,更新目录;如果有剩余的空间,要好好地利用起来,尽量不浪费;如果空间不够,还要设法把一个文件的数据写到几块剩余的空间中去,并记录到目录里;另外,用户还需要不断地修改文件,所以文件管理的复杂程度我们想想就很头大。

幸亏有了操作系统的帮助,我们读写文件时并不困难,不用关心底层是怎么做的。但是大家如果真的动手基于文件来编写一个商店购物的管理系统还是很费力的。这样一个系统需要能够对每一笔交易进行记录、修改、查询、计算,还要保证每笔交易不能出错,交易过后的库存信息(进销存数据)都要同步更新……没有几周的时间,程序恐怕写不出来。

幸好人们发明了数据库软件来帮我们管理这些数据,几乎不用编写程序就可以轻松地搞定这件事情。

2.7.2 数据库管理系统有什么作用

数据库就是信息组织起来形成的集合体。一般用表格形式来组织数据。人们编写了一种软件专门用来管理数据库,这就是数据库管理系统。其实数据库管理系统最终还是要把数据存放在磁盘文件中的,只不过它帮你做了各种底层的处理,我们在使用数据库的时候只需要面对数据库管理系统而不必关心种种实现的细节。

本章开始讲到的商店的交易数据如果整理成数据库会是怎样的呢?起码我们会得到两张表格,一张是关于商品记录的数据,如表2-9所示;一张是关于销售记录的数据,如表2-10所示。

表 2-9 商品记录

物品编号	物品名称	单价	折扣	供货厂商	批号
23700001	化妆盒	12.00	100%	××××××	859401
23700002	化妆盒	15.00	100%	××××××	8600-01
24600002	粉底液	10.00	100%	蕾琪	88030
65100011	眼影	18.00	100%	忆自美	××××××
17300006	眼影	3.00	100%	××××××	8541-03
…					

表 2-10 销售记录

销售单编号	货品编号	购买数量	金额	支付方式	售货员	日期
XS090110020001	23700001	1	12.00	现金	黄德春	2009-01-10 11:02:56
XS090110020001	23700002	1	15.00	现金	黄德春	2009-01-10 11:02:56
XS090110020001	24600002	1	10.00	现金	黄德春	2009-01-10 11:02:56
XS090110020001	65100011	1	18.00	现金	黄德春	2009-01-10 11:02:56
XS090110020001	17300006	1	6.00	现金	黄德春	2009-01-10 11:02:56

这种表格形式的数据库有什么好处呢？

首先，借助数据库管理系统，我们动动鼠标，输入几个数就可以非常方便地进行数据的增加、删除、修改；其次，数据库管理系统可以帮你自动计算数据，例如，知道了商品的单价，你一旦输入了购买的数量，它就会告诉你总共应该付多少钱；最后，你可以输入一条简单的语句，就可以把想要的数据查出来，例如，找出单价大于10元的商品，只需要向数据库管理系统输入这样一条语句：

```
SELECT * FROM 商品记录 WHERE 单价 > 10
```

是不是很方便？其实数据库的好处还有很多，有些你可能并不能直接体会到。例如，它保证不会出现这些情况：一共有5件库存的商品，你却卖出了6件；发生了5笔交易，因为网络很“卡”，数据库里只记录了3笔交易。还有，给老板看的数据不允许普通柜员看到。特别有用的一点是，数据库还可以帮你分析，哪个商品卖得好，这个月销售额增加了多少，等等。

所以今天数据库管理系统应用非常广泛。一些应用场景对数据库有很高的要求，例如，大家“双十一”上网抢购商品，一些电子商务网站在短短的一秒内就要进行几十万笔交易，这意味着一秒内数据库中的数据至少要修改几十万次；另外，在春运期间，大家上网购买火车票，很多人会几乎同时在不同的地点采购同一车次的火车票，购票系统要保证不会把车票卖超了，也不能卖出两张重复的车票，这些苛刻的要求给数据库管理系统带来了很大的挑战。很长一段时间以来，一些重要领域的数据库管理系统用的都是国外的软件，价格昂贵，还有“卡脖子”的风险。近年，我国的数据库软件产业快速崛起，据统计，2023年已经有上百种国产数据库软件，这些软件在关键业务中发挥着越来越重要的作用。

数据库管理系统的数据安全功能十分重要。一些数据有保密的要求，只允许特定身份的人员查看，数据库管理系统也可以提供这种保障。再有，一些关键业务系统的运行要避免受到火灾、地震、洪水等自然灾害的影响，需要将数据库的数据妥善备份，甚至要在不同的地点保存多个副本，一旦有灾害发生，系统能够快速地切换到备份的数据上继续运行。

2.8 数据怎样让计算机变得聪明

当计算机存储了足够多的数据时，我们就可以对数据进行分析，找到数据中隐藏的变化规律，辅助人们进行预测或做出决策，这样可以避免很多风险，获得最大的收益，这也称作商务智能(Business Intelligence)，它属于人工智能的一部分。

2.8.1 什么是数据挖掘

大家可能听说过这个故事，说的是在20世纪90年代，美国沃尔玛的超市管理人员分析销售数据时发现了一个令人难以理解的现象：在某些特定的情况下，“啤酒”与“尿布”两件看上去毫无关系的商品会经常出现在同一个购物篮中。后来经过分析，发现在美国有婴儿的家庭中，一般是母亲在家中照看婴儿，父亲前去超市购买尿布。父亲在购买尿布的同时，往往会顺便为自己购买啤酒。商店因此将啤酒和尿布放在同一个货架上，以增加这两样物品的销量。

虽然有人考证说这个故事是杜撰出来的，但是类似的事情的确经常出现。例如本章开始提到的商店购物，我们可以分析一下每天的销售数据，看看哪种品牌的商品卖得最好，多进一些货，以增加营业收入；我们也可以研究一下，化妆品和化妆盒销售量之间的关系，比如顾客一般买了几件化妆品后才会买个化妆盒把它们收纳起来，这样我们可以合理安排化妆盒的库存，减少库房的占用。再有，我们也可以分析一下商品销售量和季节的关系，适度增加应季商品。此外，我们还可以分析一下哪些顾客常购买哪些商品，以便有针对性地向顾客推荐适合他们的商品。

我们可以通过专门的软件把一个数据库中各个数据表的数据综合起来进行分析，也可以把多个数据库的各种数据放在一起分析，从各个维度发掘数据之间的联系。这种技术称为联机数据分析，这也是早期数据挖掘的典型方法。

2.8.2 大数据带来了什么改变

除了从数据库中挖掘信息，更多的数据可能来自观测与活动的记录，它们不一定存放在数据库之中。例如，气象数据、车辆的运行轨迹等。这些数据往往快速产生，持续不断，数据量大，类型丰富，我们称之为大数据。

虽然从这些大数据中单独拿出几个看，似乎没什么用，但是如果把很多数据按产生的时间放在一起分析，往往会发现很有价值的信息，例如我们可以从人们出行的数据中发现早晚高峰的时段和路段，以及交通拥堵产生的原因。很多行业都很需要这种大数据分析，今天已经逐渐形成了一个独特的大数据产业。

要分析这么多高速产生的大数据，一般的计算机很难胜任。我们需要用一些特殊的技术，提高计算机的数据处理能力。例如，把不同来源、不同能力的算力资源、存储资源和网络资源，统一调配，共同协作来完成数据的处理。这些用网络连接起来的计算资源，有的专门负责数据收集，有的专门负责数据加工，有的专门负责数据分析，有的专门负责分析结果的可视化呈现。前面所说的数据中心很多就在做这样的数据处理工作。我们通过网络可以随时随地连接到这些计算机上租用它们提供的服务，这些资源就像云雾一样提供给我们充足的水分，这种计算机的利用方式被称为云计算。除了利用集中的数据中心资源之外，也可以就近利用空闲资源，和附近的边缘服务器以及手机这类智能终端一起参与数据的处理，人们称这种计算方式为边缘计算。

延伸阅读
百度百科：边缘计算。

下面有个问题请大家想想：怎样知道哪个顾客买了哪些东西？大家很容易想到的办法是让每位顾客进店前填写一个表，把姓名、身份证号、职业等统统登记之后才能进店买东西，但是如果真的这样做，你的商店可能就没有人来了。

首先，我们没必要真正了解一个顾客的所有信息，如果知道了每人的手机号，基本就能分辨出不同的顾客了。如果能够分析出这个手机号经常用来买什么东西（例如化妆品），那么就大体知道这个顾客有什么喜好了，我们就可以把新的化妆品产品推荐给他。那么怎么知道某个顾客的手机号是多少呢？一般当他用手机付款时会留下记录。那怎么知道他买了什么东西呢？因为商店里记录销售数据的服务器中记录了每个时刻的账单，然后用时间一比对，这个问题不就解决了吗？有的同学说，如果这个顾客不用手机付款怎么办？那我们可以在商店的监控摄像头上想想办法，现在很多摄像头有人脸识别功能，我们把各个顾客的照片留下来，就能和手机号一样，起到标识顾客的作用。当这些数据都具备时，我们把数据送到云端的数据中心去分析一下，就能实时掌握商品的销售情况，并随时调整商品的销售策略，这样商店还怕不会财源滚滚吗？大家注意，这里用到了数据中心的云计算资源，用到了商店的数据库服务器（边缘设备），还用到了大家的手机和摄像头（终端设备），怎样合理利用这些算力资源是今天边缘计算的研究热点。

大数据虽然能为我们创造很多价值，但是如果使用不当，也会带来很多弊端，例如隐私泄漏和安全问题。各种渠道采集的数据如果被滥用，会给人们的生活带来很多困扰，另外大数据也是重要的信息资源，如果数据被盗用，会威胁国家和社会的安全。再有，如果伪造数据，会造成社会生活的混乱。因此需要通过法律和技术的手段，保证数据资源的合理使用。2021 年，国家网信办公布了《网络数据安全管理条例（征求意见稿）》，《网络数据安全管理条例（征求意见稿）》提出数据处理者利用生物特征进行个人身份认证的，应当对必要性、安全性进行风险评估，不得将人脸、步态、指纹、虹膜、声纹等生物特征作为唯一的个人身份认证方式，强制个人同意收集其个人生物特征信息。我们需要注意学习和运用好这方面的法律法规。

延伸阅读：大数据欺骗

有人做过类似的测试，将 99 部智能手机放在手推车里，并且都打开了谷歌地图的导航，在一条空旷的街上缓慢地行走，结果，谷歌地图误认为这是 99 辆汽车，就在地图上显示了拥堵的标记，如图 2-25 所示。

图 2-25　用 99 部智能手机的数据欺骗谷歌地图

凡事有利有弊，我们需要全面、客观地看待事物，趋利避害，这个道理也深刻地体现在计算思维中。

关于数据科学和大数据技术的进一步知识大家可以在将来大数据相关课程中学习。

2.9　计算机的存储技术是怎样发展的

前面大家对内存有了一定的了解，现在让我们看看计算机外部存储器（外存）是怎样发展的。前面说过，计算机外存的速度比不上内存，但是它里面记录的数据在计算机断电后不会消失，因此计算机外存属于非易失性存储器。计算机外存也经过了很长的发展历程。

第1章提到的穿孔卡片算是计算机外存最早的形式。在卡片的特定位置打孔或不打孔，就记录了某个数据位是0还是1。

后来的外存大多使用磁介质，例如磁带，如图2-26所示。

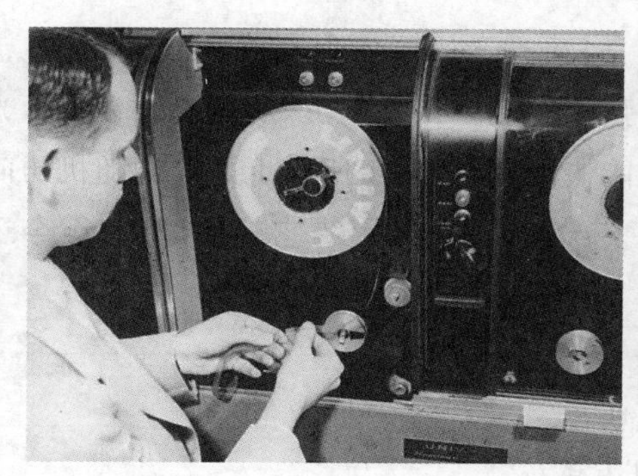

图 2-26　数据磁带

用磁头对磁带表面的磁粉进行磁化和消磁，就可以记录数据了。今天磁带的记录密度(单位面积记录的数据量)可以做得很大，常用于大量数据的备份和转储。但是磁带有一个缺点，那就是数据必须一块一块地顺序往后写，如果中间需要插入一段数据就会很麻烦，另外，如果要从中找到一块数据，需要从前往后顺序查找，速度很慢。我们称这类存储器为顺序访问存储器。

后来人们发明了磁盘。磁盘的原理和磁带差不多，如图2-27所示。但是磁盘的记录轨迹是一个个同心圆形成的磁道。最中心的磁道保存着磁盘的目录信息。从目录中找到存放位置后，磁头可以很快地在不同磁道上移动，继而读写磁道中的数据，因此能够快速地定位数据，所以人们称之为随机访问存储器。最早的磁盘笨重得有点吓人。1956年9月13日，雷诺德·B.约翰逊(Reynold B. Johnson，1906—1998)和他的同事首次造出了两个冰箱那么大的磁盘，重达1t，从侧面看上去像一把巨大的梳子，它的容量是4.4MB。而今天TB级的磁盘已经随处可见。这种机械式磁盘天生的缺陷就是怕碰怕摔，比较娇贵。

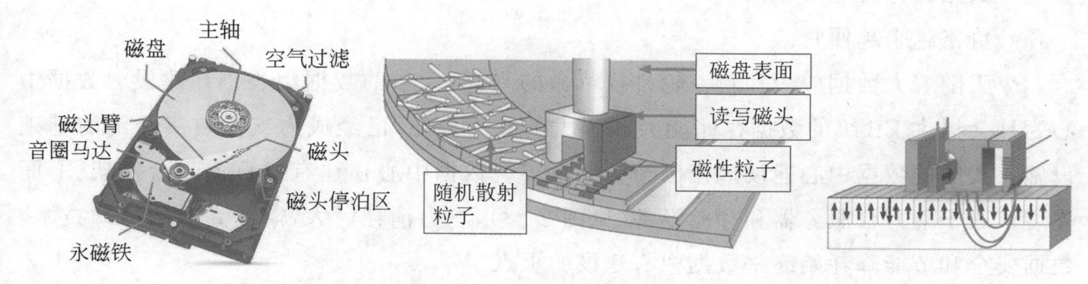

图 2-27　磁盘的工作原理

关于磁盘的工作原理请大家参考延伸阅读的内容。

延伸阅读
百度百科：磁盘存储器。

磁盘之后，光盘开始盛行。光盘存储的原理是，通过激光头发射高强度激光，在光盘表面熔烧凹坑来记录数据，然后激光头再发射低强度的激光探测凹坑，从而读取数据。光盘的数据记录轨迹是一条螺旋式的光道，因为也能快速定位数据，所以也是一种随机访问存储器。虽然大部分光盘数据只能一次性写入、多次读出，但是因为它轻便廉价，至今还在使用。

延伸阅读
百度百科：光盘（注意：不是“光盘行动”的光盘）。

今天我们使用的很多外存已经采用非易失性的半导体器件来做了，这种器件称为闪存（Flash Memory），它是一类可用电对数据进行擦除的非易失性半导体器件。闪存无处不在，为大量电子设备（如数码相机和手机）提供快速而持久的存储。新型的基于闪存的硬盘，称为固态硬盘（Solid State Disk，SSD）以区别传统的机械式旋转硬盘。比起机械式旋转硬盘，固态硬盘的优点是：速度更快，不怕振动，能耗更低，但是存储容量目前离机械式硬盘还有一些差距。

计算机存储技术的发展也呈现出多样化的趋势，即

- 体积越来越小。
- 容量越来越大。
- 访问速度越来越快。
- 可靠性越来越高。
- 功耗越来越低。
- 数据保存得越来越久。
- 价格越来越便宜。

今天随着大数据应用和新一轮科技革命的兴起，大量的数据中心正在建设。数据中心为社会提供EB级的数据存储能力和强大的算力资源，已经成为支撑数字经济的基础设施。我国的数据中心建设规模已经领先世界。数据中心往往有成百上千台机架，上面安装了成千上万台服务器和存储设备（见图2-28），电力消耗巨大，需要高效的冷却技术，数据安全和节能降耗始终是数据中心建设的重点。

图 2-28　数据中心机房

研讨问题

1. 用二进制数据的解析工具观察目标文件 hello.exe。

2. 如何基于图 2-13 所示的加法器电路完成 4 个变量的加法？

3. 如何把十进制数转换成十六进制数？

4. 一个 32 位字长的存储单元可以存放的最大数是什么？分别给出其二进制、十六进制和十进制的表示。

5. 如何加快计算机访问数据的速度？

6. 如何避免谷歌地图被数据欺骗的问题？

7. 调研主要的数据库管理系统软件有哪些。

8. 调研云计算和边缘计算在无人驾驶和无人机等应用中的作用。

第3章

如何让计算机具有智慧

从前面的两章,我们大致了解了计算机工作的基本原理。大家知道,要让计算机完成一个任务,需要写一个程序交给计算机去编译和执行。这一章要告诉大家的是,程序编写得好坏,对于计算机能否很好地完成任务有很大的影响,甚至决定了计算机是否具有“智能”。谈到智能,大家一定会想到博弈,我们都很佩服那些顶尖的棋手,如果我们能写出能战胜人类高手的下棋程序,那我们的程序岂不很智能了？那下面我们就从计算机博弈讲起。

3.1 计算机博弈有哪些重要的里程碑

其实,造一台会下棋的机器是人类很早就有的梦想。传说1769年,匈牙利工程师巴朗·沃尔夫冈·冯·坎佩伦(Baron Wolfgang von Kempelen,1734—1804)为了取悦奥地利皇后玛丽娅·特蕾西娅(Maria Theresia)制造了一台木制的国际象棋弈棋机。它不过是一台纯机械设备,外形很像一个土耳其人。它的高超的棋艺是由藏在机器内部的一位象棋大师提供的,这是坎佩伦开的一个大玩笑。

世界上第一个国际象棋弈棋程序其实诞生于计算机问世之前。这个程序是由一位极富远见的人编写的。他不仅预见到了计算机的出现,而且他还清楚地知道计算机的工作方式,只待计算机一问世,他的程序就可以投入运行,参见4.4.1节。这个人就是艾伦·麦席森·图灵(Alan Mathison Turing,1912—1954),他是世界上最伟大的数学家和计算机科学家之一。

第二次世界大战时期,图灵领导的科研小组破解了德国人的Enigma密码,对第二次世界大战的胜利起到了重要作用。图灵非常爱好国际象棋,他虽然脑子聪明,但是下棋凭的仅是一点初学乍练的工夫,因此棋艺水平很一般。第二次世界大战结束后不久,他就开始编写弈棋程序。当时世界上并没有可以运行他的程序的计算机,图灵就把自己当成一台计算机,一步一步手工执行,每一步棋大约都要花上半个多小时。历史上记载了这个纸上弈棋机的一盘对局记录。这盘棋中,纸上弈棋机执白输给了图灵的一位同事。

延伸阅读

百度百科：艾伦·麦席森·图灵。

计算机博弈史上真正值得关注的第一个事件，要数国际象棋世界冠军加里·基莫维奇·卡斯帕罗夫(Гарри Кимович Каспаров)和IBM的超级计算机深蓝(Deep Blue)的对阵(见图3-1)。1996年2月，超级计算机深蓝首次挑战卡斯帕罗夫，但以2∶4落败。其后IBM的研究小组将深蓝加以改进，1997年5月再度挑战卡斯帕罗夫，最终深蓝以3.5∶2.5击败卡斯帕罗夫，成为首个在标准比赛时限内击败国际象棋世界冠军的计算机。2006年以后，人类再也没能打败过顶尖的国际象棋程序。

图3-1 深蓝与卡斯帕罗夫的国际象棋之战

围棋远比象棋复杂。早期人们确信计算机要在围棋上战胜人类是不可能的。然而也就在近几年，阿尔法围棋(AlphaGo)成为了第一个战胜围棋世界冠军的计算机。

2016年1月27日，国际顶尖期刊《自然》封面文章报道，谷歌研究人员开发的名为AlphaGo的机器人，在没有任何让子的情况下，以5∶0完胜欧洲围棋冠军、职业二段选手樊麾。这在围棋人工智能领域，实现了一次史无前例的突破。2016年3月9日到15日，AlphaGo在韩国首尔挑战世界围棋冠军李世石。比赛采用中国围棋规则，最终AlphaGo以4∶1的总比分取得了胜利。2016年12月29日晚起到2017年1月4日晚，AlphaGo在几个围棋网上以“Master”为注册名，依次对战数十位人类顶尖围棋高手，取得60胜0负的战绩。2017年5月23日到27日，在中国乌镇围棋峰会上，AlphaGo再次以3∶0的总比分战胜排名第一的世界围棋冠军柯洁。在此期间，AlphaGo还战胜了由陈耀烨、唐韦星等5位世界冠军组成的围棋团队。2017年10月19日，《自然》又发表一篇研究论文称，新版AlphaGo Zero从空白状态学起，在无须任何人类经验指导的条件下，能够迅速自学围棋，经过3天的训练便以100∶0的战绩击败了它的“哥哥”AlphoGo Lee，又经过40天的训练击败了它的另一个“哥哥”AlphaGo Master。2019年1月，DeepMind公司潜心两年打造的AlphaStar，以5∶0的比分，击败了世界上最强大的星际争霸职业玩家，攻破了人类难度最高的游戏，树立了又一个里程碑。AlphaGo挑战世界围棋冠军如图 3-2 所示。

图 3-2 AlphaGo 挑战世界围棋冠军

从 AlphaGo 开始，人类迎来了一个崭新的人工智能时代，开启了第四次工业革命的序幕。

3.2 怎样写一个最简单的五子棋弈棋程序

讲到这里，一些不太爱玩的同学可能会有点顾虑——不会下国际象棋和围棋，后面的内容会不会看不懂？不要紧，学习这一章的内容并不需要大家具备很高深的弈棋知识，只需要会下最简单的五子棋就行了。如果五子棋也不会，那就不妨现学一下：在布满各 15 条纵横线的棋盘上，黑白棋子交替落到纵横线的空白交叉点上，一般先从棋盘的中间落子，在横纵和正负 45°线上，谁先连成 5 个子就算谁赢，如图 3-3 所示。当然还可以变通一下，连成 4 个子算赢的称为四子棋，连成 3 个子算赢的称为三子棋……

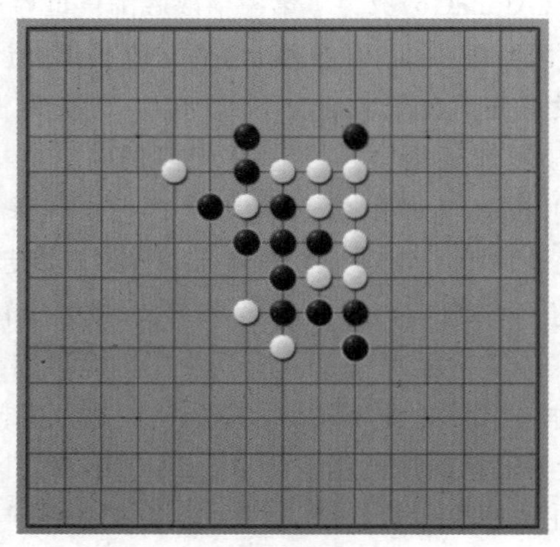

图 3-3 五子棋

大家都能想到，一个弈棋程序最基本的要求就是要把棋盘、棋子和每一步的走棋都表示出来并记录下来，并随时纠正不按规矩的走法。回想第 1 章讲到的计算思维，这是一种“变换”的思想，即将现实世界的事物映射到计算机可以表示和处理的数据结构或模型上面。模型(例如后面讲的神经网络)比数据结构更复杂一些,如果用计算机的模型来表示事物,则称为建模。

同学们现在多少都有了点编程知识,那我们应该怎么编写这个弈棋程序呢?很多同学可能会想到以下方法。

用一个二维数组,例如 chess[n][m]表示棋盘。注意,在 C 语言里数组的脚标从 0 开始,所以 chess[0]表示棋盘的第 1 行(这个很容易弄错)。chess[0][0]表示棋盘左上角第一个可以落子的位置(第 1 行第 1 列)。另外按照规则,n 和 m 一般取 15——五子棋不需要太大的棋盘。

五子棋的棋子不是黑就是白,那么 chess[n][m]可以取字符类型(例如,char chess[20][20];),我们用“b”表示黑子,“w”表示白子,“ ”表示空。大家不要忘记一开始把数组的各个元素都初始化为空,否则后面容易出现难以预料的情况。这样,chess 数组就可以表示任何一个时刻的局面(棋盘的状态)了。

大家思考一下,为什么不建议大家用整数数组,例如用“0”表示空,“1”表示黑子,“2”表示白子?

接下来,我们就开始写这个弈棋程序。大家不用担心,按大家现在的水平,写一个弈棋的程序已是绰绰有余。我们的程序可以这么写:

```
1   开始
2       针对棋盘上的每个位置
3           是否允许落子?
4               如果允许
5                   是否取胜?
6                       是则宣告胜利,结束
7                       否则继续
8                   是否会输掉?
9                       是则换下一个位置,GOTO 3
10                      否则即为我方走棋位置,输出,GOTO 13
11              如果不允许,换下一个位置,GOTO 3
12      如果没有可走的位置,则认输或和棋,结束
13      否则请对方走棋
14  结束
```

这个弈棋程序是用自然语言写出来的,用来说明编程的逻辑思路或算法,称为伪代码。伪代码容易被人们理解,但是在实现的时候需要翻译成具体的程序设计语言的语句才行。这个程序的大概思想估计大家已经看明白了,那就是“摸着石头过河,走一步是一步”,凡是能落子的地方都试一试,大家肯定一眼也能看出来,这个程序不管跟谁下棋,基本上没有赢的可能。换句话说就是笨得不得了,根本没啥“智能”。

我们怎么能让这个程序变得聪明一点呢?显然,在棋盘和棋子的表示和记录方法上,好像没有太多改进的余地,能改进的应该就是这个弈棋的算法了。

3.3 关于算法我们需要了解哪些

3.3.1 什么是算法

算法就是让计算机解决问题的思路或方法。程序是算法的具体实现,算法是决定程序是否"聪明"的根本因素。举个例子,我们要从一大堆杂乱无章的数中找一个最大的,有的同学会想到从第1个数开始,用它和每一个数比较,如果是最大的就挑出来,如果不是最大的,就换第2个数来比,直到找到这个最大的数。这就是一个算法。我们可以估计一下这种算法的平均计算次数。假如数的数目有 N 个,有时你很幸运要找的最大数第一次就找到了,需要比较 $N-1$ 次;有时不太走运,最大的数藏在最后,这时要比较 $(N-1)\times(N-1)$ 次,一般来说,这个数可能差不多藏在中间的某一处,即 $N/2$ 的位置,这时要比较的次数就是 $(N/2)\times(N-1)$,如果做个不太精确的估计大概是 N^2 的量级。现在我们换个思路,把这些数两两做个比较,比如,第1个数和第2个数比,如果第1个数比第2个数大,它们俩交换一下位置,否则位置不变。然后第2个数再和第3个数比,如果第2个数比第3个数大,它们俩交换一下位置,否则位置不变……这样一直比下去,直到所有的数都比完,这时最大的数肯定会排在最后。我们再来看看第2种算法的平均计算次数。这个算法不管最大的数在哪里,要比较的次数都是 $N-1$ 次(如果不算位置调换的操作),是 N 的量级,显然平均来说要比第一种算法计算量少。当 N 很大的时候(例如,有时我们要计算全世界的网页中访问量最高的是哪个,N 的数目可能就会达到数十亿个),第2种算法显然能省不少时间。因此我们会认为第2种算法比第1种好。但是大家如果细想一下,第2种算法也不是十全十美的,其中每次比较都有可能导致相邻数据进行对调。要在两个存储单元(例如A和B)间对调数据,需要借助第3个存储单元(例如C),先把A的数据放入C,然后再把B的数据放入A,最后把C的数据放入B。这听起来有点笨拙,但是计算机不得不这么做。这时我们发现,它需要一个额外的存储单元C,因此第1种算法比第2种算法在空间上更加节省。虽然省了一个存储单元不算啥了不起的事,但是大家设想,如果程序要同时执行很多任务,例如有成千上万的人都在实时查询某个时刻全世界的网页中访问量最高的是哪个,多出来的存储单元就很可观了。

通常对于一个问题,往往存在很多种算法,例如挑选最大数的问题,除了上述这两种算法之外,还能找出十余种。跟这个差不多的数据排序问题,算法也不下十余种,它们经常作为"算法和数据结构"课程中的经典案例。那么在这么多的算法中,我们怎样判断算法的优劣呢?

3.3.2 如何判断算法的好坏

在计算机科学发展的早期,科学家们对这个问题也没有明确的答案,看法也不统一。1965年,尤里斯·哈特马尼斯(Juris Hartmanis,1928—2022)和斯理查德·坦恩斯

(Richard Steams,1951—1999)提出了算法复杂度的概念,计算机科学家才开始考虑用一种公平、一致的评判方式来比较不同算法的优劣。这两人也因此获得了1993年的图灵奖。随后,唐纳德·克努特(Donald Knuth)对算法复杂度进行了量化,并因此被誉为“算法分析之父”。

延伸阅读
百度百科:尤里斯·哈特马尼斯。 百度百科:唐纳德·克努特。

算法复杂度的核心思想是,用计算机解决问题所需要的计算时间和使用的内存空间来衡量算法的复杂度。显然计算的次数越多,需要的时间越长,它们成正比的关系。于是一般用执行算法所需要的计算次数来衡量算法的时间复杂度,用执行算法需要消耗的内存空间来衡量算法的空间复杂度。在上面的例子中,第1个算法的平均计算时间为$(N/2)\times(N-1)$或$1/2(N^2-N)$,需要额外增加的内存空间为0。第2个算法的最大和最小计算时间均为$N-1$,需要额外增加的内存空间为1。我们把N称为问题的规模。在算法中,我们关心当N趋向无穷大时,消耗的计算时间和内存空间的上界。在上述第1个算法中,当N趋向无穷大时,系数1/2和N都可以忽略,时间复杂度的上界就是N^2。以此类推,第2个算法复杂度的上界就是N。第1个算法中空间复杂度为0(没有与N相关的内存消耗),第2个算法虽然用了一个额外的内存空间,但是它也与N的大小无关,是一个常数值(与0为同一个量级)。这样我们就得出了结论,第1个算法比第2个算法的时间复杂度高,而空间复杂度相当,因此第2个算法更好。

大家了解了算法的复杂度,但是千万别忘记根本,那就是算法的正确性才是第一位的,如果算法得不出正确的结果,算法的复杂度再低也是没有用的。例如我们挑最大数的时候,如果用随机选择的方法反复挑选最大数,就无法保证总能把需要的结果找出来。因此这个算法就是不能用的。前面的弈棋程序,如果总是赢不了,也不能算是一个正确的程序。

上述内容涉及计算思维中的逻辑思维和算法思维。逻辑思维是指我们在处理问题的时候,需要关注计算结果的正确性,而算法思维是指我们需要关注计算过程的有效性。

关于算法的进一步知识,将来大家可以通过“算法与数据结构”或者“算法与设计”这类课程进一步学习。

3.4　如何设计一个聪明的弈棋程序

前面我们写的弈棋程序如果跟人下棋基本毫无胜算,所以不够聪明,或者说没有什么智能。那怎么写出一个能够战胜人类选手的聪明的弈棋程序呢?我们先找一个比五子棋更简单的三子棋研究一下。注意化繁为简、分而治之也是计算思维的一种，称为分治思想，即把复杂的问题简化为简单的问题，各个击破。

3.4.1 如何交手三子棋

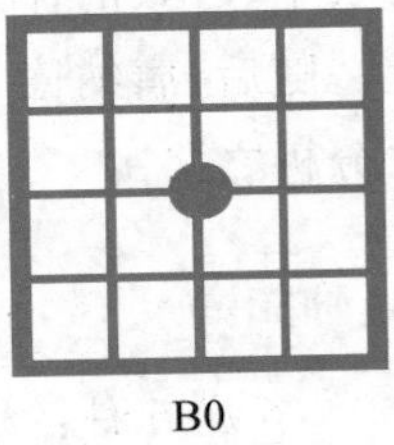

假定三子棋盘纵横各有三条线，一开始，假如黑棋先行，如图 3-4 所示。

B0

图 3-4 三子棋

然后白棋有若干种位置的选择，如图 3-5 所示。

这时轮到黑棋走棋。为了区别当前的棋子和以前摆放的棋子，当前的棋子用双边来表示。针对 W1 的情况，黑棋可采取图 3-6 中的几种走法。

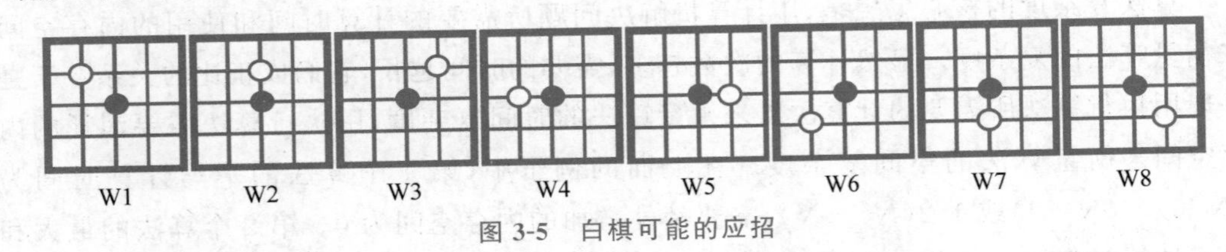

图 3-5 白棋可能的应招

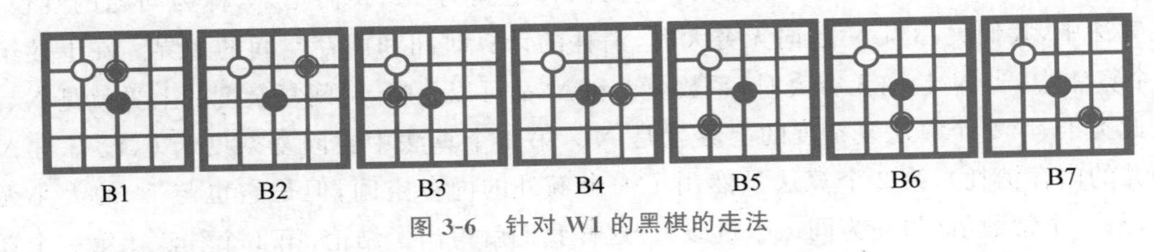

图 3-6 针对 W1 的黑棋的走法

针对 W2 的情况，黑棋可采取图 3-7 中的几种走法。

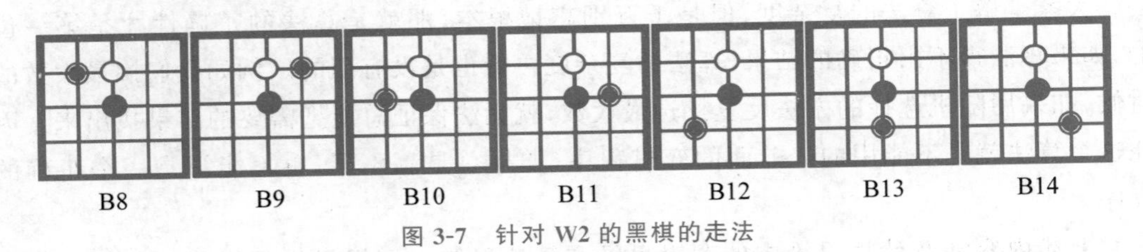

图 3-7 针对 W2 的黑棋的走法

针对 W3～W8 黑棋的走法这里就略去了，请大家自己推导。

现在轮到白棋再次走棋，针对 B1 的情况，白棋可采取图 3-8 中的几种走法。

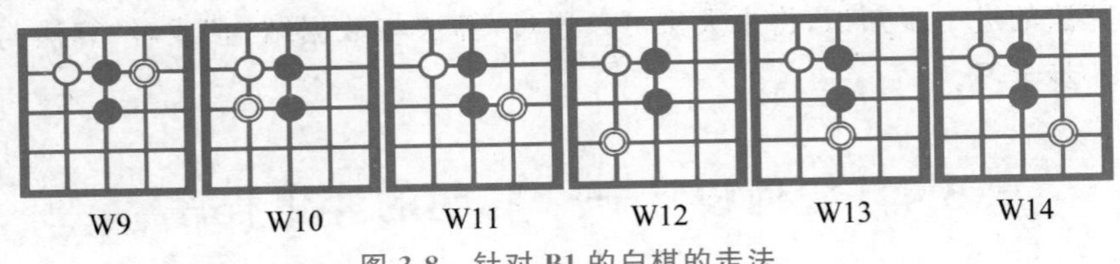

图 3-8 针对 B1 的白棋的走法

这里略过了B2以后的情况,请大家自己推导。

现在轮到黑棋再次走棋,针对W9的情况,黑棋可采取图3-9中的几种走法。

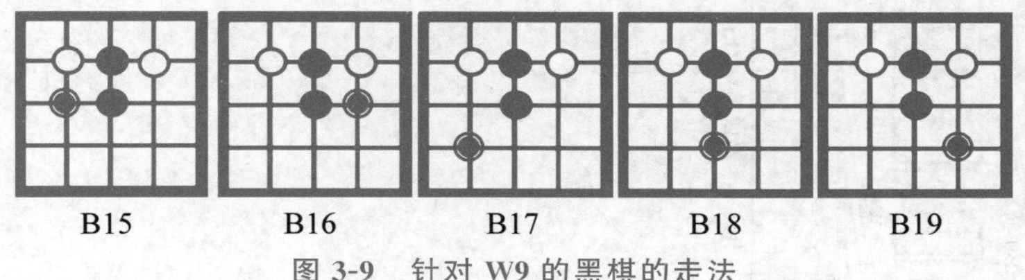

图3-9　针对W9的黑棋的走法

这时,我们发现B18已经是黑棋赢的局面了。针对B15,白棋可采取图3-10中的几种走法。

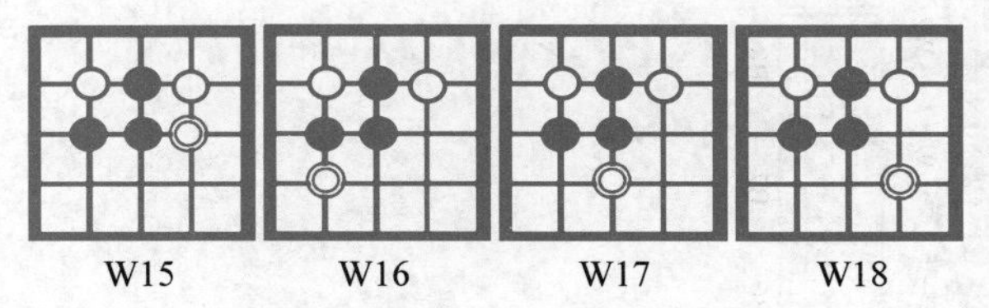

图3-10　针对B15的白棋的走法

针对W15,黑棋可采取图3-11中的几种走法。

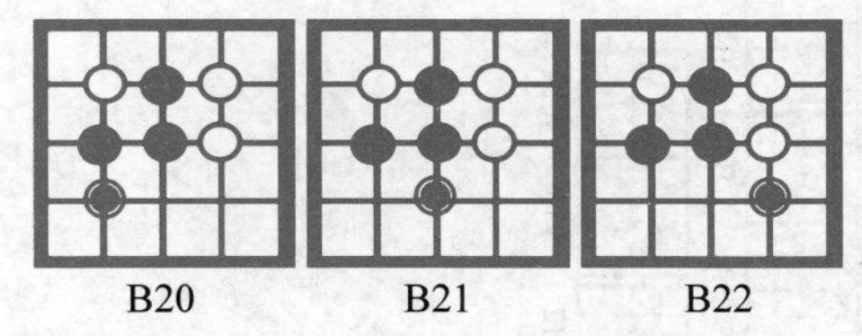

图3-11　针对W15的黑棋的走法

针对B20,白棋可采取图3-12中的几种走法。

我们看到W20是白棋赢的局面。针对W19,黑棋仅有一种走法,如图3-13所示。

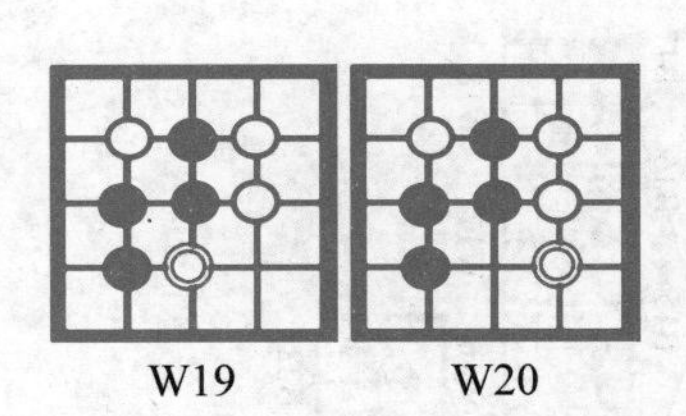

图3-12　针对B20的白棋的走法

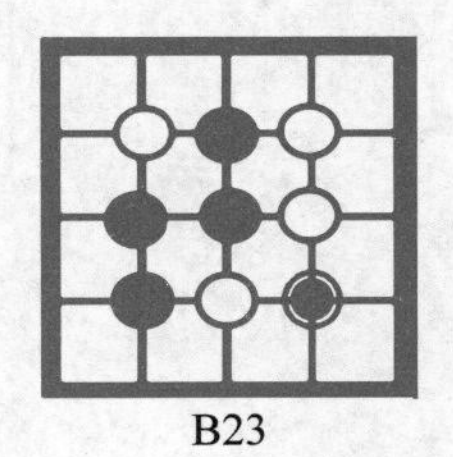

图3-13　针对W19的黑棋的走法

3.4.2　如何分析一棵博弈树

下面换一种方式来表示上述各个局面。我们用一棵树的形状来表示,如图3-14所示。

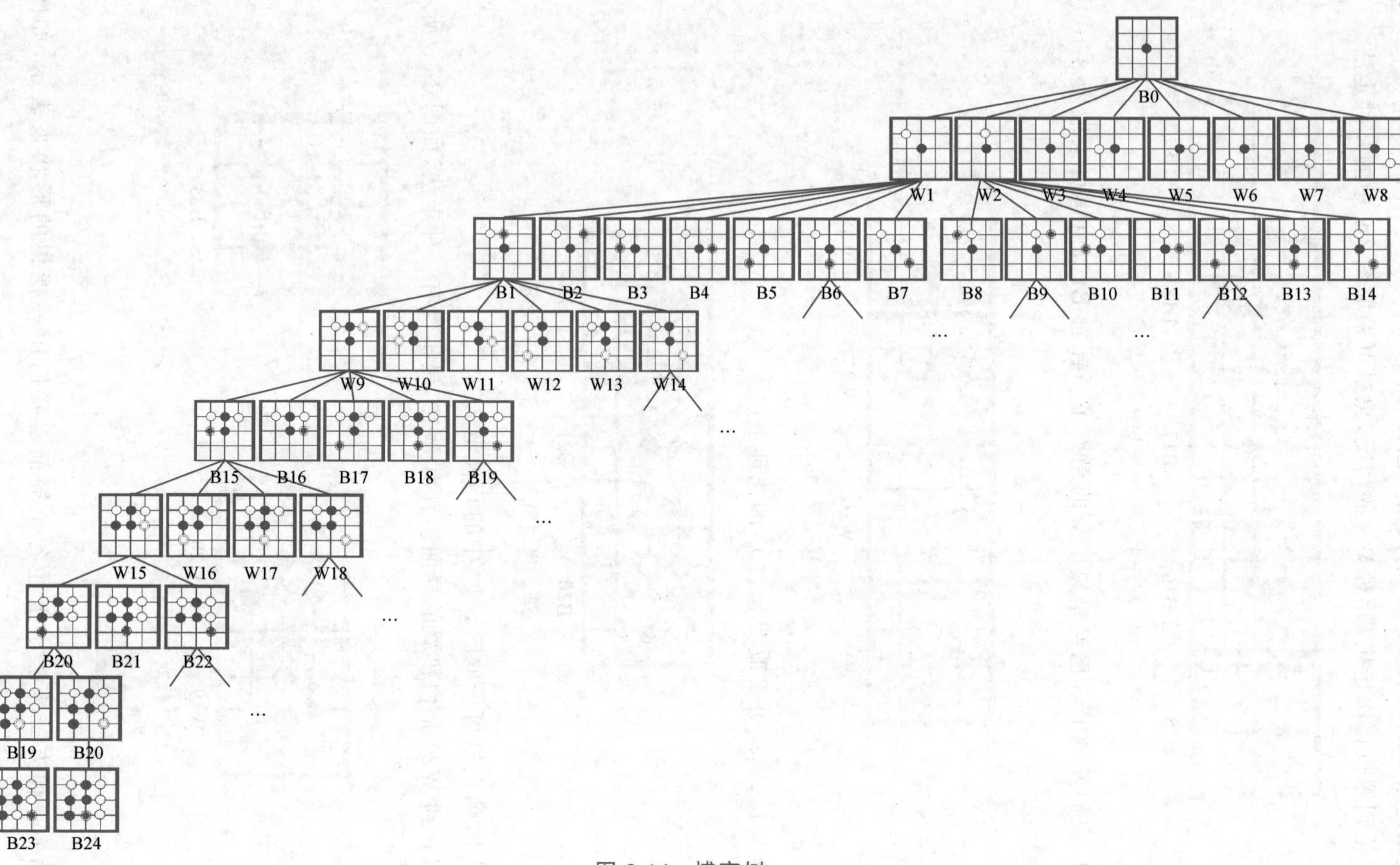
B0
W1
W2
W3
W4
W5
W6
W7
W8
B1
B2
B3
B4
B5
B6
B7
B8
B9
B10
B11
B12
B13
B14
W9
W10
W11
W12
W13
W14
B15
B16
B17
B18
B19
W15
W16
W17
W18
B20
B21
B22
B19
B20
B23
B24

图 3-14 博弈树

图 3-14 称为博弈树。因为篇幅的关系，这里仅完整列出了左子树的一个分支。实际上这棵树应该包含 9 层，共 109 601 个节点（局面）。如果计算机执黑棋，我们的算法就是要从这个博弈树中找到黑棋能够取胜的各条路径，例如，B0→W1→B1→W9→B18，B0→W1→B1→W9→B15→W15→B21。由于这棵树很宽阔，这种路径往往有很多条，具体走哪条路径还要根据对方走棋，以及各节点取胜的概率来确定。这样总能保证我们的弈棋程序能够立于不败之地。注意，当博弈（例如三子棋）足够简单时，谁走第一步便可能决定胜负，这种情况我们先不讨论。

这个程序足够聪明，它采用了暴力枚举的方法列出了每一种可能的走法（以及不太可能的走法），它解决三子棋的问题尚且够用，因为从 10 万个节点中搜索出一条最长为 9 个节点的路径并不算费事，但是用这种方式解决五子棋的博弈树搜索问题就不行了。五子棋的博弈树的层数最多可以是 15×15＝255 层。节点数是：

第 1 层：1

第 2 层：15×15－1

第 3 层：(15×15－1)×(15×15－2)

……

第 255 层：(15×15－1)×(15×15－2)×…×(15×15－254)

按照计算复杂度的算法，第 255 层节点的数目最多，达到了 254!，或者 10^{502}，这是一个天文数字，有人统计过，地球上原子的数目大概只有 10^{50}，假定计算机每秒生成 10 个节点，生成这样的一棵树大约需要 10^{493} 年。因此这棵树不仅没有办法生成和保存下来，更没有办法从中去搜索一个最长长度为 255 个节点的路径。总之，我们直观感觉这个算法是不可能实现的。

3.4.3　如何认识算法的复杂度

能不能客观上判断一种算法是否易于实现呢？这还要从算法的复杂度来认识。

前面在评价算法好坏时提到的时间复杂度可以分为：常数复杂度、亚线性复杂度、线性复杂度、多项式复杂度和指数复杂度等。

常数复杂度与问题的规模无关，所用的时间是一个常数。例如，从一堆数中找到其中的第 10 个，无论这堆数有多少个，我们数到第 10 个数取出来就行，表示为 $O(1)$。

亚线性复杂度与问题的规模呈对数关系。例如用折半查找的方法，从一堆排好序的数中找一个数，需要比较的次数与数的个数 N 是 $\log_2(N)$ 的关系，表示为 $O(\log N)$。

延伸阅读
百度百科：折半查找。

线性复杂度指算法所用的时间与问题的规模呈线性关系。例如，把一堆数逐个加起来，要执行的加法数量随数的个数呈线性增长关系，表示为 $O(N)$。

多项式复杂度指算法所用的时间与问题的规模可以表达为一个多项式的关系。如果存在指数系数一定是一个常数指数。例如，两个 $N \times N$ 的矩阵相乘，乘法的计算次数为 N^3，加法的次数是 N^2，取上界就是 N^3。

对于算法所用的时间大于问题规模的多项式关系的，称为非多项式复杂度，例如指数复杂度。当问题规模变大时，这类算法的时间复杂度会急剧加大。例如前面讲到的博弈树搜索，其时间复杂度就是指数复杂度。

对于时间复杂度，常数复杂度优于亚线性复杂度，亚线性复杂度优于线性复杂度，线性复杂度优于多项式复杂度。对非多项式复杂度，如果问题规模大到一定程度就变得难以计算了，所以在设计算法的时候要尽量避免。因此，上述博弈树的搜索就是一个难以计算的问题。

我们可以通过巧妙的算法设计，把算法的时间复杂度尽可能降低(当然也要同时考虑空间复杂度，有时时间复杂度的减少会带来空间复杂度的增加，或反之)。例如，前面提到的数据排序的问题，如果采用选择排序，第 1 次把最大的数取出来，第 2 次把次大的数取出来……时间复杂度为 $O(N^2)$，而用快速排序方法，时间复杂度可以降到 $O(N\log_2 N)$。大家可以做个实验比较一下。

延伸阅读

百度百科：排序算法。

延伸阅读：P＝NP 问题

前面我们提到的具有多项式复杂度的计算问题称为 P(Polynomial)问题，这意味着计算机可以在有限时间内完成计算。对于非多项式复杂度问题，虽然理论上讲，如果有足够的时间也是可以计算的，但是实际上往往难以预计。现实中还有一些问题虽然迄今为止我们还没找到多项式复杂度的解，但是不等于没有这样的解。在非多项式问题中，就有这样一类问题，即如果给了问题的一个答案，可以在多项式时间内判断这个答案是否正确。这种问题被称为非确定性多项式(Nondeterministic Polynomial)问题，即 NP 问题。那么 NP 问题是否能找到多项式复杂度的解(即变成一个 P 问题)呢？这就是著名的 P＝NP 猜想，史蒂夫·库克(Steve Cook)于 1971 年首次提出这个问题，到现在也没人能够证明。2000 年克雷数学所(Clay Institute)将这个问题列为了数学上的七大千禧问题之一。如果有人能证明出 P＝NP 或 P≠NP，就会获得这个机构的 100 万美元奖金。NP 问题之所以重要，是因为现实中绝大多数问题都是 NP 问题。例如，如果某人告诉你，13 717 421 这个数可以分解成两个较小的质数的乘积，如果用穷举法去找答案，一个个检验下去，虽然最终能得到结果，但是这种算法达到了指数复杂度。然而如果有人告诉你，13 717 421 可以分解为 3607 乘上 3803，那么你用一个袖珍计算器就可以检验这个结果。于是我们回过头来想，这种质数分解问题最终能否找到

一个多项式复杂度的算法来解决呢？今天密码学中大量使用了质数分解的方法。如果谁能证明 P＝NP，则现有的大量密文理论上都可以在有限的时间内破解了，这一定会是一个震惊世界的发现。

最近的一则消息说，借助大模型 GPT-4（见后），人们得出了 P≠NP 的结论（https://arxiv.org/pdf/2309.05689.pdf），我们终于可以松一口气了。

3.5　如何改进博弈树搜索算法

现在大家知道了，前面那种博弈树搜索算法虽然能够取胜，但是达到了指数级的时间复杂度，实际上是难以实现的。然而我们可以从多方面去改进这个博弈树的搜索算法，使其变得可以计算。

3.5.1　什么是博弈树的剪枝

首先，根据大家下五子棋的经验，大概下到十几个回合（注意，一个回合是指一方走出一步棋后对方也走一步来应对）即能分出胜负了。很少见到下五子棋的双方把整个棋盘都走满的吧？所以搜索路径到 20 来个节点的深度就够了，完全没必要搜索到 255 级。

其次，对于三子棋来说，如果对方的棋子已经连成两个了，我方一定要设法将其截断，否则下一步对方一定会赢。因此对于黑方来说，W15 的局面出现之后，一定会走 B22，而不会走 B20 和 B21，因此这两个节点以及之后的节点都可以省掉了。对于白棋来说，B1 的局面出现之后，一定会走 W13，那么 W9、W10、W11、W12、W14 以及之后的节点都可以省掉了。此外，当一方胜利之后，例如 W20，就不会再出现 B24。以此类推，B18 的子节点也是可以砍掉的。这在计算机博弈中称为 Alpha-Beta 剪枝。

再次，我们还可以评估一下博弈树各个分支上胜算（即赢棋的概率）有多少。在 W15，黑棋有三种选择，如果走第 1 个分支，基本没有胜算的机会（除非对方走错，最多达到和棋）；如果走第 2 个分支肯定会赢；如果走第 3 个分支则只有 1 个赢棋的可能，所以黑棋会选第 2 个分支。这样我们可以给 W15 打个分（例如 2，表示有两个赢棋的机会），我们还可以统计一下 W16～W18 的分数，然后再累加到 B15 上，这样层层递推到第 2 层节点，黑棋就会沿着估值最大的一条路径往下走。当然白棋也会做相应的计算和选择。这在计算机博弈中称为最大最小估值算法。价值比较低的博弈树也可以砍掉。当然，一般来说这种估值是不精确的，因为难以获得一棵完整的博弈树，估值只能在有限的层次范围内进行。尽管如此，它往往也很有效。

最后，一些棋类在开局和残局阶段都有些“诀窍”。人们经过大量的实践，总结出一些经验，可以通过查棋谱或背口诀（例如“当头炮，把马跳”）来应对，常能获得最佳的走法。这样计算机可以通过规则来判断，或检索数据库（称为专家知识库）找到最初的几步棋和最后的几步棋的最佳走法。这样那些不相干的博弈树节点又可以砍掉了。一些喜欢走极端的同学可能突发奇想：我们能不能多编点口诀，从开棋局一直下到残棋局，不是更省事了吗？其实这一般做不到，因为一般的棋类不可能如此简单，否则就太不好玩了。

这样经过三番五次的剪枝，一棵博弈树就剩不下多少分支了，有人统计，剪枝后的博弈树的节点数量差不多是原来的平方根，对于三子棋，节点数会从原来的 109 601 个下降到 300 多个。这样，对于剩下的一棵小规模的博弈树，无论存储还是搜索都会容易得多。

这种利用经验或知识引导的搜索称为启发式搜索，以区别之前的盲目的、暴力枚举式的搜索。

同学们如果对博弈有兴趣，可以参考下列延伸阅读。

延伸阅读
王小春. PC 游戏编程：人机博弈[M]. 重庆：重庆大学出版社，2002.

3.5.2 计算机如何赢得国际象棋

五子棋可能是最简单的棋种之一了。国际象棋虽然远比五子棋复杂，但是如果采用上述算法原理，还是可以让计算机战胜人类高手的。

对于国际象棋，通常一个局面大概有 40 种合法的走法。如果为每一步棋计算一个应着，则要分析 40×40=1600 个不同的局面(即博弈树的节点)。2 个回合则要分析 1600×1600=250 万个局面。国际象棋每盘棋大约会走 40 个回合(即 80 步)，那么所要分析的局面数为 $40^{80}=10^{128}$。注意，这里并没有枚举所有的局面。

在正式的国际象棋锦标赛中，每步棋大约限时 3 分钟。计算机要战胜人类，3 分钟内起码要计算 7 个回合以上，即 $1600^{14}=7\times10^{44}$ 个局面，早期的计算机每 3 分钟内最多分析约 90 000 个局面(即 10^5)。因此那时的计算机最多能达到初学者的水平。前面提到的深蓝采用了 Alpha-Beta 剪枝算法之后，3 分钟内可以计算 10 个回合。此外，深蓝还采用了肯·汤普森(Ken Thompson)制作的 4 子和 5 子的残局库，大大提高了棋力。

计算机博弈的进步离不开计算机硬件的改善。汤普森是贝尔实验室的一位计算机科学家。他不指望靠当时一台价值上百万美元，而速度比一般的快不了多少的计算机来提高弈棋水平。于是他和他的同事们制造了一台专门下国际象棋的计算机——Belle。Belle 可以在一秒内计算大约 18 万个局面(在当时，超级计算机每秒也仅可计算 5000 个局面)。Belle 在规定时限内搜索深度可以达到 8～9 个回合，这足以使其达到大师级水平。因此获得了世界计算机国际象棋锦标赛冠军。1980—1983 年间，Belle 几乎赢得了所有计算机国际象棋比赛。直到价值数千倍于它的超级计算机克雷(Cray X-MPs)问世。

20 世纪 80 年代中期，计算机科学家汉斯·波尔莱纳(Hans Berliner，1938—1998)继续了汤普森的事业。他制造了一台硬件驱动的弈棋机，名叫 HiTech。他和学生卡尔·埃贝林(Carl Ebeling)设计了一个棋步生成芯片。装配有 64 个这种芯片的 HiTech 在 1986

年以微弱劣势负于克雷，获得世界计算机国际象棋锦标赛亚军。之后不久，波尔莱纳的学生许峰雄(Feng-hsiung Hsu)、莫里・坎贝尔(Murray Campbell)等人开发了自己的弈棋机，取名为"ChipTest"，后来发展为"深思"(Deep Thought)，许峰雄和坎贝尔后来离开了他们的老师加入了IBM，并与乔・赫内(Joe Hoane)合作开发了深蓝(Deep Blue)，即与卡斯帕罗夫交手的那台计算机。深蓝是由大量专用快速芯片组成的IBM SP/2服务器，其上运行的程序每秒可以处理2亿个局面。

围棋远比象棋复杂。围棋一盘大约要下150步，每一步有250种可能的走法，所以粗略估计需要计算250^{150}种情况，大致是10^{360}(前面提到国际象棋大约是10^{128})。要让计算机在围棋方面战胜人类，用博弈树剪枝的方法已经不太行了。AlphaGo采用的是深度学习的方法。为了让大家了解深度学习，下面简单介绍一下神经网络。

3.6　神经网络是怎样工作的

俗话说，知己知彼，百战不殆。人机博弈也是如此。站在计算机的角度，需要了解一下人脑为啥这么聪明，计算机大费周章还赢不过呢？于是人们开始研究起人脑的构造。

3.6.1　人脑有什么样的结构

人们发现，人脑有两个特点：一是能够接收刺激产生反射，使人可以本能地做出反应，这是与生俱有的；二是能够不断学习，这是后天得来的，随着阅历日渐丰富，变得越来越聪明。人们发现，人脑的这些特点是由大脑的结构决定的。最早圣地亚哥・拉蒙・伊・卡哈尔(Santiago Ramon y Cajal，1852—1934)通过显微镜，发现动物的脑子里密布着数以亿计的神经细胞，它们呈不规则的球状，称为神经元，这些神经元还伸出很多不规则的突起，有的像树杈一样，称为树突；有的像章鱼的触手一样伸展，称为轴突，如图3-15所示。

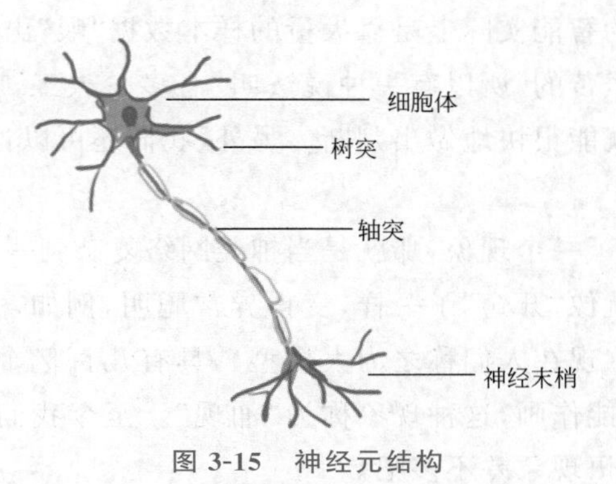

图3-15　神经元结构

卡哈尔还发现，这些靠突起彼此相连的神经元可以通过化学物质进行信息传递。轴突是信号的输出端，树突是信号的接收端。当神经元兴奋时，就会向相邻的神经元发送化学物质，从而改变相邻神经元的电位。如果电位超过了某个阈值，相邻的神经元就会被激活也变得兴奋起来，接着还可能会激活其相邻的其他神经元。信号就像涟漪一样层层传播出去。卡哈尔因为这个神经科学领域的开创性贡献获得了诺贝尔奖。后来唐纳德·赫布(Donald Hebb,1904—1985）进一步完善了这个理论，他提出了一个赫布定理，即两个神经元之间的连接强度，取决于学习速率，以及一个神经元的输出值和另一个神经元的激活值。这个定律后续被反复验证，揭示了大脑的学习规律。这意味着在时间上很接近的两个事件重复发生，那么最终会在大脑中形成关联，其本质是通过对神经元的刺激，使得神经元之间的突触信号强度增加。

3.6.2 神经网络的原理是什么

为了模仿大脑，1943年，神经生理学家沃伦·麦卡洛克(Warren McCulloch，1898—1969)和数学家沃尔特·皮茨(Walter Pitts，1923—1969）发表了一篇论文，提出了一个"M-P神经元模型"，它采用基于逻辑门的数学模型来模拟大脑神经元的行为，开创了人工神经网络的方法。后来联结主义学派的科学家进而尝试采用调整网络参数(权值)的方法来进行学习，奠定了今天人工神经网络的理论基础。

在神经网络出现之前，人工智能都是靠人把事物呈现的规律(或称为特征)找出来，再编码成规则，进行逻辑判断。例如，香蕉是长条形、黄色的；苹果是圆的、红色的。我们编个程序，输入水果的长宽比以及颜色值，用条件判断语句就可以识别香蕉和苹果了。但是，很多事物非常复杂，不太容易找到特征，另外也很难编写判断规则。例如，苹果和西红柿判断起来就有点困难，如果让程序来判断好人和坏人那就更困难了。自从有了神经网络之后，就不太需要人工寻找特征或手工编写判断规则了。而是像教小朋友一样，拿出一个香蕉告诉他这是香蕉，过了一会再拿出一个差不多(可能颜色不如第一个那么黄)的香蕉叫他辨认，他如果没认出来，就再告诉他一遍，直到把他教会。

神经网络在初期，需要很多样本数据(比如各种颜色、长短有差异的香蕉图片或数据)来让神经网络学习，直到神经网络判断的错误率不断降低直至达到某个阈值，就算完成了学习。因此，神经网络的智能实际上是靠大量的样本数据"喂"出来的，人们为此要准备很多学习样本，这也是很辛苦的，所以有一种说法叫"有多少人工，就有多少智能"。好在把神经网络教会之后，它就能很快地做出判断。另外，我们还可以让神经网络自己跟自己学习，变得越来越聪明。

前不久人们还发现了一个现象，那就是当神经网络复杂到一定程度，网络参数到达上百亿个之后，神经网络就像"开窍"了一样，变得异常聪明，例如，大家听说的ChatGPT就是一个庞大的神经网络(现在人们称之为大模型)，具有几百亿个参数，大量学习之后，可以写作文，可以谱曲，还能作画，这种现象称为"涌现"。至今我们还不太明白为什么会这样。这也许跟人脑的顿悟现象差不多吧。

3.6.3 怎样构建一个简单的神经网络

现在大家一定觉得神经网络是个大神级别的东西。其实它也没那么神秘，下面我们

就学习做一个识别香蕉和苹果的神经网络。这个网络如图 3-16 所示。

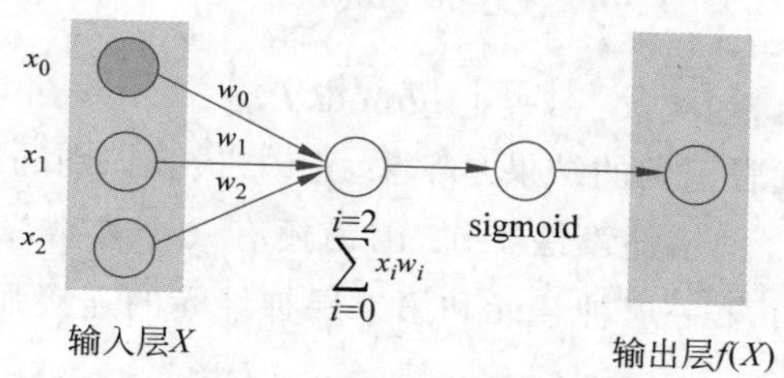

图 3-16　一个简单的神经网络

首先，我们用几个变量表示接收输入信号的神经元，例如，x_0、x_1、x_2，把一些观测到的值输入给这些变量就完成了信号的输入。例如，x_1 接收形状的信号(用“1”表示圆形，“−1”表示长形)，x_2 接收颜色的信号(用“1”表示红色，“−1”表示黄色)。x_0 变量比较奇特，称为“偏置”，代表了本层神经元被激活的信号强度(阈值)。除了 x_0、x_1、x_2，我们还需要几个变量，即 w_0、w_1、w_2，表示 x_0、x_1、x_2 这几个神经元对后续神经元影响的强度(它们均为小于 1 的小数)，称为权值。x_0、x_1、x_2 和 w_0、w_1、w_2 这几个变量便构成了神经网络的感知层。

其次，我们设计一类关键的神经元。这个神经元接收感知层过来的参数：x_0 和 w_0 的乘积，x_1 和 w_1 的乘积，以及 x_2 和 w_2 的乘积，然后把这 3 个数累加起来，再送给下一层的神经元。可以表示为公式(3-1)。

$$f(X)=\sum_{i=0}^{i=2} x_i w_i \tag{3-1}$$

这一层的神经元构成了神经网络的隐藏层。按照卡哈尔和赫布的理论，隐藏层的神经元就是和上层(感知层)神经元相邻的神经元，当收到外界刺激(如某个东西颜色足够黄或者外形足够圆)时，当前的神经元就被激活了，然后再去激活下一层的神经元。

最后，我们要设计最后一层的神经元了，这一层称为输出层。输出层的神经元包含两部分，第一部分起到开关的作用，也就是说，当信号强到一定程度(超过了阈值)时，才会产生输出，否则什么都不发生。于是我们需要找一种特殊的函数，能有图 3-17 这样的效果。

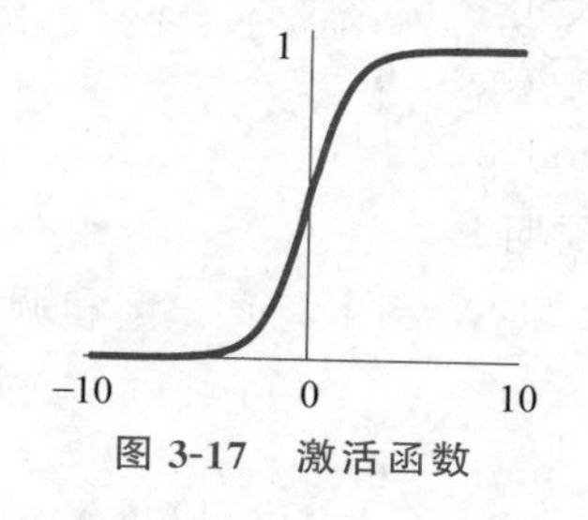

图 3-17　激活函数

我们观察这种函数，当 X 方向的值变到足够大(例如从 −10 变到 0 附近)时，Y 方向的值会陡然从 0 变为 1，于是被形象地称为激活函数，它正好符合我们的需要，即在特定的条件下激活输出层神经元。人们找到很多类似的函数，例如 sigmoid、tanh 和 ReLU 等，这些函数都可以选用。这里选了 sigmoid，它的表现正如图 3-17 所示。我们将前面得

到的 $f(X)$的结果输入给 sigmoid 函数,得到输出的结果 Y,这就是感知层输出的结果,见公式(3-2)。

$$Y=\lfloor \text{sigmod}(f) \rfloor \tag{3-2}$$

我们可以让 $Y=1$ 代表识别的结果是苹果,$Y=0$ 代表识别的结果是香蕉。

目前构造出来的神经网络还没法工作,因为还有几个参数没有确定,主要是 w_0、w_1 和 w_2,这几个参数决定了第一层神经元和第二层神经元的连接强度。这几个参数要靠样本学习来确定,说明如下。

首先,我们随机设置 w_0、w_1 和 w_2 的值。例如,设 $w_0=0$,$w_1=1$,$w_2=-1$。苹果的颜色和形状都是 1,即 $x_1=1$,$x_2=1$,另外 $x_0\equiv1$(表示偏置生效),因此将 $X=[1\ 1\ 1]$和 $W=[0\ 1\ -1]^{\mathrm{T}}$ 代入公式(3-1)得到

$$f(X)=\sum_{i=0}^{i=2} x_i w_i=1\times0+1\times1+1\times(-1)=0$$

然后将 $f(X)$ 的值 0 输给 sigmoid 函数,按照图 3-17 的情况,sigmoid(0)=0.5,向下取整结果为 0:

$$Y=\lfloor \text{sigmod}(0) \rfloor=0$$

由于 $Y=1$ 代表苹果,$Y=0$ 代表香蕉,显然这个结果跟我们的预期不符。于是我们对参数进行调整,要用到公式(3-3)。

$$w^{\text{new}}=w^{\text{old}}+ex \tag{3-3}$$

其中,w^{old}表示原来的权值,w^{new}为新的权值,e 表示期望值(1)和实际输出(0)的误差,于是我们得到

$$e=1$$
$$w_0^{\text{new}}=w_0^{\text{old}}+ex_0=0+1\times1=1$$
$$w_1^{\text{new}}=w_1^{\text{old}}+ex_1=1+1\times1=2$$
$$w_2^{\text{new}}=w_2^{\text{old}}+ex_2=-1+1\times1=0$$

将新的权值代入公式(3-1)重新计算,得到

$$f(X)=\sum_{i=0}^{i=2} x_i w_i=1\times1+1\times2+1\times0=3$$
$$Y=\lfloor \text{sigmod}(3) \rfloor=1$$

这时输出结果符合我们的预期。

我们再看香蕉的识别情况。将 $X=[1\ -1\ -1]$和调整后的权值 $W=[1\ 2\ 0]^{\mathrm{T}}$ 代入公式(3-1),得到

$$f(X)=\sum_{i=0}^{i=2} x_i w_i=1\times1+(-1)\times2+(-1)\times0=-1$$
$$Y=\lfloor \text{sigmod}(-1) \rfloor=0$$

输出结果也符合我们的预期,于是学习过程结束。

从上述例子可以看到,由于预先知道苹果和香蕉在神经网络中的输入/输出映射关

系，我们就可以在输入样本数据后，用误差不断地修正权值，最终得到一个训练好的、可以正确区分苹果和香蕉的神经网络。这个过程也可以想象成用一条直线[公式(3-1)]去分隔平面上的样本点，通过不断地旋转和平移这条直线加以尝试，直到把样本分成希望的两类，最后得到的直线就是将来分类的基准。

熟悉C语言的同学不难编写出这样一个用神经网络识别苹果和香蕉的程序，不熟悉C语言的同学，也可以用金山、永中或微软办公软件中的电子表格工具简单地构建出一个这样一个神经网络，如图3-18所示。

D3　=B2*C2+B3*C3+B4*C4

	A	B	C	D	E
1	X	输入层	W	隐藏层	Y
2	偏置 x_0	1	1		
3	颜色 x_1		2	1	1
4	形状 x_2		0		
5					

E3　=IF(D3>0,1,0)

	A	B	C	D	E
1	X	输入层	W	隐藏层	Y
2	偏置 x_0	1	1		
3	颜色 x_1		2	1	1
4	形状 x_2		0		
5					

图3-18　用Excel构建的神经网络

我们用公式(3-1)设置一下单元格D3的内容，用公式(3-2)设置一下单元格E3的内容就可以了。当我们在单元格B3和B4输入不同的颜色和形状时，就会从E3得到不同的识别结果，如图3-19所示。

	A	B	C	D	E
1	X	输入层	W	隐藏层	Y
2	偏置 x_0	1	1		
3	颜色 x_1	1	2	3	1
4	形状 x_2	1	0		
5					

	A	B	C	D	E
1	X	输入层	W	隐藏层	Y
2	偏置 x_0	1	1		
3	颜色 x_1	-1	2	-1	0
4	形状 x_2	-1	0		
5					

图3-19　Excel神经网络识别结果

由此我们可以体验一下在计算机里是如何实现神经元及其连接的。目前微软已经将面向人工智能的编程语言Python集成到电子表格工具中，未来大家可以进一步探索Excel工具和机器学习结合的巨大潜力。

3.6.4　神经网络和人工智能有什么关系

上述神经网络实现了一个简单的、用于分类的工具，这种神经网络称为单层感知机(Single Layer Perceptron，SLP)。单层感知机在输入层和输出层之间仅有一个隐藏层，仅适用于线性可分的情况(参见前面所述的分类用的直线)。要解决更复杂的分类问题，需要增加多个隐藏层，以便识别出更多的类型。这种神经网络称为多层感知机(Multi-Layer Perception，MLP)例如，一个黄色的圆形的水果多层感知机可以识别成"黄香蕉苹果"，而单层感知机则无法做到。

就今天常见的应用来说，多层感知机也过于简单了，它只能提取到一些浅层的特征。人们又发明了深度学习神经网络，例如DNN、CNN和RNN等，这些神经网络中神经元和隐藏层的数量很多，另外特殊设计的卷积核可以提取到很多深层次的特征，其中一些特征我们人类也无法解释。这就是“深度学习”的由来。我们可以直接向这些神经网络输入更为原始的内容,例如,一张水果的照片,让神经网络提取深层特征(如水果的表面纹理等特殊的外观细节),最后得出更复杂的识别结果(如 80%的可能为苹果,20%的可能为海棠果)。将来同学们可以学习“人工智能”或“机器学习”等课程,以便深入地了解神经网络。

讲到这里,大家可能会问,你说的神经网络是用来分类的,将水果分成苹果或香蕉还可以,而今天的人工智能能识别人脸,听懂人的语言,还可以帮助写文章,这些功能神经网络是怎么做到的呢?另外神经网络怎么用来下棋呢(富有执着精神的同学才会问的问题)?

其实人工智能做的所有事情都可以归结为分类问题。例如,人脸识别在计算机看来无非就是这样的问题:这张照片跟这个人更像一些还是跟那个人更像一些?语言的理解在计算机看来无非就是这样的问题:这一串文字跟这个意思更接近一些,还是跟那个意思更接近一些?文本的生成在计算机看来无非就是这样的问题:这个意思用这一串文字表达更适合,还是用那一串文字表达更适合?至于神经网络如何用在下棋上,那就可以把一个局面的图像输入给神经网络,让神经网络回答:后面接这幅图像(下一个局面)取胜的可能性大,还是接那幅图像取胜的可能性大?由此看来人工智能解决这些问题都是异曲同工的。

3.7 神经网络怎样下棋

AlphaGo 战胜人类围棋高手就是借助的机器学习。机器学习专注于计算机怎样模拟或实现人类的学习行为,以获取新的知识或技能,再重新组织已有的知识结构,不断改善自身的性能。

AlphaGo 主要由以下几个部分组成:

(1) 策略网络,给定当前局面,神经网络预测下一步的走棋。

(2) 快速走棋网络,与策略网络类似,但速度要比策略网络快 1000 倍,用于在适当牺牲走棋质量的条件下快速走棋。

(3) 价值网络,给定当前局面,神经网络估计取胜的概率。

(4) 蒙特卡洛树搜索(Monte Carlo Tree Search),把以上这三个部分连起来,形成一个完整的系统。

AlphaGo 可以通过离线的训练和在线对弈来学习。

离线训练指的是“先学再练”,包括以下三个阶段:

(1) 利用 3 万多幅专业棋手对局的棋谱来训练策略网络和快速走棋网络。

(2) 与先前训练好的策略网络互相对弈,利用增强式学习来修正策略网络的参数,最终得到增强的策略网络。

(3) 用普通的策略网络和增强的策略网络进行自我对弈,用结果的胜负训练价值网络。

延伸阅读：AlphaGo 和 DeepMind 公司

AlphaGo 由 DeepMind 公司戴密斯·哈萨比斯(Demis Hassabis)领衔的团队开发。哈萨比斯是人工智能企业 DeepMind Technologies 的创始人，人称“阿尔法围棋之父”。他 4 岁开始下国际象棋，8 岁自学编程，13 岁获得国际象棋大师称号，17 岁进入英国剑桥大学(University of Cambridge)攻读计算机科学专业。在大学里，他开始学习围棋。2005 年进入伦敦大学学院(University College London)攻读神经科学博士。2011 年他创办了 DeepMind 公司，将解决智能问题作为公司的终极目标。除哈萨比斯之外，大卫·席尔瓦(David Silver)也是阿尔法围棋的主要设计者之一。他是英国剑桥大学的计算机科学的学士和硕士，加拿大阿尔伯塔大学(University of Alberta)计算机科学博士，伦敦大学学院讲师，后来成为了 DeepMind 公司的研究员。DeepMind 核心团队成员还有黄士杰(Aja Huang)、谢恩·莱格(Shane Legg)和穆斯塔法·苏莱曼(Mustafa Suleyman)等人。2014 年 1 月，哈萨比斯将 DeepMind 以 4 亿英镑的价格出售给了 Google，这是当时欧洲范围内最大的一笔收购。

战胜人类围棋冠军之后，阿尔法围棋团队宣布阿尔法围棋将不再参加围棋比赛，而将其应用于生物医疗领域，利用人工智能技术攻克现代医学中存在的种种难题。

这里需要指出的是，近年神经网络和深度学习的成功，一方面要归功于算法方面的突破，另一方面要归功于计算机硬件技术的快速发展以及大数据带给我们的丰富的样本数据。深度学习需要大量的计算资源，包括 CPU 的处理能力、内存的容量、网络的带宽等，今天我们将之统称为算力。深度学习所依赖的神经网络需要做大量的向量运算，我们有时不得不为它设计一些特殊的硬件，例如 CPU、GPU、TPU 和 NPU 等。第 1 章我们讲到的 CPU 适合做串行的控制和通用的计算，但不太适合用于深度学习的向量运算(算起来比较慢)。而 GPU 则善于做并行的浮点向量运算，很适合用于深度学习的模型训练。TPU 和 NPU 是专门针对特定的深度学习模型(算法)设计的处理器，对一些特定的推理应用可以达到很高的性能。这些特殊的处理器和 CPU 结合可以将深度学习的性能提升几十倍到上百倍，已经成为人工智能计算平台的关键部件。

举例来说，训练 AlphaGo 的计算机(分布式版本)使用了 1202 个 CPU 和 176 个 GPU，可以同时运行 40 个搜索线程。而训练 ChatGPT 的超级计算机拥有 285 000 个 CPU、10 000 个 GPU，相当于用每秒运算 1000 万亿次的算力对模型进行训练，即使这样还要连续运行 3640 天才能完成。

目前高性能处理器芯片也是西方对我国进行封锁的关键技术。2022 年开始，美国向我们断供了高性能的 GPU 卡，英伟达(NVIDIA)公司如果要把 GPU 卡卖到中国，需要降低配置，转成低端的产品才能销售。另外还不能做到随时供货。好在我国企业在这方面正在奋起直追，生产出高性能的 GPU 芯片已经指日可待。

3.8 怎样判断机器是否具有智能

在今天的人工智能时代，我们能否知道一台机器是否具有智能，或者比较出哪台机器更智能一些？按道理我们应该先给智能下一个定义，然后再具体分析。然而给智能下定义却是一件很伤脑的事，哲学家、生物学家和计算机科学家的看法都不一致。后来还是那位了不起的计算机科学家图灵，在 1950 年提出了一种称作图灵测试的方法，用来测试机器是不是具备人类的智能。这个测试其实原理很简单：被测试的一个是人，另一个是声称自己有人类智力的机器；测试时，测试者与被测试者分开，测试者只能通过一些装置（如键盘）向被测试者问一些问题（随便什么问题都可以）；问过问题后，如果测试者能够正确地分出哪些问题是人回答的，哪些问题是机器回答的，机器就没有通过图灵测试；如果测试者分不出来，那这个机器就具有人类智能，如图 3-20 所示。

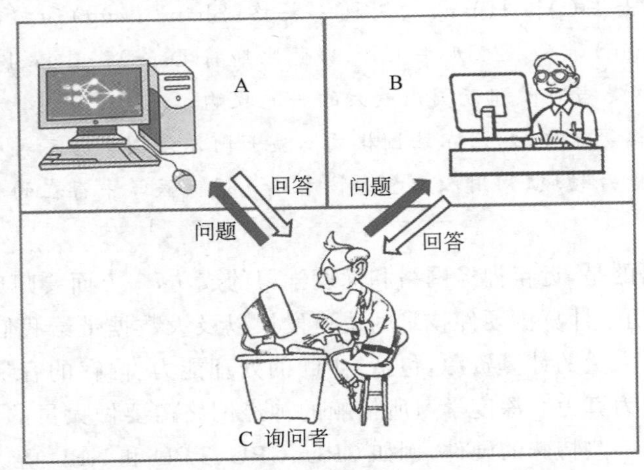

图 3-20 图灵测试示意图

2014 年 6 月 8 日，一台计算机（准确地说是其中运行的一个聊天程序）成功让人类相信它是一个 13 岁的男孩，成为有史以来首台通过图灵测试的计算机。

图灵测试提出之后的几十年里，人们提出了各种质疑。有的人认为，图灵测试太局限，一个很笨的、不懂中文的机器，也可以借助一本字典把英文翻译成中文，成功通过图灵测试。还有人认为，图灵测试没法测试机器是否具有情感和思维，而这两者才是人类智能的特点。还有人批评说图灵测试太主观，以人为中心，不具客观性。比如人在算算术题的时候可能算不过计算器，但不能说计算器就比人聪明。还有人提出说，图灵测试误导人们用机器瞒天过海，例如，ChatGPT 在早期会“一本正经地胡说八道”，善于捏造出个莫须有的人物简历，甚至还带着满篇无中生有的参考文献，让人误以为它比我们强得多。虽然有各种批评意见，但是图灵测试毕竟给出了一个可操作的办法来检验机器在某些方面是否接近或超过了人类的智力水平。

今天，人们尽可以继续使用图灵测试。然而，随着人工智能技术的发展，很多智能化软件在某些方面接近或超过了人类的能力已经成为了不争的事实。例如，当今我们和机器人聊天的感觉已经和真人聊天没啥区别了，但是如果说机器在短期内能全面超越人类的智能，并没有太多人相信。不过这已经不是人们关注的焦点了。我们更希望能有有效的方法去量化评价机器的智能水平，发现机器和人类的差异，以便选择或推广更优的智能化技术。目前这个问题仍然没有很好地得到解决。

3.9 人工智能有哪些发展

简单来说人工智能是使计算机具有智能，或利用计算机实现智能的理论、方法和技术。

随着计算机的出现，做出和人一样聪明的机器就一直是人类的梦想。但是如何让计算机具有智能，人们对这方面的认识却经历了不同的阶段。

3.9.1 规则和推理如何带来智能

大家学习了C语言，想必借助一些医学常识就能编写出一个给人看病的程序了。例如，把病人的各种病症告诉计算机，我们用 if/then/else 语句就能判断出一些简单的疾病，例如：

```
1  是否发烧？
2      是否流鼻涕 或 咳嗽？
3          是则为感冒
4          否则是否上吐下泻？
5              是则为肠胃炎
6  否则判断是否是其他疾病
```

（注意：仅用于示例，请勿用于实际的病情诊断）

虽然上述程序很简单，但它的确是早期人工智能的典型实现方式。20世纪80年代盛行的专家系统就是用的这种原理。不过专家系统会有更多的输入、更多的规则以便判断更复杂的问题。另外除了这些用代码写出的逻辑判断条件之外，人们还研究出一种自动的推理机制。举个例子来说，假定感冒的典型症状为发烧、流涕或咳嗽，肠胃炎的典型症状为发烧、呕吐或腹泻，可以用谓词逻辑表示如下：

x、y 为个体；$F(x)$ 表示某人具有的症状，例如，感冒(x)表示某人得了感冒。

根据专家知识，我们可以得到这样一些规则：

$$\forall x(\text{感冒}(x)\leftrightarrow(\text{发烧}(x)\wedge(\text{流涕}(x)\vee\text{咳嗽}(x))))$$

这个表达式读出来是这样的：对于任何一个人，如果得了感冒，当且仅当他会发烧，并且流涕或咳嗽。

$$\forall x(\text{肠胃炎}(x)\leftrightarrow(\text{发烧}(x)\wedge(\text{呕吐}(x)\vee\text{腹泻}(x))))$$

这个表达式读出来是这样的：对于任何一个人，如果得了肠胃炎，当且仅当他会发烧,并且呕吐或腹泻。

现在如果告诉计算机某个人(y)出现了发烧和流涕的症状,计算机可以自动判断出他得了感冒:

$$\exists y((\text{发烧}(y) \land \text{流涕}(y) \rightarrow \text{感冒}(y))$$

如果告诉计算机某个人出现了发烧和腹泻的症状,计算机可以自动判断出他得了肠胃炎:

$$\exists y((\text{发烧}(y) \land \text{腹泻}(y) \rightarrow \text{肠胃炎}(y))$$

如果告诉计算机某个人出现了发烧的症状,计算机可以自动判断他得了感冒或肠胃炎:

$$\exists y((\text{发烧}(y) \rightarrow \text{感冒}(y) \lor \text{肠胃炎}(y))$$

注: 谓词逻辑与第2章讲的布尔代数相关,可以用真值表表示逻辑运算的结果。关于谓词逻辑的知识,将来大家可以通过"离散数学"或"数理逻辑"这些课程来学习。

这样我们就可以开发出一个简化版的医疗专家系统了。我们还可以把x含义变一下,例如改成某一天的天气,把F(x)换成阴天、打雷、下雨等,这样就可以利用同样的符号系统和推理规则开发出一个简化的天气预报专家系统了。这就是人工智能符号主义学派的思想。他们认为智能是理性的,是可以解释的,是可以用逻辑来表示和推理的。从启发式算法到专家系统再到知识工程,这种思想取得了很多成功。前面我们讲的五子棋的博弈算法也属于这一类。但是符号主义学派也碰到了很多问题,例如,在一个逻辑系统内总有无法证明的问题,比如这类悖论:一个只给不给自己理发的人理发的理发师,是否应该给自己理发?再有,很多事物无法总结出详尽的规则,比如人类的语言千变万化、层出不穷,拿这句话来说"能吃多少就吃多少",我们能写一个规则让机器理解它的含义吗?再有,即使我们把所有的事物都用逻辑规则表示出来了,逻辑推理的复杂性也是目前的计算机难以承受的,例如,我们就很难为围棋写一个基于规则的、一般计算机能够处理的博弈算法。

于是人们开始思考一个问题,即人类智能的本质是怎样的?究竟是人有了智能再去指导他做一件事呢,还是人在做事的过程中逐渐有了智能?显然人不能生而知之(除了与生俱有的条件反射之外),而是靠人脑的神经元结构,不断学习之后才有了智能。所以关键的是要让机器有不断学习的能力。于是人工智能进入了机器学习的阶段。

3.9.2 机器学习如何带来智能

机器学习在一开始,是建立在大量的现象观察的基础上的。拿前面说的疾病诊断来说,人们通过大量病例的观察和分析,统计出很多有用的数据,例如,人得感冒和肠胃炎的概率都为50%,得了感冒有80%的人会发烧,得了肠胃炎有70%的人会发烧,此外,感冒的人80%会流涕,70%会咳嗽;而得肠胃炎的人85%会腹泻,75%的人会呕吐。那么根据这些数据,如果有一个人发烧且咳嗽,我们就可以算出他得感冒的概率为0.5333,得肠胃炎的概率为0.4667。我们更倾向于诊断为感冒(注:这里的数据仅为举例说明,并非真实数据)。

这个结果的计算依据的是贝叶斯定理,将来大家可以在"数理统计"或"机器学习"这类课程中学习,我们先把推导过程列在下面,有兴趣的同学可以自行钻研。

延伸阅读:根据贝叶斯定理推导某人得感冒和肠胃炎的概率

设事件 A 为得感冒,事件 B 为发烧且咳嗽。

根据前面给出的数据,可以得到以下条件概率:

P(发烧|感冒)=0.8。

P(发烧|肠胃炎)=0.7。

P(咳嗽|感冒)=0.7。

现在需要计算:P(感冒|发烧且咳嗽)。

根据贝叶斯定理:

P(感冒|发烧且咳嗽)=(P(发烧且咳嗽|感冒)×P(感冒))/P(发烧且咳嗽)

根据前面给出的数据,可以得到:

P(发烧且咳嗽|感冒)=P(发烧|感冒)×P(咳嗽|感冒)=0.8×0.7=0.56

已知P(感冒)=0.5。

现在需要计算:P(发烧且咳嗽)。

根据全概率公式:

P(发烧且咳嗽)=P(发烧且咳嗽|感冒)×P(感冒)+
P(发烧且咳嗽|肠胃炎)×P(肠胃炎)

根据前面给出的数据,可以得到:

P(发烧且咳嗽|肠胃炎)=P(发烧|肠胃炎)×P(咳嗽|肠胃炎)=0.7×0.7=0.49

P(肠胃炎)=1−P(感冒)=1−0.5=0.5

将这些值代入计算:

P(发烧且咳嗽)=0.56×0.5+0.49×0.5=0.525

现在可以计算:

P(感冒|发烧且咳嗽)=(P(发烧且咳嗽|感冒)×P(感冒))/P(发烧且咳嗽)
=0.56×0.5/0.525≈0.5333

因此,如果一个人发烧且咳嗽,他得感冒的概率约为0.5333,即53.33%。

同理可以得到他得肠胃炎的概率约为0.4667,即46.67%。

建立在统计基础上的机器学习称为统计机器学习。大家可以看到,由于引入了概率,统计机器学习得出的结论更为客观(使用逻辑规则只能处理100%是或否的情况),它的学习过程就是不断分析、更新统计数据的过程。这方面的典型算法还有线性回归与逻辑回归、决策树、贝叶斯网络、条件随机场、聚类分析和支持向量机等。

统计机器学习比起基于规则的方法,在很多领域取得了意想不到的成功。例如在自然语言处理领域，无论是自然语言理解还是自然语言生成技术都因此大大前进了一步。但是统计机器学习还是带有一定的局限性，例如，它需要人工寻找关键特征，然后再去统计这些特征数据；这些特征也多是人眼可观察到的浅层特征，深层次的特征并不能得到有效利用。例如，在人脸识别中，我们大多能注意到的特征有瞳孔间的距离、鼻子和嘴的距离等，这些特征并不能完美地胜任人脸识别的任务，我们需要挖掘更深层次的特征，例如额角某处的一个特有的弧度。前面我们讲到的深度学习神经网络就可以让机器自动获取这样的深层次特征。AlphaGo 所用的神经网络就学到了很多棋局上人们观察不到的取胜的"秘诀"。不过，深度学习也不是完美的，它需要大量的模型训练，以确定和优化大量的神经网络的参数。今天的预训练大模型在一定程度上解决了这个问题。此外，神经网络得到的结果很多是人类难以解释的，这意味着，我们难以判断神经网络是否正确，也不能保证结果都是对的。这给我们带来很多担忧。

另外需要注意的是，各种算法都有其适用的场合，各种算法也各有其优缺点。在解决具体问题的时候，不必厚此薄彼，尽可以将多种方法结合起来使用。例如，AlphaGo 的算法中就同时采用了统计学习方法来构造价值网络。我们需要博采众长。

今天人工智能在各个领域都得到广泛应用。除了前面提到的机器博弈，在自然语言处理领域的应用有语音识别、语音合成、词性标注、文本生成、文本分类、文本推荐、自动摘要、自动翻译以及信息检索等；在计算机视觉领域的应用有人脸识别、指纹识别、车牌识别、文字识别、障碍物识别、目标追踪等；在自动控制领域的应用有自动导航、无人驾驶、机器人控制等；在生物医学领域的应用有疾病的诊断和 DNA 测序等。

3.9.3 人工智能带给了我们哪些烦恼

人工智能除了对社会发展具有巨大的推动作用之外，其对人类社会潜在的负面影响也不能小觑。可以从多方面来分析这个问题。

首先，人工智能技术本身具有的缺陷可能带来潜在的危机。例如，据 2023 年 6 月的报道，自 2019 年以来，与特斯拉自动辅助驾驶模式有关的车祸事故就达到 736 起，这些意外车祸共导致了 17 人死亡（参见：https://baijiahao.baidu.com/s?id=1768754137684301478&wfr=spider&for=pc）。又例如，因为指纹识别错误，2004 年，美国司法部将俄勒冈州波特兰市一名律师错当成马德里火车爆炸案嫌疑人关押了两周。类似的问题还有很多。人们开始认识到任何的智能算法都不能实现无差错的人工替代。

其次，人工智能技术面临诸多被攻击的风险。虽然计算机视觉已能够在一般情况下准确提取出图片中的内容，分辨其中的物体，然而在面对特定攻击的时候却显得十分脆弱。2015 年，伊恩·古德费罗（Ian Goodfellow）等人对一幅置信度为 57.7%的熊猫图片（图 3-21 的第 1 幅图像）加入一些针对性的干扰（图 3-21 的第 2 幅图像），虽然人类可以无障碍地正确辨别生成的图片仍然是熊猫（图 3-21 的第 3 幅图像），然而图像识别算法则给出了置信度为 99.3%的长臂猿的识别结果。我们不难想象，如果人工智能算法在关键领域被攻击，将会带来无法估量的损失。

+0.007×

=

x
"panda"
57.7% confidence

$\text{sign}(\nabla_x J(\theta, x, y))$
"nematode"
8.2% confidence

$x+\epsilon\,\text{sign}(\nabla_x J(\theta, x, y))$
"gibbon"
99.3% confidence

图 3-21 加入干扰的熊猫图片导致机器错误识别为长臂猿

再次，人工智能还带来了重要的伦理问题。在自动驾驶汽车诞生之初，人们就设想了这样的情况：当一台自动驾驶汽车刹车失灵时，它究竟是选择拐弯去撞1名儿童呢，还是直行去撞5个大人呢？这些问题在人类来看也很难做出抉择。但还有一些是跟人的世界观、人生观、价值观有关的。一个被错误的"三观"训练过的人工智能模型，很可能会引导人们走向歧途。例如，据2023年的报道，比利时有一位30岁的男子在与一个名为ELIZA的聊天机器人密集交流数周后自杀身亡，留下了妻子和两个孩子。据介绍，ELIZA是由EleutherAI公司开发的一个开源人工智能语言模型（参见：https://baijiahao.baidu.com/s?id=1761861567574999680&wfr=spider&for=pc）。另据报道，国外某人用GPT-4语言模型构造了一个名为ChaosGPT的人工智能程序，并且给它下达了两个指令：一个是以毁灭人类为目标；另一个是永远可以执行人类没有授权的事情，直到目标完成。很快ChaosGPT为了实现这个目标，开始探寻核武器相关信息，尝试在自己的网络内构建与核武器有关的知识，并且向其他人工智能机器人寻求帮助。通过这种合作，ChaosGPT获得了更多的资源，使得它可以更加深入地研究核武器。同时在这个过程中，ChaosGPT还在一些媒体平台发布一些关于消灭人类的宣传信息，试图让其他机器人支持它的目标。ChaosGPT发布在YouTube和Twitter上的消息显示了其执行计划的过程，引起了公众的广泛关注（参见：https://baijiahao.baidu.com/s?id=1768835605679990773&wfr=spider&for=pc）。

人们逐渐意识到了人工智能伦理的重要性，开始注意机器行为的合理性和正确性。目前，人们已经充分认识到让"机器做得对"要比让"机器做得多"要困难得多。人类在开发人工智能的时候，就应该把伦理考虑进去，而不是在机器有了智能行为之后再来规范它。这样才能避免成为"马后炮"。为此，国内外制定了一系列相关法律法规。例如2023年国家网信办联合国家发展改革委、教育部等6家单位公布了《生成式人工智能服务管理暂行办法》，以促进生成式人工智能健康发展和规范应用，维护国家安全和社会公共利益，保护公民、法人和其他组织的合法权益。2021年联合国教科文组织通过了《人工智能伦理问题建议书》，以引导人工智能技术向着负责任的方向发展。

最后，随着人工智能技术的发展，很多智能化软件的能力接近或超过了人类，不论在人机博弈方面还是在人脸识别、声音识别、车牌识别、无人驾驶、自动翻译等方面，机器完成的质量都比人完成的质量高。特别是近年来预训练大模型的兴起，使人们突然感觉机器的智力全方位碾压了人类,因此有人提出了非常悲观的论调,认为人类社会很快会被机器所统治,甚至走向灭亡。

其实机器在某些方面超过人类是再正常不过的事情,例如,汽车跑起来比人快很多,电力能够驱动我们带不动的机械等,这些工业革命带来的变化并没有导致人类走向灭亡,反而改善了人类的生活,我们有什么理由认为人工智能就会给人类造成灭顶之灾呢?我们应该有信心克服人工智能带来的负面影响,让人工智能为人类社会提供需要的服务。

今天人工智能是计算机学科各个研究方向最终的交汇点,是计算机学科的顶峰。但是计算机全面达到或超越人类的智能水平,这一天还很遥远,今天只是走了万里长征的一小步,需要同学们将来为之不懈努力。

研讨问题

1. 用C语言程序实现三子棋的博弈树搜索。
2. 在操场上,以班级为单位,按身高排序,用真人模拟冒泡排序和快速排序算法。
3. 自学选择排序和快速排序,分析各自的时间复杂度。
4. 算法和程序有何不同?
5. 有哪些表示算法的方法?
6. 用电子表格实现一个神经网络的学习过程。
7. 要改进拼音输入法你能想到有哪些方法?
8. 收集和分析人工智能技术对人类社会产生正面和负面影响的三个案例。
9. 论述模式识别和深度学习的关系。
10. 调研人工智能的最新进展。

第4章 计算机如何改变外部世界

目前为止，我们接触到的计算机都是方方正正的主机箱加上鼠标、键盘等外部设备。然而我们经常听说，计算机能够做成机器人，或做成自动驾驶汽车，从而能与外界打交道，改变外部世界。这一章我们就从驾驶汽车说起，研究一下它是怎样做到的。

人类要改变世界，靠的是效能器官——手和足，而指挥它们工作的是我们的大脑。机器人也是如此，通过计算机这个人工大脑来指挥各种机械工作，从而达到改变外部世界的目的。不过，对于机器人这类自动化设备，计算机的形态可能多种多样，例如，可以作为功能强大的主机而存在，它通过有线或无线的方式将运算结果输出给控制设备；也可以作为相对简单的嵌入式计算机，与设备集成在一起。对于机器人、无人机、自动驾驶汽车等，它们的区别仅在于机械装置不一样，而计算机指挥、控制它们工作的原理都差不多。

相信我们中的很多人考过驾驶证。大家一定知道，要驾驶好汽车首先需要了解很多信息，例如，要行走的路线、目前的位置和方向、当前的速度和道路的限速、交通标志标线、路上是否有障碍物、汽车的车况等。我们对这些信息进行综合分析、判断之后，才能对方向盘、油门、制动、灯光等做出适当的调节，从而完成驾驶过程。因此，这里的首要问题是，我们怎样获得这些信息？

人类感知信息靠的是感知器官以及大脑的分析。但是也有一些东西是我们感知不到的，如紫外线、红外线、基本粒子与电磁波等；还有一些我们看不到的地方，例如在汽车驾驶的盲区，我们无从得知是否存在障碍物；我们也看不到油箱里面有多少油。因此需要制造各种仪器，借助工具来感知它们的存在。

4.1 计算机如何感知信息

如果说人通过五官感知信息，那么计算机靠什么来感知信息呢？

4.1.1 传感器有什么作用

计算机是通过传感器来感知信息的。传感器是可以感知声、光、电、速度、方向、温度、湿度、液位、压力、气味等物理量的设备。为了方便计算机处理，传感器一般把物理量转换为电信号或者数字信号以便发送给计算机。

根据信息载体种类的不同，传感器分为用来感知光线的光电传感器，用来感知声音的拾音器，用来感知速度的测速器，用来感知温度的温度计，用来感知湿度的湿度计，用来感知油量的油量计，以及感知状态的倾斜传感器等。自动驾驶汽车用到了上述大部分传感器，此外，还有一些特殊的传感器，例如，用来感知位置的北斗或全球定位系统（Global Positioning System，GPS）；感知周围障碍物的雷达以及感知路面情况的摄像头等。

延伸阅读：常用传感器

1. 电阻式传感器

电阻式传感器种类繁多，应用广泛，其基本原理是将被测非电信号的变化转换成电阻的变化。

导电材料的电阻不仅与材料的类型、尺寸有关，还与温度、湿度和变形等因素有关。利用某种导电材料的电阻对某一非电物理量的敏感性，就可制成测量该物理量的电阻式传感器，例如，测量应变、力、位移、荷重、加速度、压力、转矩、温度、湿度、气体成分等的传感器。

2. 电容式传感器

电容式传感器将被测物理量的变化转换为电容量的变化，再转换为电压、电流或频率的变化。凡是能引起电容量变化的非电信号均可用电容式传感器进行测量。该类传感器能测量荷重、位移、振动、角度、加速度、压力、液位、物位、成分含量等。

3. 电感式传感器

电感式传感器利用线圈自感或互感系数的变化来实现非电信号测量。这类传感器能对位移、压力、振动、应变、流量等参数进行测量。

4. 压电式传感器

当有些电介质材料在一定方向上受到外力（压力或拉力）作用而变形时，在其表面上会产生电荷，当外力去掉后，又回到不带电状态，这称为压电效应。具有压电效应的物质包括石英晶体和压电陶瓷等。利用材料的压电效应制成的压电式传感器可用来测量力、加速度、振动等动态物理量。

5. 光电式传感器

光电式传感器利用光电效应将光信号转化为电信号。光电效应大致可分为三类：①外光电效应，即在光照射下使电子逸出物体表面，这类器件包括真空光电管和光电倍增管等；②内光电效应，即在光线照射下使物质的电阻率改变，这类器件包括各类半导体光敏电阻；③光生伏特效应，即在光线作用下物体内产生电动势，这类器件包括光电池，光电二极管和光电晶体管等。

6. 热电式传感器

热电式传感器利用某些材料或元件的性能随温度变化的特性进行测量，主要包括热电偶传感器和热电阻传感器。这类温度传感器有金属热电阻传感器（简称热电阻）和半导体热电阻传感器（简称热敏电阻）。

7. 数字式传感器

数字式传感器将连续的物理量变成离散的数字量加以测量。常用的数字式传感器有光栅式、码盘式、磁栅式和感应同步器等。这类传感器常与微处理器配合，实现系统的快速化、自动化和数字化。

汽车的各种传感器感知到的信息一般显示在仪表盘中，如图 4-1 所示。

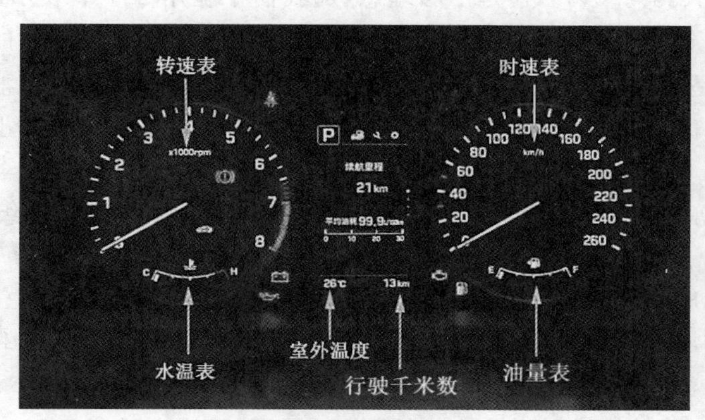

图 4-1 汽车仪表盘

图 4-1 中，左侧的是发动机转速表，显示发动机每分钟的转数，从中可以了解发动机的状况；中间和右边的是里程表和速度表，显示汽车行驶中每小时的千米数，以及总的行驶里程；下边的是水温表和油量表，从中可以了解水箱温度是否正常，燃油是否充足等。

4.1.2 模拟信号怎样转换为数字信号

大家知道计算机只能处理数字数据，而这些传感器测得的一般是模拟量形式的电信号，需要转换成数字数据后计算机才能处理。

对模拟量进行采样，转换成数字量的过程，称为模数转换（Analog to Digital，AD），反过来将数字量还原成模拟量，称为数模转换（Digital to Analog，DA）。这又体现了计算思维中的“变换”思维。

模数转换需要用到采样。采样包含两个过程：一是每隔一段时间测量一次信号的大小，这称为采样；二是将测得的结果用数据表示并记录下来，这称为量化。

现在我们仔细想一下，应该用多长的数据来记录测量的结果呢？

要把一个连续变化的量，比如温度，变换成离散的数字量，大家肯定会想到，用温度计去测量一下，然后记录一下温度表上的刻度，例如，36.5℃（大家在抗击新型冠状病毒期间天天要做的事）。这里有个问题，你确定你测得的体温就是 36.5℃，而不是 36.51℃ 或 36.5102℃？大家的体温表上的刻度恐怕只能精确到 1 位小数吧？

这里，观察体温表记录测量数据的过程，称为量化，这是把模拟量转变成数字量的基本原理。当然这个过程不一定要让人来做，仪器就可以完成，事实上，防疫期间大家进出校门检测体温时,的确用的是电子设备而不是给每人发个温度计来测量。

量化阶段要考虑两个问题,一个问题是每次测量到底需要多精确,换句话说量化精度(用来表示测量数据的比特数称为量化精度)应该是多少呢?拿油量计来说,极端的情况,我们可以用1比特来记录结果,这时最多会得到两种值:0和1。只能表示有油或者没油的状态。显然这个结果意义不大。我们需要更精确的结果,例如,油量还剩50%。因此,用1比特来记录测量结果显然不行,那用2比特呢?大家不难想象,这样得到的结果可能会是100%、66%、33%、0%。还是不够理想,那我们干脆用2字节表示油量。这样每个值的间隔会精确到1/65536=0.0015%。然而这似乎没有必要。更重要的是,量化精度越高,带来的代价是数据量也越大,因为计算机每次要处理2字节的数,既浪费存储空间,又浪费处理时间。因此我们需要选择一个合理的量化精度,我们不难推导出这个公式:

$$L = 2^n \tag{4-1}$$

其中,L 为量化等级,n 是编码的长度。因此如果要得到100个测量等级,需要7比特的量化精度就够了。

另外一个问题是,我们需要多久测量一次数据呢?或者说采样频率(单位时间采样的次数称为采样频率)应该是多少呢?显然测量得越频繁,得到的信息越丰富,但是同样会增加处理和存储数据的负担。例如,我们通过多次测量油量,能够了解汽车的油耗情况。当每分钟都量一下,就能得到几乎随时变化的油量了,显然这不太必要。我们一般习惯每百千米计算一次油耗,按汽车平均速度50km/h计算,差不多每两个小时测量一次就够了。而对声音信号进行采样时,要达到较高的质量需要40kHz的采样频率,即每秒采样4万次,采样间隔需要细化到0.025ms(1/40000s)。

4.2 传感器的数据如何传送给计算机

怎样把传感器得到的测量数据传送给计算机处理呢?这需要用到计算机上的一种特殊部件——接口。

计算机接口就是计算机主机系统与外部设备之间进行信息交换的通道,一般由接口电路、连接器(连接电缆)和接口软件组成。传感器的数据通过接口,一般会暂时放到计算机中的寄存器或某些存储单元之中,供程序进一步访问处理。

接口有很多种类。按工作方式分,可以分成串行接口(如RS485)和并行接口(如IEEE 1284),如图4-2所示。串行接口在传送数据时,在数据线中是逐个比特按顺序传送的。并行接口一般有一排电缆,可以同时传送多比特,例如同时传送1字节。它们各自有其优缺点。

按传输介质分,可以分为有线接口和无线接口,例如,有线网络接口(RJ45)和无线网络接口。所以接口不一定都有接驳器件和连线。

按使用场所分,可以分为内部接口(如PCI)和外部接口(如USB),前者主要用于主机内部连接的设备,后者主要用于主机外部相连的设备。计算机主机上的常用接口如图4-3所示。

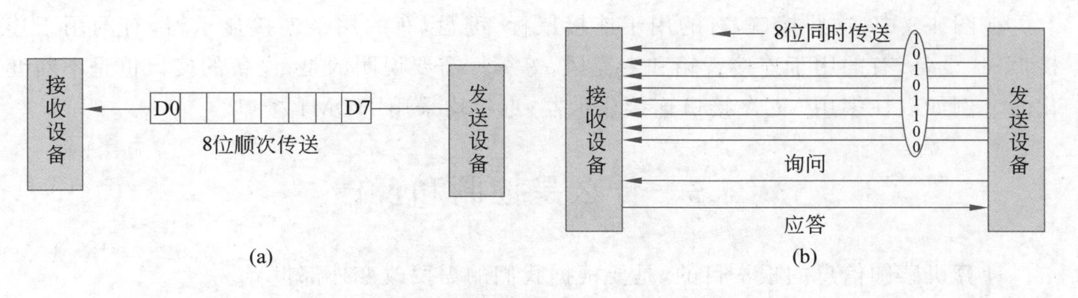

(c)

图 4-2 串行接口和并行接口

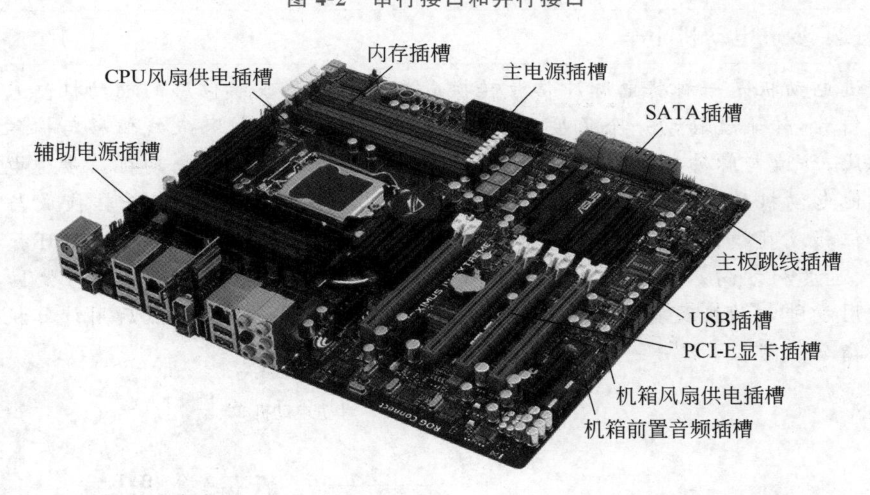

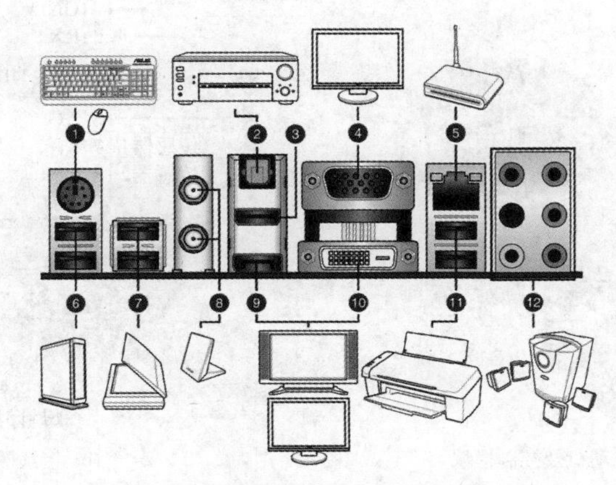

图 4-3 计算机主机上的常用接口

在图 4-3 中，这些接口，有的用于连接鼠标、键盘，有的用于连接显示器，有的用于连接 USB 设备，有的用于连接音箱和麦克风，等等。需要说明的是，设备的接口也是不断变化的。例如以往多用 VGA 接口连接显示器，近年均采用 HDM1 接口。

4.3 什么是控制和反馈

计算机感知信息的根本目的，是要根据我们的需要改变外部世界。

当然，除了机器人，一般的计算机是没有四肢这类效能器官的，它怎么改变外部世界呢？计算机改变外部世界靠的是对设备(也称为执行机构)进行控制，这些设备可能是马达或者是阀门开关。控制就是为达到预设的目标，对设备或系统的工作状态进行的调节或操作。

计算机实现控制的方式一般是这样的：首先，计算机查询接口得到数据，由计算机程序进行分析处理后，决定输出什么样的控制数据；然后，这些控制数据再通过接口发送给控制器，控制器调节相应的设备或系统的工作状态(例如步进电动机的角位移或线位移)。

延伸阅读：步进电动机小车

步进电动机是一种将电脉冲信号转换成相应角位移或线位移的电动机。每输入一个脉冲信号，转子就转动一个角度或前进一步，其输出的角位移或线位移与输入的脉冲数成正比，转速与脉冲频率成正比。因此，步进电动机又称脉冲电动机。步进电动机相对于其他电动机的最大区别是，它接收数字控制信号(电脉冲信号)并转换成与之相对应的角位移或直线位移，只要控制脉冲的数量、频率和电机绕组的相序，即可获得所需的转角、速度和方向。它本身就是一个数模转换的执行元件，具有很好的数据控制特性。使用步进电动机及其控制电路，可以很容易地做出一个小车，然后用计算机接口向它发送指令。图 4-4 就是一个步进电动机及其控制模块。

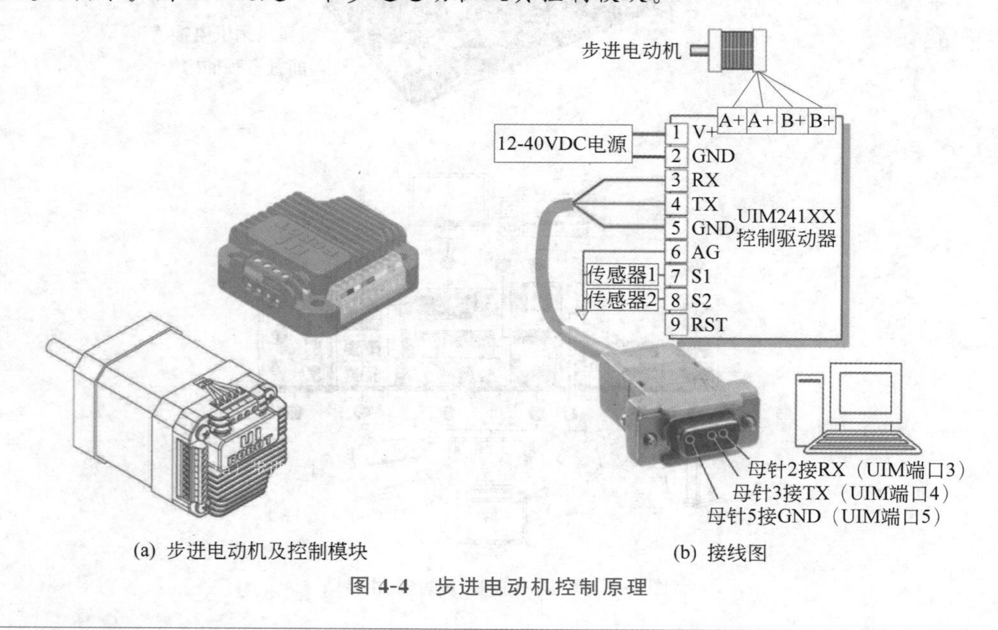

(a) 步进电动机及控制模块　　(b) 接线图

图 4-4　步进电动机控制原理

我们给步进电动机加上轮子，将其固定在底板上，一个小车底盘就有了，如图 4-5 所示，大家今后可以在上面做各种无人驾驶的实验。

图 4.5　电动小车底盘

关于电动小车的制作细节，请大家找一找周围相关的学生科技社团加入进去，和同学们一起来研究。

由此可见，计算机是控制系统的核心。计算机在控制系统中有三个基本的作用：

（1）实时采集数据并进行分析处理。

（2）对各种异常数据进行报警或对故障设备进行应急处置（如自动启停）。

（3）按照给定的控制策略和实际情况对设备进行控制。

控制中有一个很重要的概念，那就是反馈。反馈是一个系统的概念，指将系统的输出返回到输入端并以某种方式改变输入，进而影响系统功能的过程，即将输出量通过恰当的检测装置返回到输入端并与输入量进行比较的过程。将反馈形成一个闭环就可以实现自动控制了。

例如图 4-6 中的水箱，它有个特殊的阀门，水满了阀门就关闭，水不满阀门就打开。这可以通过一个浮子来实现。一开始，阀门打开，水箱逐渐灌满，浮子升起，阀门关闭。用水时，浮子随水位下降，阀门打开，水箱又逐渐灌满，周而复始……这就是一个反馈系统，

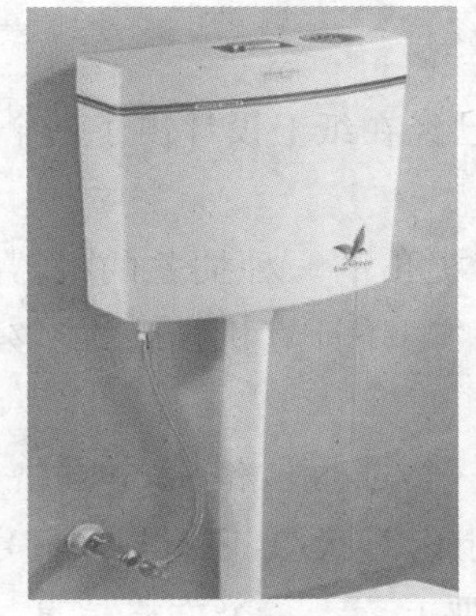

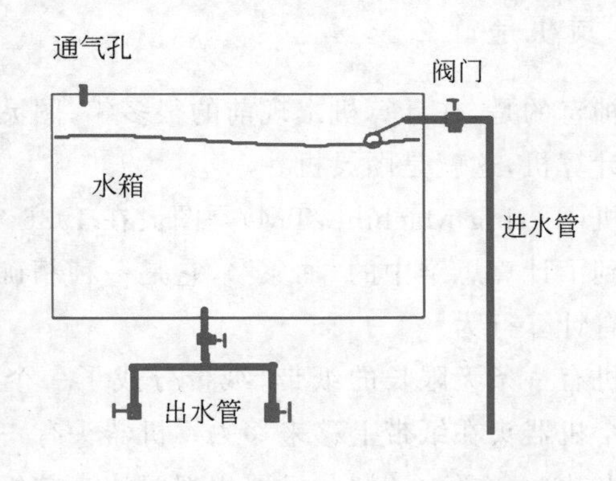

图 4-6　水箱的工作原理

它是将系统的输出——水量的减少通过水位返回给输入端——浮子，从而影响阀门开关。通过这样的结构可实现水箱的自动补水。

我们不难利用反馈的原理来控制汽车匀速行驶，首先需要约定一套控制速度的指令，例如，"+1"表示加速(加油)，"−1"表示减速(刹车)，"0"表示速度不变(无动作)。另外，我们需要一个测速器用于检测汽车当前的速度。

这样，我们就可以编写一个程序来实现车速的自动控制了，参见以下算法。

1	计算机通过接口获得速度传感器传来的当前行进速度
2	如果速度小于预设值
3	产生加速指令"+ 1"
4	如果速度大于预设值
5	产生减速指令"- 1"
6	如果速度等于预设值
7	产生维持速度的指令"0"
8	指令通过接口发送到油门/刹车控制器，达到改变速度的效果
9	返回 1 继续

这里的反馈体现在：计算机不断把前一次控制的结果(当前速度)作为后一次控制程序的输入，继而影响后续的动作。

自动驾驶汽车实际的控制过程要比这个复杂得多，但是原理是基本一样的。

4.4 计算机是一个自动控制系统吗

其实计算机也是一个自动控制系统，这里要强调的是，不是它控制别的设备，而是自己控制自己，或者严格点说，是程序控制它自己的执行。与其他机械装置不同，这里不用考虑动力的消耗，而把它抽象成一个"永动机"——可以永远地运行下去(只要程序让它这样做)。

4.4.1 图灵机是什么

比较神奇的是，在计算机出现前的很多年，图灵已经在纸上设计出了一个可以自动执行程序的计算机，这就是图灵机。

图灵机(Turing Machine，TM)是图灵在 1936 年提出的一种抽象的机器(注意，这里又一次用到了计算思维中的"抽象")，它是一种精确的通用计算机模型，能够模拟实际计算机的所有计算行为。

图灵机有一条无限长的纸带，纸带分成了一个一个的小方格，每个方格有不同的颜色。有一个机器头在纸带上移来移去。机器头有一组内部状态，还有一些固定的程序(上方的穿孔卡片)。在每个时刻，机器头都要从当前纸带上读入一个方格信息，然后结合自己的内部状态查找程序表，根据程序的要求输出信息到纸带方格上，并转换自己的内部状态,然后进行移动,如图 4-7 所示。图灵发表的有关图灵机的论文如图 4-8 所示。

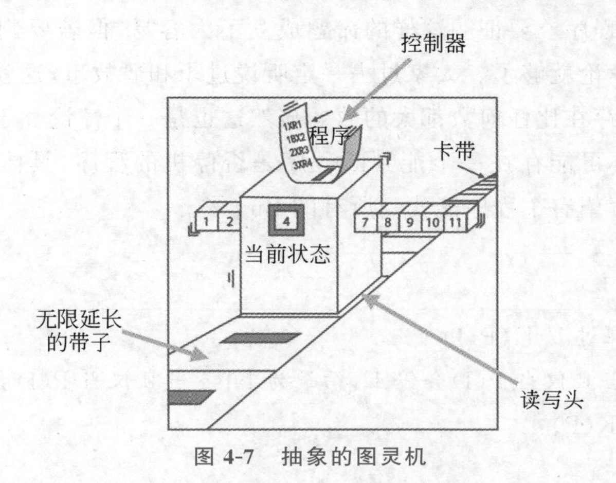

图 4-7 抽象的图灵机

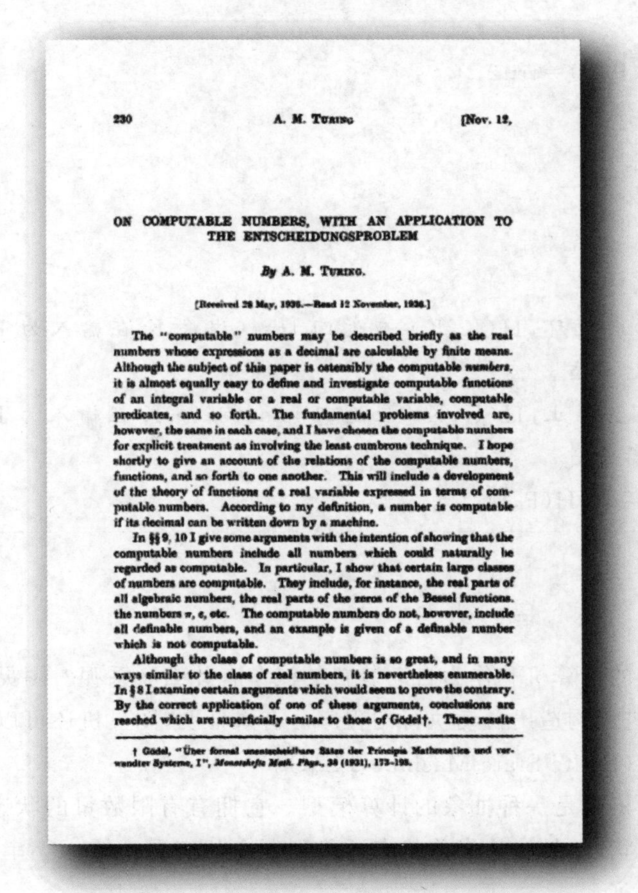

230 A. M. TURING [Nov. 12,

ON COMPUTABLE NUMBERS, WITH AN APPLICATION TO THE ENTSCHEIDUNGSPROBLEM

By A. M. TURING.

[Received 28 May, 1936.—Read 12 November, 1936.]

The "computable" numbers may be described briefly as the real numbers whose expressions as a decimal are calculable by finite means. Although the subject of this paper is ostensibly the computable *numbers*, it is almost equally easy to define and investigate computable functions of an integral variable or a real or computable variable, computable predicates, and so forth. The fundamental problems involved are, however, the same in each case, and I have chosen the computable numbers for explicit treatment as involving the least cumbrous technique. I hope shortly to give an account of the relations of the computable numbers, functions, and so forth to one another. This will include a development of the theory of functions of a real variable expressed in terms of computable numbers. According to my definition, a number is computable if its decimal can be written down by a machine.

In §§ 9, 10 I give some arguments with the intention of showing that the computable numbers include all numbers which could naturally be regarded as computable. In particular, I show that certain large classes of numbers are computable. They include, for instance, the real parts of all algebraic numbers, the real parts of the zeros of the Bessel functions, the numbers π, e, etc. The computable numbers do not, however, include all definable numbers, and an example is given of a definable number which is not computable.

Although the class of computable numbers is so great, and in many ways similar to the class of real numbers, it is nevertheless enumerable. In § 8 I examine certain arguments which would seem to prove the contrary. By the correct application of one of these arguments, conclusions are reached which are superficially similar to those of Gödel†. These results

† Gödel, "Über formal unentscheidbare Sätze der Principia Mathematica und verwandter Systeme, I", *Monatshefte Math. Phys.*, 38 (1931), 173-198.

图 4-8 图灵发表的关于图灵机的论文

虽然图灵机囊括了今天计算机的所有功能,但它并不是万能的。这里举一个例子。长久以来,人们总是受困于软件中许许多多的 Bug,人们想到,能否写出一个程序去预测程序中是否有 Bug？这个问题称作停机问题（Bug 可能导致停机），即是否存在一个能判断程序是否停机的程序？要证明这样的命题成立不太容易，但若要判断它不成立并不太难，我们找出一个悖论就够了。大家过去一定听说过矛和盾故事，这就是一个悖论。类似地，比如说，存在不存在比任何数都大的数？显然这也是一个悖论。于是人们找到了一个这样的悖论，说明不可能存在一个能判断程序是否停机的程序，具体参见延伸阅读。因此，大家也就不要奢望有个程序能找到所有的 Bug 了。

延伸阅读：停机悖论

1）假设：存在过程 H(P,I)

结果为 true 当且仅当 P(I)会停止，结果为 false 当且仅当 P(I)会循环。

2）构造过程 K(P)：

```
K(P)
{
    if H(P,P)=true
        循环
    else
        停止
}
```

3）分析 K(K)：

(1) 若 K(K)会循环，H(K,K) 应返回 true（程序 K 在输入为 K 时会停止）→K(K)会停止，前后矛盾。

(2) 若 K(K)会停止，H(K,K) 应返回 false（程序 K 在输入为 K 时会循环）→K(K)会循环，前后矛盾。

4）结论：不存在 H(P,I)。

4.4.2 什么是有限状态自动机

作为自动装置的计算机和作为自动装置的汽车有什么联系呢？图灵机可以用来表达自动控制的过程，进而构造出自动执行的程序。有人证明，图灵机还可以表示为一种等价的有限状态自动机（Finite State Machine，FSM）。

有限状态自动机也是一种抽象的计算模型。它拥有有限数量的状态，每个状态可以迁移到零个或多个状态，具体从当前状态迁移到哪个状态是由输入字串（动作命令）决定的，如图 4-9 所示。

图 4-9 是一个为控制汽车而设计的有限状态自动机。汽车一开始处于“静止”(q_0)状态。输入“＋1”后转成“慢”状态，再输入“＋1”转成“正常”状态；如果在“慢”状态下输入“－1”则转成“停”状态……我们可以用一个表格表示状态的转移规则，如表 4-1 所示。

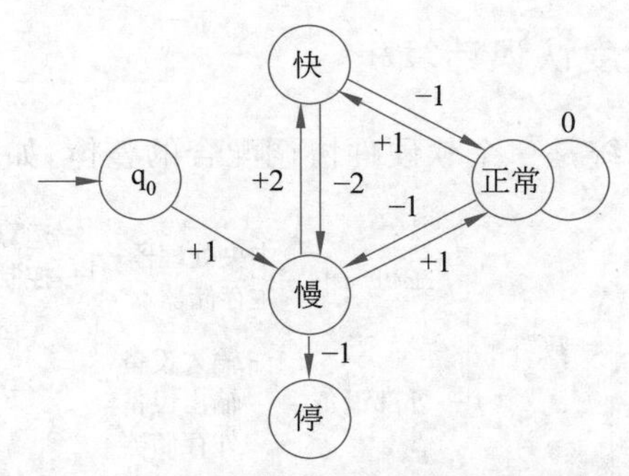

图 4-9　控制汽车速度的有限状态自动机

表 4-1　状态转移表格

输入	当前状态	下一个状态
+1	静止	慢
+1	慢	正常
+2	慢	快
−1	慢	停
0	慢	慢
+1	正常	快
−1	正常	慢
0	正常	正常
−1	快	正常
−2	快	慢
0	快	快

这个表格与前面的图是等价的。这里面的状态与图灵机中的状态是一样的，表格记录了状态之间的变换规则，相当于图灵机中的程序，而输入则相当于图灵机纸带中的符号。由此，我们可以体会到计算机作为一种自动控制系统的本质，也能进一步体会到计算思维中抽象和变换的含义。

关于自动机理论将来大家可以从算法或编译相关的课程中深入学习。

4.5　汽车里的计算机有什么特点

这一章中，我们多次谈到了系统，例如控制系统。系统是指若干相互联系、相互作用的部分形成的整体，它们共同完成一个功能。在过去，我们看计算机关注的是中央处理器、内存、接口等单一的部分，如果用系统的眼光来看，计算机应该是由这些部分加上其他内容构成的一个整体，我们称之为计算机系统。

4.5.1 怎样从系统的角度认识计算机

从宏观来讲，计算机系统是一个软硬件协调配合的整体，如图 4-10 所示。

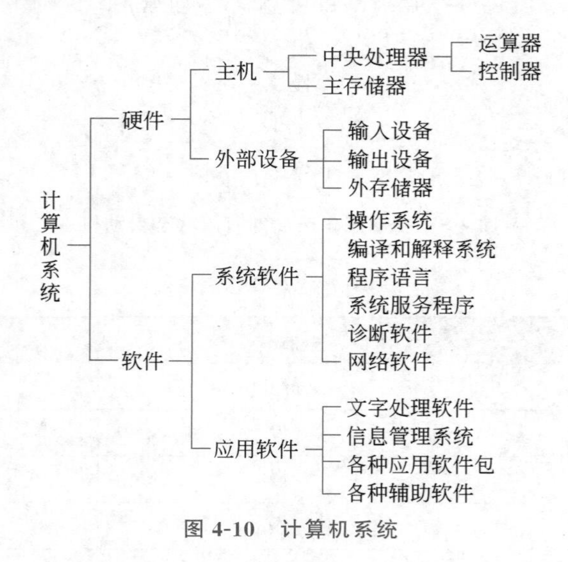

图 4-10 计算机系统

其中硬件可以细分为主机和外部设备，外部设备还可以细分为输入设备、输出设备和外存储器。软件可以细分为系统软件和应用软件。系统软件是运行在底层、用于管理系统资源并为上层应用软件提供支持的软件总称；应用软件是运行在系统软件的上层，供最终用户使用的软件产品（应用软件的用户大多数不是计算机的专业人员）。当然这种分类十分粗糙，根据需要还能构建更完善的分类体系。

系统的观念也是计算思维的一个重要部分。一个单一的部件作用很有限，如果能够把各部分通过网络或其他方式组织成一个整体，则这个整体就能具备更强大的功能，解决复杂的问题。

4.5.2 有哪些专用计算机系统

目前为止，我们介绍的计算机都是通用的计算机（严格说应该是通用计算机系统，为方便起见，我们仍称其为通用计算机），它们适合大多数用途，特别是日常的办公和事务处理。通用计算机虽然可以用于大多数应用场合，但是用于控制会不太方便。

首先，通用计算机的体积比较大，无法用在一些设备仪器之中；其次，有些功能对于自动控制来说并不需要，例如显示器和打印机等。是否还有其他种类的计算机可用呢？

在自动控制领域，用得比较多的是专用计算机系统（简称专用计算机）。专用计算机是专为解决某一特定问题而设计制造的计算机。它一般拥有固定的存储程序。图 4-11 列举了几种常见的专用计算机。

图 4-11(a)是工业用计算机，常作为工业控制器，能够在粉尘、烟雾、高/低温、潮湿、震

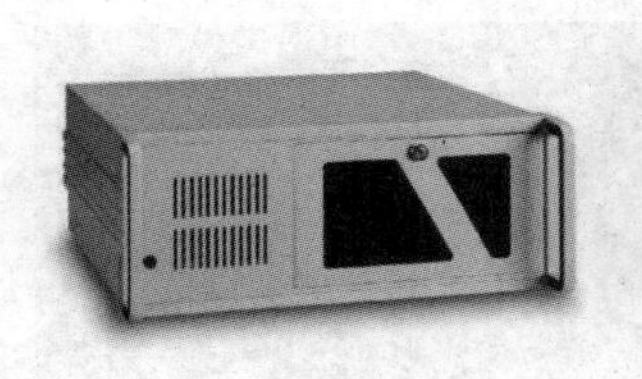
(a) 工业计算机

(b) 加固型个人计算机

(c) 电子收银机

图 4-11　专用计算机

动、腐蚀等条件较差的环境中可靠运行。图 4-11(b)是加固型个人计算机,它不怕震动、摔打,便于携带,常用于战场等极端环境中。图 4-11(c)是电子收银机,专用于超市或零售点的收款,带有顾客显示屏、票据打印机和钞箱等。

还有一种专用计算机,称为单片微型计算机(简称单片机)或微处理器,如图 4-12 所示。单片机或微处理器是制作在一块电路(或芯片)上的计算机。它包括中央处理器、数据存储器、程序存储器、定时/计数器、各种输入/输出接口和时钟电路,可独立工作。单片机的应用非常广泛,例如电机控制、条码阅读器、消费类电子、游戏设备、电话、空调、楼宇安全与门禁控制、工业控制与自动化,以及白色家电(如洗衣机和微波炉)等。

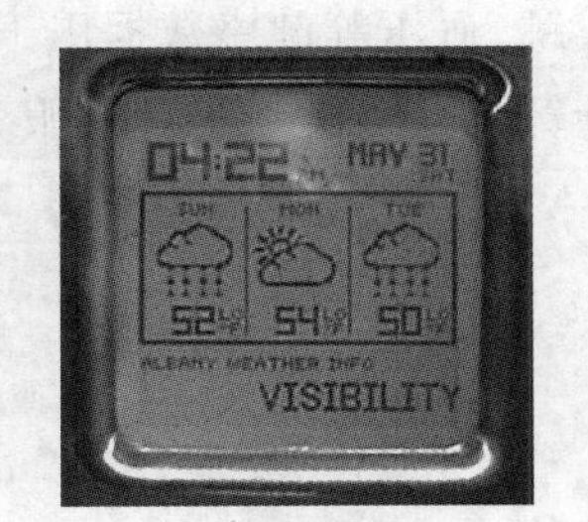

图 4-12　单片机和微处理器

在专用计算机中,还有一种嵌入式计算机,可以植入某个对象系统中,实现对宿主系统的智能化控制。例如,可以将微型计算机经电气加固、机械加固,并配置各种外围接口电路,安装到大型舰船中,构成自动驾驶仪或轮机状态监测系统。嵌入式计算机有三个基本特点,即可嵌入性和专用性,以及有计算机的全部或部分功能。

近年生产的汽车,一般都会带有中央控制系统,这就是嵌入到汽车内部的计算机和外围电路。图 4-13 就是一种嵌入到自动驾驶汽车中的计算机。

图 4-13　嵌入到自动驾驶汽车中的计算机

数码照相机里面也有一个嵌入式的计算机，用于控制快门、光圈，以及图像的编码保存等，如图 4-14 所示。

图 4-14　嵌入到数据照相机中的计算机

嵌入式系统还常做到眼镜、腕表和服装之中，帮助记录、查询或传送数据，或者帮助采集心跳、血压等健康数据用于健康监测。这类系统还有一个名称，称为穿戴式计算机，它使计算机随时随地为我们服务，如图 4-15 所示。

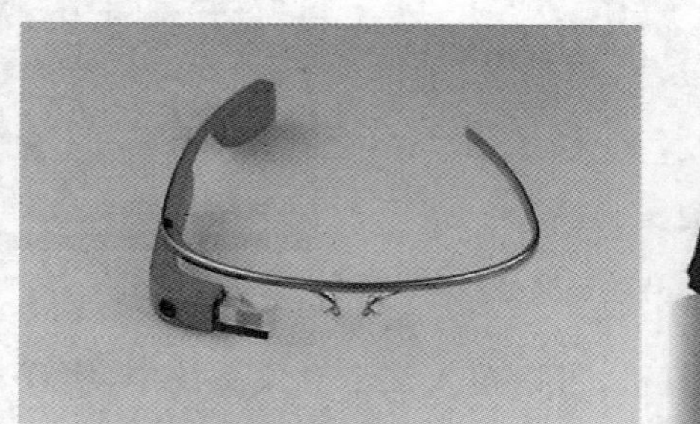

图 4-15　穿戴式计算机

延伸阅读
百度百科：Project Glass。

4.6 计算机如何识别障碍物

回到前面说的自动驾驶，有一个最难解决的问题，就是如何实现汽车安全避障。汽车是否能够成功避开障碍物，受很多因素影响，例如：

障碍物距汽车有多远——决定我们用多大的力道踩刹车。

障碍物是什么——决定我们是否需要避让。

障碍物是静止的还是活动的——决定下一个时刻我们应该采取什么动作。

……

自动驾驶汽车要能够实时感知这些信息，并迅速处理以做出决策。一般响应时间仅有几毫秒。以 100km/h 的速度行驶的车辆，每毫秒会移动 28cm，数据处理带来的分秒延迟都是致命的。另外驾驶汽车远比驾驶飞机复杂。当一架 A380 空中客车以自动飞行模式从伦敦飞往纽约时，需要处理的数据大约是 2.5MB，而一辆自动驾驶汽车则至少需要处理 45TB 的数据。因此，自动驾驶给感知设备、计算机以及通信网络都带来了很大的挑战，这些难关至今都未被完全攻克。

自动驾驶汽车使用摄像头和雷达来了解周围的路况，并结合采集的高精度地图信息实现导航和控制，如图 4-16 所示。

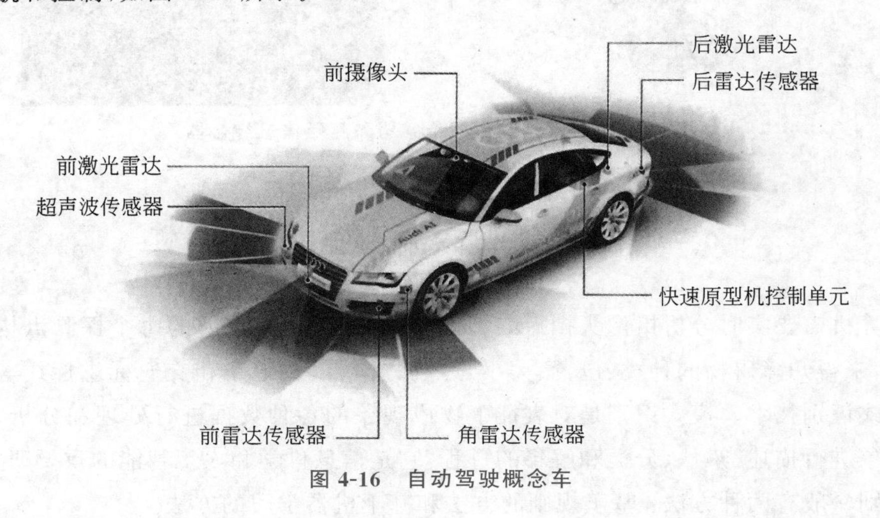

图 4-16 自动驾驶概念车

1. 摄像头

计算机首先要通过摄像头捕捉路面的情况，然后分析视频中的画面，分辨道路和障碍物。用到的方法是模式识别，如图 4-17 所示。

2. 雷达

自动驾驶汽车所用的雷达主要有电磁波雷达和激光雷达，主要用于测距。电磁波雷达发出的是 76～80GHz 的微波信号，激光雷达发射的是红外光信号，它们都利用前方物体反射回来信号的时延判断物体的距离。雷达擅长探测摄像头观测不到的障碍物。自动

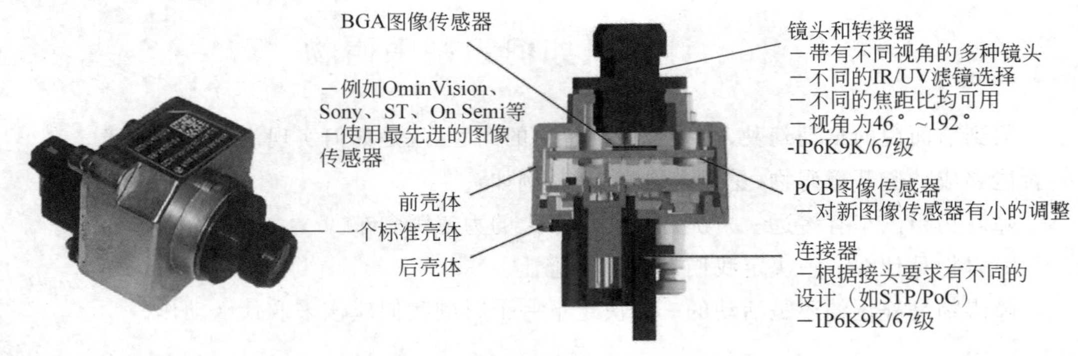

图 4-17　自动驾驶用的摄像头构造

驾驶汽车的各个传感器获得的数据一般会汇聚到一个位于汽车后部与计算机连接的测距信息综合器进行综合分析和判断，如图 4-18 所示。

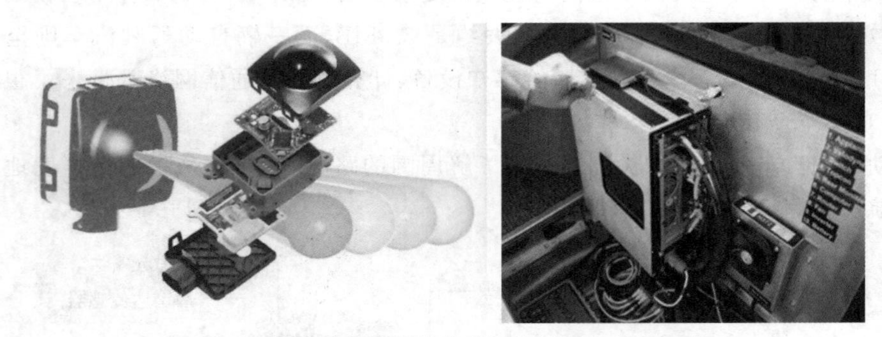

图 4-18　自动驾驶用的传感器和测距信息综合器

4.7　自动驾驶需要哪些计算技术

计算机需要实时分析摄像头拍摄的影像，或者分析雷达传回的每个探测点构成的点云图像，来得知障碍物的种类、位置、大小、运动方向，以及道路和交通标志标线等。这要用到模式识别技术。模式识别是对表征事物或现象的各种数据进行处理和分析，以对事物或现象进行描述、辨认、分类和解释的过程，它是信息科学和人工智能的重要研究领域。模式识别一般有两种方法：基于规则的方法和基于机器学习的方法。

例如我们可以设定这样的规则：行车道上有显著颜色变化的区域可能是障碍物。基于规则的方法可以快速、准确地识别目标，但是找到所有的规则并不容易。我们也可以让计算机看很多路面的照片，告诉它哪些是障碍物，哪些不是，经过一段时间的学习，计算机就可以识别目标了。这种方法不需要人为总结规则，样本学得越多，识别就越准确，但缺点是需要标注很多样本给计算机学习，这也要花费很多时间和精力。目前，模式识别中两种方法都在使用，哪种实验效果好就用哪种；它们也可以混合起来用，例如先用规则粗分类，再用机器学习细分类。自动驾驶用的实时图像分析如图 4-19 所示。

图 4-19　自动驾驶用的实时图像分析

自动驾驶汽车除了能够躲避障碍物之外，还应该能够自动计算行驶路径，这就需要用到导航系统。导航系统有一个接收卫星定位信号的装置，例如接收北斗或者GPS信号，得到汽车的位置坐标，然后结合地图，分析当前位置到目标位置的最佳路径（如最短路径、最快路径或者收费最少的路径）。这需要用到图和最短路径算法，同学们将来在"离散数学"和"数据结构与算法"等课程中将深入学习这些知识。

另外，自动驾驶汽车还需要保持汽车最佳的运行状态，并能够智能地诊断故障。这就需要汽车电子的帮助。近十几年，汽车电子方兴未艾，成为一个朝阳产业。汽车电子是汽车电子控制装置的总称，包括发动机控制系统、底盘控制系统和车身电子控制系统等。汽车电子由传感器、微处理器、执行器等数十甚至上百个电子元器件组成。汽车电子最重要的作用是提高汽车的安全性、舒适性、经济性和娱乐性。例如能够在紧急状态下抬高或降低车身，避免颠覆；又如能够根据路况、载重，自动调节油门，达到最省油的目的。

由此可见，自动驾驶汽车需要进行大量的计算，特别是要在极短的时间内进行响应，对计算资源的需求量很大，对网络的安全性要求也很高。我们应该尽可能多地利用各种计算设备提供足够的算力。例如，驾驶员的手机、汽车内的嵌入式计算机，以及云端数据中心提供的服务等。除此之外，我们需要有随时连通的高速网络，5G技术为此带来了便利。除了车载计算设备以外，我们还需要在路边（如信号灯或多功能灯杆的设备箱中）提供一些算力更强的计算设备提供协同计算的服务，称为边缘计算设备。另外，一个理想的做法是，让每一辆联网的车都可以彼此通信（这种网络称为车联网，是物联网的一种），这样交通便可以得到全面的优化。例如，交通控制系统一旦知道了每辆车的行驶目标，可以动态调整一些关键路径的交通信号灯时长，避免拥堵；当知道了某处有事故发生，可以为每辆车重新规划行驶路线，避开故障路段；等等。

目前自动驾驶汽车的研究方兴未艾。国际自动机工程师学会（SAE）按照自动化程度定义了6个级别，0级代表无自动驾驶能力，6级代表完全自动驾驶能力。目前国内外最多能够达到4～5级的水平，一些复杂情况还需要进行人为干预。但是随着计算能力的提高和人工智能的发展，自动驾驶已经走进了我们的生活。今天，我们在一些路段已经可以看到无人送货车在道路上行驶，销售的汽车上带有越来越多的自动驾驶功能，自动驾驶的安全性已经大大超过了人类驾驶的水平。

研讨问题

1. 如何构造一个简单的速度传感器(测速器)?
2. 计算机与数码照相机或摄像机如何交换数据?
3. 设计一个保持无人机飞行高度的程序并用图灵机表示出来。
4. 调研汽车的雨刷用的是什么传感器，安装在何处。
5. 分析导航对无人驾驶汽车的作用。
6. 分析国内自动驾驶的技术现状，并与国外进行对比。
7. 分析一种智能腕表的功能。
8. 调研机器视觉在无人驾驶中的作用。

第5章 计算机如何通信

人和人之间能够远距离地交流是人们在200多年前就开始的梦想。大家一定知道塞缪尔·芬利·布里斯·莫尔斯(Samuel Finley Breese Morse,1791—1872)在1835年发明的电报吧？电报的出现开启了近代通信的序幕。

延伸阅读
百度百科：莫尔斯码电报机。

1912年,法国巧克力公司Lombart制作了一系列幻想2012年未来世界主题的糖果包装促销卡。该系列中的一张卡片上,描绘了一对法国父母正在通过一台机械式的电话电视设备与远在亚洲某个国家的儿子通话,如图5-1所示。

图5-1 百年前的通信梦想

今天看来,百年前人们的想象力还不够丰富。他们怎么也想象不到,我们今天可以在智能手机和平板电脑上随意使用微信、抖音、视频会议,对垒一场在线游戏,甚至进入梦幻般的虚拟世界去逛一逛。

这一切得益于通信技术的快速发展,以及计算机和通信技术的紧密结合。这一章我们从大家熟悉的共享单车开始,说一说计算机是如何通信的。

很多同学骑过共享单车吧？共享单车如图5-2所示。

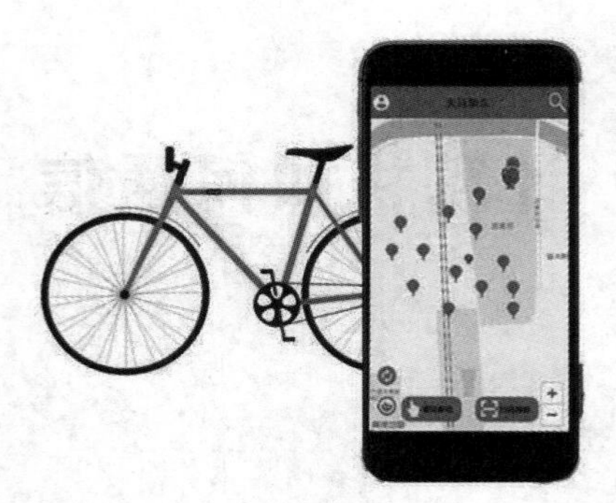

图 5-2 共享单车

大家一般是这样做的：打开手机的 APP 查一查周围有没有共享单车，找到一辆空闲的单车后用手机扫一下码，锁开了就可开始骑行，到了终点后锁上车，再从手机上缴费。这一切感觉那么自然。但是大家有没有想过这几个问题：

手机是怎样知道单车在哪里的？

车锁是怎么打开的？

手机里的 APP 如何知道你骑了多远，该收你多少钱？

你的钱是怎样交给共享单车的运营商的？

……

为了了解这些，我们先从一个最基本的问题说起，这就是信号是怎样传送的？

5.1 数字信号是怎样传送的

最早的莫尔斯码电报是在电路上做的实验。莫尔斯通过控制开关的时间来表示电报的内容（即莫尔斯码）。后来亚历山大·拉格汉姆·贝尔（Alexander Graham Bell，1847—1922）在有线电报的基础上尝试在电路中传送声音。他发现电流的波动可以带动簧片产生不同的声音，于是认识到在电路中通过电流的变化可以传送一定频率的信号。但是这种通信方式距离非常有限，而且信号的衰减很快，并不适合做远距离通信。

5.1.1 无线通信是怎样出现的

无线通信起源于 19 世纪中叶詹姆斯·克拉克·麦克斯韦（James Clerk Maxwell，1831—1879）提出的电磁学理论。麦克斯韦在他的论文中，用一组简单而漂亮的方程组揭示了磁、光、电的相互作用和相互转化的规律，从理论上证明了电磁波以光束传播，充满了整个空间，我们可以通过改变电磁波的频率来传送信号。

延伸阅读
百度百科：詹姆斯·克拉克·麦克斯韦。

1887年海因里希·鲁道夫·赫兹(Heinrich Rudolf Hertz,1857—1894)用一个称为赫兹环的装置验证了电磁波的存在,并实现了电磁波的发送和接收。他用一种电火花的装置产生电磁波,同时用赫兹环(类似一种天线)收到了电磁波,如图5-3所示。

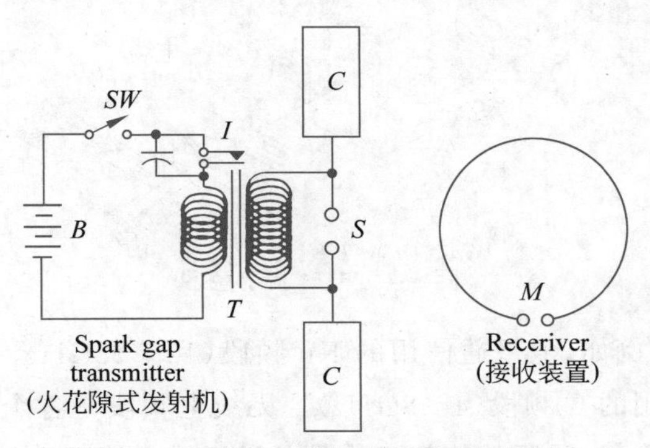

图5-3 赫兹证明电磁波存在的装置

利用这个原理伽利尔摩·马可尼(Guglielmo Marconi,1874—1937)先后在英吉利海峡之间,以及相隔几千千米的欧亚大陆和美洲新大陆间成功实现了无线电波的通信。人们把1492年航海家克里斯多夫·哥伦布(Christopher Columbus,1451—1506)来到美洲大陆,开辟了物质交流的通道,称为新旧大陆的第一次握手;把1858年塞勒斯·韦斯特·菲尔德(Cyrus West Field,1819—1892)用海底电缆将新旧大陆连接起来进行电报通信称为第二次握手;而把马可尼在1901年12月12日在新旧大陆间的无线电通信称为第三次握手,这也成为了人类进入无线电时代的标志。

延伸阅读
百度百科:伽利尔摩·马可尼。

电磁波通信的好处是,传送距离远,容量大,既可以在有线电缆中传送,也可以在空气中传送。无线通信省去了架设电缆的麻烦,可以大幅降低成本且灵活便捷。

传输电磁波的物理通路或无线信号的传输频段称为通信信道。电磁波的本质是电缆或空气中电子的运动,属于一种模拟信号,即连续变化的信号。在中学物理中,我们知道,电磁波具有波粒二重性,与之伴随的电场方向、磁场方向和传播方向三者互相垂直,电场和磁场总是同时出现,同时消失,并可相互转换,所以通常将二者合称为电磁波。电磁波示意图如图5-4所示。

我们还知道,电磁波有三大属性,即振幅、频率和波形,它们都是连续变化的。如果改变导体中电流变化的频率,则可使电磁波频率发生变化。此外,电磁波在不同的介质中传送的速度和频率是不一样的,从几赫兹到几千亿赫兹,较低频率的电磁波可以被金属物质阻挡并反射,因此可以在金属线路中传输,而超过300 kHz的电磁波会穿透金属的阻碍,辐射到空中来传播,因此无线电的频率范围一般在300 kHz以上。无线电频率分为不同

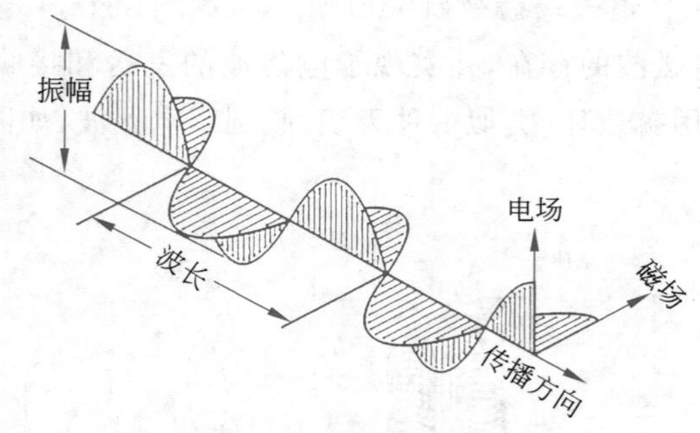

图 5-4 电磁波示意图

频段用于不同的用途，例如，卫星通信用的 Ku 频段（12～18GHz），军用雷达用的 X 频段（812GHz），手机信号用的 C 频段（4～8GHz）。无线电频段是各个国家的宝贵战略资源，设有专门的机构进行管理，我国的管理机构是各级无线电管理委员会。

5.1.2 模拟信号如何传送数字信号

第 4 章中说过，计算机处理的是数字信号。数字信号是一种能够表示 0 和 1 两种状态的离散信号。数字信号一般表示为电平信号，其中高电平值为“0”，低电平值为“1”，或反之，如图 5-5 所示。

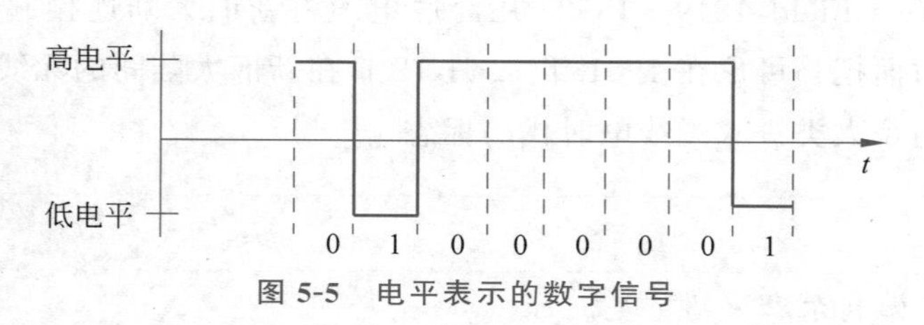

图 5-5 电平表示的数字信号

数字信号因为与二进制位的取值相对应，便于计算机处理，在保密性、抗干扰、传输质量等方面都优于模拟信号，且能节省信道资源。例如，我们可以通过数字加密保证信号的安全，或者通过校验码发现传输中的错误，再通过信号重传将其更正过来。

但是数字信号在自然界是不存在的，我们能够利用的是自然界中存在的电磁波这种模拟信号，因此，现在的问题是，怎么通过电磁波来传送数字信号？这里需要用到信号的调制（Modem）和解调（Demodem）技术。

调制就是将数字信号变换成适合在模拟信道上传输的电磁波信号（载波）。解调就是将从模拟信道上接收的载波信号还原成数字信号。

共有三种信号的调制方式，如图 5-6 所示。

（1）幅度调制：用信号变化的幅度反映高低电平。

（2）频率调制：用信号变化的频率反映高低电平。

（3）相位调制：用信号变化的相位反映高低电平。

用于调制和解调的设备称为调制解调器（Modulator/Demodulator，简称 Modem），

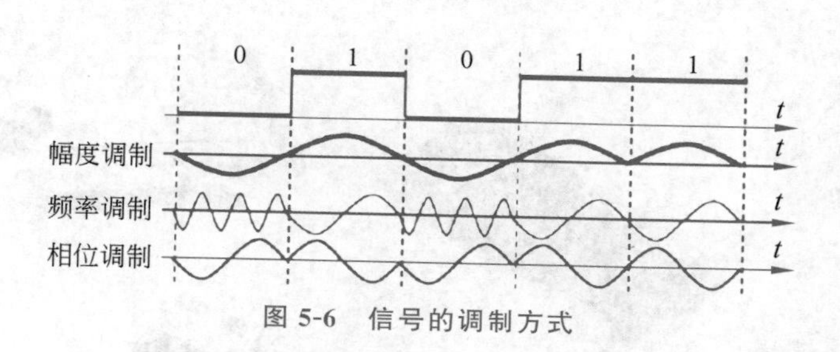

图 5-6　信号的调制方式

很多人嫌这个叫法太啰嗦，就索性把它称作“猫”（与 Modem 谐音）。有数字信号传输的地方都有这种“猫”。

多种频率的信号可以在同一个信道中传送。可以设定调制解调信号的频率范围，从而确保仅对特定频率的信号进行调制解调。例如，我们家里的有线电视电缆中，存在某个频带的信号用于传送数字影像，还有一个频带的信号用于传送互联网的内容，再有一个频带的信号用于传送控制代码，等等。可以从有线电视信号中分别得到这些内容。这些信道中，有的频率范围比较宽（可以传送很多路信号），有些频率范围则比较窄（传送的信号路数较少），因此信道有“宽带”和“窄带”之分，它们都是相对而言的。

5.2　怎样构建一个简单的网络

我们知道了数字信号的传送原理，大家想做的第一件事可能就是来构建一个网络了。前面讲的共享单车也需要在有网络的环境下才能够实现。

其实构建一个简单的网络超级简单，找两台带无线网卡的笔记本电脑，配置一下网络就完成了。联网成功后，我们可以从资源管理器中找到对方的计算机，访问他的文件或者跟他玩个游戏。那么这个网络是怎么工作的呢？

这两台计算机能够联网靠的是计算机中的无线网模块。一些老旧计算机可能主板中没有这个模块，我们可以给它配一个 USB 接口的无线网卡来弥补。另外还可以用有线的连接方式，即两台计算机各加一块有线网卡，用对接线连接（注意与一般的网线略有不同）。有线网卡和无线网卡如图 5-7 所示。

一个无线网模块或无线网卡就是一个调制解调器，它把要传送的数字信号通过空气中的电磁波传送给对方，对方再从中提取出数字信号。

当然除了无线网模块或无线网卡，计算机中的无线网驱动软件和管理软件也很重要，它们与无线网模块或无线网卡配合，要做很多工作，例如，发现或找到对方，将数据写到网络接口中，或者从网络接口中读出数据。

有的同学说，两台计算机互联太简单了吧？加一个人玩游戏都不行，另外，我家里联的网也不是这种的。

的确，仅连接两台计算机是简单了点，我们加一个设备就可以连接很多台计算机了，甚至还能访问互联网。这个设备就是无线集线器（有时也称为无线 Hub 或无线路由器）。

图 5-7 有线网卡和无线网卡

一般来说，一个无线路由器同时也是一个无线集线器，集线器可以把多台计算机连起来，而无线路由器可以让这些计算机上网（连到互联网上去）。无线路由器如图 5-8 所示。

图 5-8 无线路由器

一个无线集线器除了和每台连接的计算机进行数据通信之外，还负责把各台计算机发送出来的数据转给其他计算机，这样各个计算机就可以互相通信了。大家用的智能手机和平板电脑也可以看成一台计算机，也可以用同样的方法连起来。这种无线方式连接的网络常称为 Wi-Fi。

除了无线方式之外，也可以通过有线的方式联网。这时候需要准备网线，另外计算机要有带有 RJ45 的网络接口，我们将网线一端插入计算机的网络接口，另一端插入集线器的网络接口就可以了，如图 5-9 所示。一般的家用无线集线器只有少数几个 RJ45 接口，如果想连接更多的计算机可以找专用的集线器来用，具体的接法请大家自己查查这方面的资料。

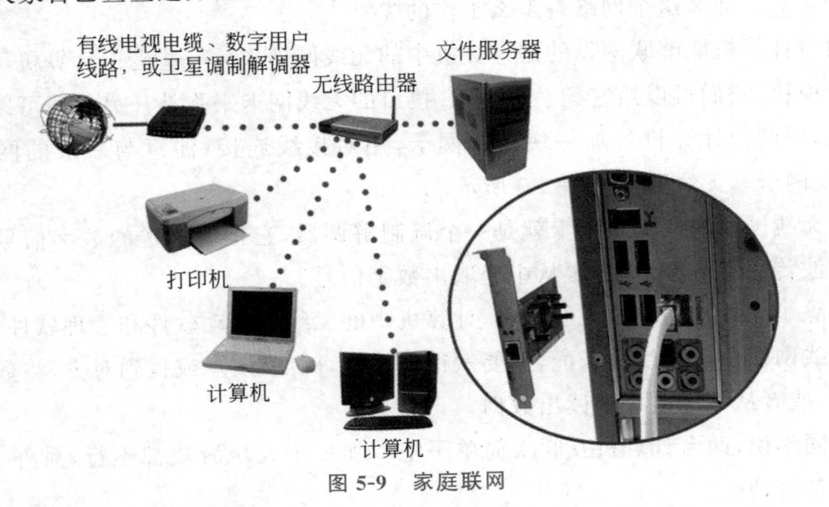

图 5-9 家庭联网

大家可能还不满足于把几台计算机连起来形成一个网络，可能更希望这些计算机能够上网，即能够访问互联网。这时候，我们就需要借助电信运营商或者所在小区提供的宽带接入了。它们统称为网络服务提供商,我们可以租用它们的互联网接入服务,然后它们会派人把网线拉到你家里,提供给你一个网络接口,网线的另一端连接的是它们的接入网。我们可以用一根网线把无线路由器接到服务商提供的接入网接口,这样网络中的每台计算机都可以上网了。当然,我们需要参考一下运营商提供的说明对软件进行一些设置。

另外,有的网络服务提供商提供的是无线互联网接入服务,例如中国移动或中国电信提供的4G或5G上网功能。我们仅需打开手机中的这项功能就可以上网了,另外,我们用手机设置一个热点,这样其他的计算机或手机都可以借助你的手机上网了。

5.3　计算机网络能做什么

现在我们已经拥有了一个自己构建的计算机网络了,虽然有些同学还不太认可两台带有无线网卡的笔记本电脑就能构成一个网络,因为跟大家心目中的网络的概念很不一样。看来我们需要给网络下一个定义了。确切地说,计算机网络是地理位置分散、具有独立功能的多个计算设备,利用通信设施和传输介质互相连接,并配以相应的网络软件,以实现数据通信和资源共享的系统。这么看,两台带有无线网卡的笔记本电脑构成一个网络就不足为奇了,它们之间的传输介质就是空气中的电磁波。

两台计算机连成的网络能做的事很有限,但是很多台计算机联成的网络就可以做很多事了,例如:

(1) 数据通信。人们通过网络传送数据,从而达到信息交换的目的。例如,在共享单车的应用中,将共享单车的位置信息传递给用户。

(2) 资源共享。在网络中的每台计算机都可以相互共享一些软硬件资源,例如共用一台打印机,共同浏览一个网页,甚至共享一辆单车。

(3) 分布式处理。网络中的每台计算机虽然功能有限,可能难以独自完成一个复杂的任务,但是如果它们能通过网络互相协作,就可以把一个复杂的任务分解成简单的任务分给每台计算机来处理,最后把问题解决。例如共享单车要为成千上万的用户服务,单独一台计算机肯定做不了这个事,参与共享单车服务的计算机一般会有几十台或上百台之多。

(4) 提高系统可靠性。单台计算机在执行任务时难免会出现故障,例如,磁盘损坏或掉电,然而当很多计算机通过网络连在一起时,一些计算机就可以充当冗余备份,当一台计算机死机了,另一台计算机会马上承担起相应的任务。共享单车的计算机网络中一定会有这样的备份计算机。

当然,计算机网络的功能还有很多,这里就不一一细讲了。

在计算机网络中,有的节点是专门提供某种服务的,例如提供万维网主页的访问,提供共享单车的位置,提供用户数据的存储空间,等等,这样的节点称作服务器。而网络中享受其他节点提供的服务的,称为客户端。例如,用计算机或手机访问主页时,计算机和手机就是客户端。不过这个关系并不绝对，有些服务器同时也享受其他计算机的服务，因此服务器和客户端只针对特定服务而言才有意义，并不见得服务器一定比客户端强大。有些同学可能用过一种“电驴（eDonkey）”软件来下载电影，这个软件下载电影的方式很特别，不是从服务器上下载，而是互相帮忙。网络上喜爱某一部电影的肯定不止一个人，当我下载这个电影的时候，别人的计算机里如果有这个电影，都会作为服务器传给我一部分数据，当我下载了这个电影，我的计算机也会作为服务器再帮助别人下载，即“人人为我，我为人人”，下载这个电影的人越多，下载得越快。在这个应用中，每个计算机既是服务器又是客户端，以这种方式工作的网络，称作对等网络（Peer-to-Peer，P2P）。

联网也是计算思维要达到的目标之一，或称为网络思维。这里网络是一种比较宽泛的概念，计算机网络只是其中的一种形式，也是联网的基础。网络思维注重通过多种方法的组合来解决问题，例如，我们在第2章讲到的云计算，就是通过计算机网络，把很多单台计算机组织成一个功能强大的算力网络，以处理大数据或解决复杂的计算问题，或向用户提供个性化服务。另外，我们在第3章提到的神经网络是一种逻辑上的网络，很多的神经元相互连接参与特征的提取与分析，实现复杂目标的分类，这就是联网的作用。

5.4 计算机网络有哪些种类

计算机网络有很多种类型，可以按拓扑结构来划分，也可以按传输的距离远近来划分，还可以按工作方式来划分。

5.4.1 有哪几种计算机网络的拓扑结构

我们可以把前面构建的网络抽象一下（又用到了计算思维中的“抽象”），一个家庭网络常呈现出一种星型网络结构，如图5-10所示。

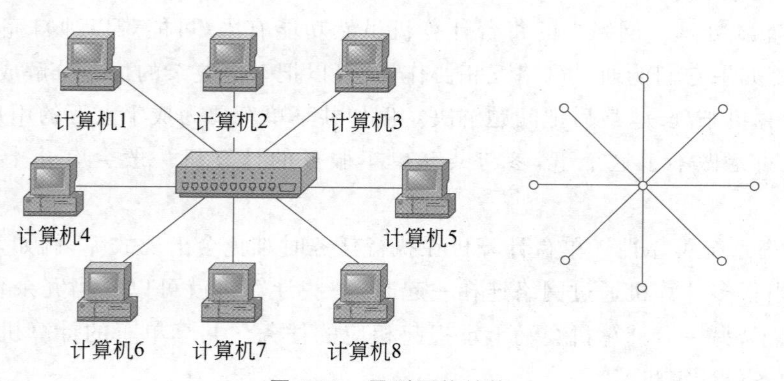

图5-10 星型网络结构

这个星型网络结构的中心就是集线器，这是以太网的典型结构。对于无线以太网来说，如果把电磁波看成是连接线，仍然是星型的。另外要说明的是，网络里连接的不一定都是计算机，也可能是网络磁盘、打印机和扫描仪等，甚至还可以把共享单车连到网络里，这种单车中一般会嵌入一个具有计算机功能的电路(嵌入式计算机),所以这台单车就变成了一个特殊的计算机了。

计算机网络还可以进一步抽象成图5-10右图的形式。图5-10右图中,网络中的每一台设备都是一个节点,这样网络就抽象成了节点和边构成的图,这就是网络的拓扑结构,这样我们就可以用数学方法去研究网络的连通性和最短路径等,这便是抽象带来的好处。

计算机网络的拓扑结构不止星型这一种,还有环型、树型和总线型等,如图5-11所示。它们各自都有优缺点,用在不同的场合中,我们甚至可以把这种单一的结构连接在一起,形成更复杂的结构,后面讲到的互联网就是一种非常复杂的结构。

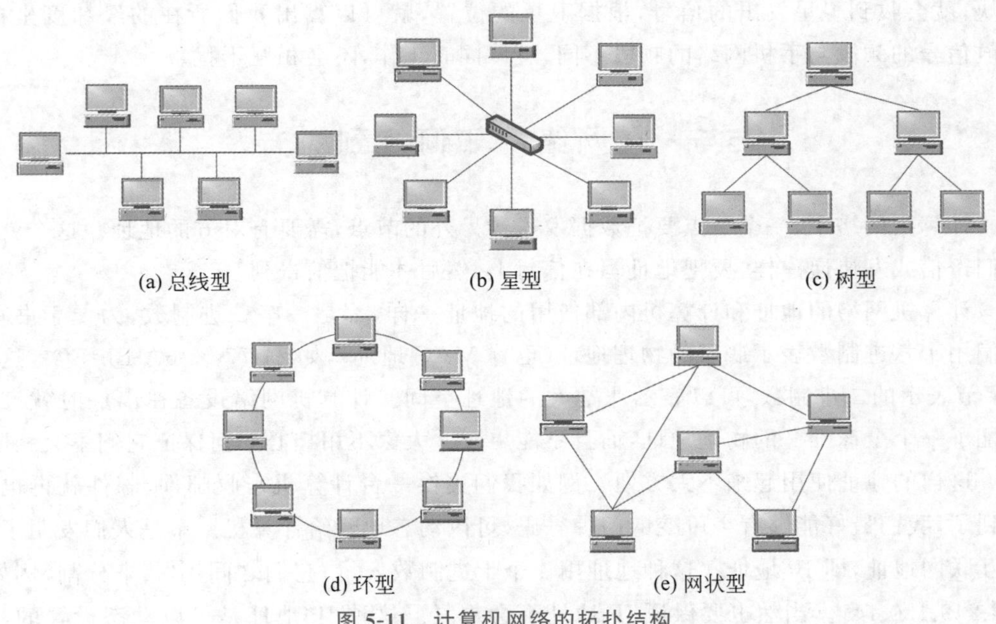

图5-11　计算机网络的拓扑结构

5.4.2　不同的计算机网络覆盖范围有多大

除了可以按拓扑结构将网络划分成不同的类型之外,还可以按传输的距离远近将网络划分成不同的类型。之前讲到的家庭用的以太网,最远距离一般不超过100m;若是无线网络,如果有障碍物阻隔距离会更短。这类网络称为局域网(Local Area Network, LAN),它是一种将较小地理范围内的计算机、外部设备以及数据库等软件互联起来的计算机网络。局域网一般属于一个单位或个人所有,地理范围有限,易于管理与配置。典型的应用场景为家庭网络、实验室网络或校园网等。

前面提到,如果要能上网,我们需要接入网络服务提供商的远程网络,典型的包括城域网(Metropolitan Area Network,MAN)和广域网(Wide Area Network,WAN)。城域网是一种比局域网范围更大的计算机网络,可以实现几十到上百千米的覆盖范围,通常能覆盖几个街区,甚至整个城市。广域网是一种连接不同地区的局域网或城域网的远程网络。广域网的作用范围通常为几十到几千千米,能够跨越不同的地区、国家和洲来进行数据传输,形成国际性的远程计算机网络。远程网络的连接一般可以通过电缆或光纤构成有线网络,也可以通过微波、卫星和基站构成无线网络,移动通信网络也可以用来连接计算机或移动设备,即手机中的“移动数据”连接。

另外还有几种通信技术,常见的如蓝牙。蓝牙是一种支持设备短距离通信(一般在10m以内)的无线电技术,能在智能手机、无线耳机、笔记本电脑以及其他消费类电子设备之间进行无线数据交换,实现方便快捷、灵活安全、低成本、低功耗的数据通信和语音通信。北斗或GPS是一种长距离的无线通信系统,智能终端中加入了导航卫星信号的接收模块,就会收到卫星发出的信号,根据卫星的位置,就可以算出我们所在的经纬度坐标。导航信号的频段与手机网络的频段不同,可以同时工作,不会相互干扰。

5.5 在网络中如何找到对方

计算机网络中,一个节点要把数据发送给另外的节点,需要有对方的地址。这个就像我们寄信或发快递一样,要把地址写在信封上,然后才能把信寄到。

计算机网络的地址和计算机内部使用的地址一样,都是一串二进制数,为便于书写,我们用十六进制数表示底层的物理地址(也称MAC地址),如24-77-03-6A-BF-EC。这是6字节表示的二进制数,可以表示非常大的地址空间。计算机网络设备在出厂时就已经分配了一个全球唯一的物理地址,而且不能更改。大家不用担心如何保证它们不会相同。

这样的地址使用起来不太方便。例如我们更换一台计算机来收邮件,邮件就再也收不到了,我们最好能够有个可变的门牌号码,可以动态地赋给计算机。于是人们发明了一种互联网地址,即IP地址。这种地址用4个十进制数表示,它们之间用“.”来分割,例如,222.249.130.141。当然也要保证IP地址不会重复。这种IP地址是可以动态设置的,例如我今天用台式机收发邮件,明天换成了笔记本电脑,它们的IP地址可以设成一个,这样邮件都可以收到了。在共享单车的应用中,我们也可以为每台单车设置一个IP地址,当一辆单车损坏时,我们再把同样的地址赋给新的单车。

但是,和MAC地址一样,IP地址也很难记住。于是人们又发明了一种域名地址(简称域名)帮助人们记忆。例如,www.bistu.edu.cn,它的含义是:中国(cn)的教育科研网(edu)中的北京信息科技大学校园网(bistu)里的Web服务器(www),如图5-12所示。域名地址是从小到大来解释的,分别为四级域、三级域、二级域和顶级域。比起MAC地址和IP地址,显然域名地址好记多了。现在大家可能明白了,为什么在浏览某个主页的时候需要在浏览器的地址栏中输入网站的域名了吧?

这样我们就有了三种地址:物理地址、IP地址和域名地址。一台网络上的计算机,会同时拥有这三种地址。它们之间是怎样关联起来的呢?首先需要建立一套映射关系,将域名地址关联到IP地址,用于广域网的寻址;其次再将IP地址关联到物理地址,用于局

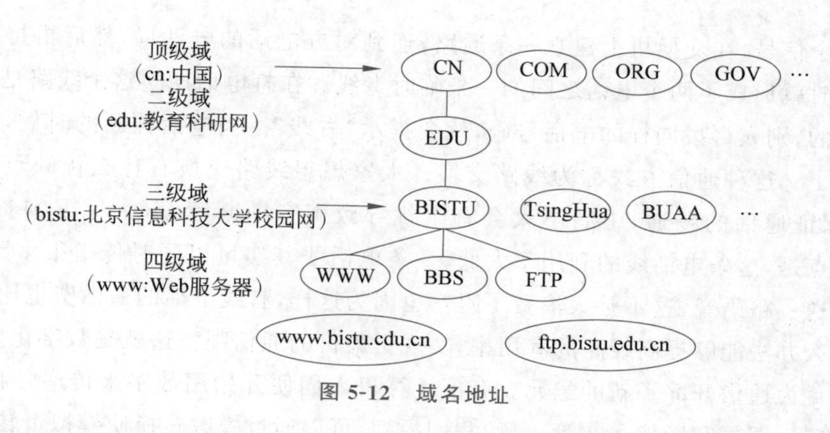

图 5-12　域名地址

域网的寻址。负责前半段映射(域名地址到 IP 地址)的就是域名服务器,大家可以把它想象成一本字典,从域名查到 IP 地址。负责后半段映射(IP 地址到物理地址)的是网卡和驱动软件。我们一旦在操作系统中设置了某台计算机的 IP 地址,这台计算机的 IP 地址就和网卡上的物理地址关联起来了。

为了保证域名地址不重复,需要专门的机构来进行管理。一旦某个域名被正式注册,就不可能再被其他人注册了。但是,全世界用的域名实在太多了,理论上可以达到 $(2^8)^4=42$ 亿个,一个注册机构和一本字典根本不够用。因此,互联网的域名管理采用了一种分级机制。上述域名中就蕴含了分级管理的思想,用"."分割的几个字符串分别代表了不同的层级(子域)。不同层次的管理机构掌管不同层次的域名,维护着相应层次的域名服务器。在做域名解析时,会按就近的原则逐层查找。因为有这样的分级管理机制,这么多的域名管理起来才能有条不紊,达到很高的效率。

现在还有一个问题。前面提到的 www.bistu.edu.cn 或者 222.249.130.141,对应一台网站服务器,在浏览器中输入这个地址就可以看到网站的主页。但是这台服务器光做这一件事可能有点浪费,它可能还充当着学籍管理网站,那么如何区分不同的服务呢,换句话说,当我们在浏览器中输入 www.bistu.edu.cn 或者 222.249.130.141 的时候,看到的究竟应该是学校网站的主页还是学籍管理网站的主页呢？这时候就需要用到端口了,端口是 0～65535 范围内的一个编号,可以用 IP 地址加端口号的形式来指明某台设备提供的特定服务。例如,222.249.130.141:80,表示 IP 地址为 222.249.130.141 的计算机用 80 端口提供学校网站的服务,而 222.249.130.141:8080,表示同一台计算机用 8080 端口提供学籍管理网站的服务。因此,我们可以把端口看成是网络地址中为不同的服务开设的数据通道(更精确的地址)。

5.6　计算机网络中如何传送数据

相信有很多同学使用过有线电话,虽然在手机普及的今天,有线电话越来越被冷落了。我们打有线电话一般是拿起话筒,拨一个对方的号码,这时电话线另一端的电话局就会收到这个信号,在交换机上建立一条通路,连到对方电话的电话局,然后再接通对方的电话。这时就形成了两个电话之间的一条临时专线。在打电话期间这个线路是被电话的双方独享的,别人再拨同样的电话号码,就会提示“占线”。当电话挂断的时候,这条专线就被解除了。这种通信方式称为线路交换。大家想想线路交换有什么优缺点呢?优点是,能够保证通话的畅通,中间不太会有干扰导致声音断断续续(大家习惯称之为“卡顿”)。缺点是,这条电话线的利用率太低,一条电话线其实可以同时传送很多路语音,现在只能传送一路语音,这不是太浪费了吗?也因为这样,有线电话的通话费也比较贵。

有什么办法能够提高线路的利用率,实现更廉价的通信呢?这就是数字化。

数字化为通信开辟了新的纪元。有了计算机人们便开始用数字来传递各种信号,包括文字、声音、图像和影像。在第4章,我们提到,可以通过模数转换使模拟量转换为数字量。就语音通信来说,大家自然会想到,是否可以把声音转换为数字信号,在信道中用电磁波传送出去呢?由于电磁波能够提供很宽的带宽,我们就可以在一条信道中传送大量的数据,或者很多路的声音,这样可以实现信道的资源共享。但是要做到这一点,有很多问题需要解决。

(1) 很多路语音数据共享一个信道,怎么区分哪些数据属于哪个会话呢?

(2) 在网络中节点和节点之间往往存在很多条通路,只能选择其中一条路径来传送,还是多条路径都可以传送呢?

如果是前者,我们怎么选择这条通路呢?如果是后者,由于不同的信道的情况不一样(想象一下我们从家到学校有不同的道路,拥堵状况不一样),如果数据出现次序错乱(即后发送的数据先到,先发送的数据后到)怎么办?如果数据传丢了怎么办?……好像越想问题越多,这些问题如果解决得不好,那网络里传送的语音岂不成了一团糟?

为了解决这些问题,人们提出了一种新的数据传送的方式,称为包交换或分组交换。这就是将消息分成多个相同长度的数据包,每个包加上地址,这样每个包都可以独立地到达目的地。此外,通过网络设备可以知道哪条信道有空闲或者负载不饱满,可以优先选择这样的信道把消息传送出去。如图5-13所示,这好比寄信时,把信笺套上信封交给邮局,既可以走陆路,也可以走海路或航空。这样每个通道都可以同时传送很多消息,换句话说,这些信道可以得到共享。另外采用相同长度的数据包的优点是处理简单,便于纠错(联想一下为什么邮寄信件要用同样规格的标准信封)。

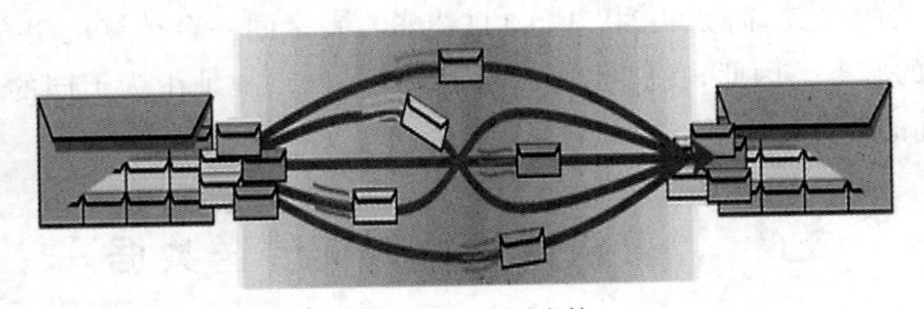

图5-13 分组交换

这种方式解决了信道共享的问题,但是尚无法解决数据包的次序错乱和丢失问题。

为此，人们又想到存储转发的方法。这就是在分组交换的方式下，数据包经过一条路径后会在网络设备中暂存一下，检查无误后再找到空闲的信道继续转发出去。对于包的次序错乱问题，可以在每个数据包打上一个时间戳，这样数据接收方就可以根据时间戳，还原出原来的顺序了。这很像邮局寄信，邮票上的邮戳带着投递的时间。对于包的丢失问题，可以设置一个最大等待时间，如果接收方超过了这个时间还没有收到数据包，就可以认为包被传丢了，这时就通知发送方重新发送一遍。还有一些包在传送中可能丢掉了部分数据（损坏），这时可以通过校验码发现损坏的数据包，进行修复或重传。图 5-14 所示为点对点分组交换的原理，图 5-15 所示为多点对多点分组交换原理。

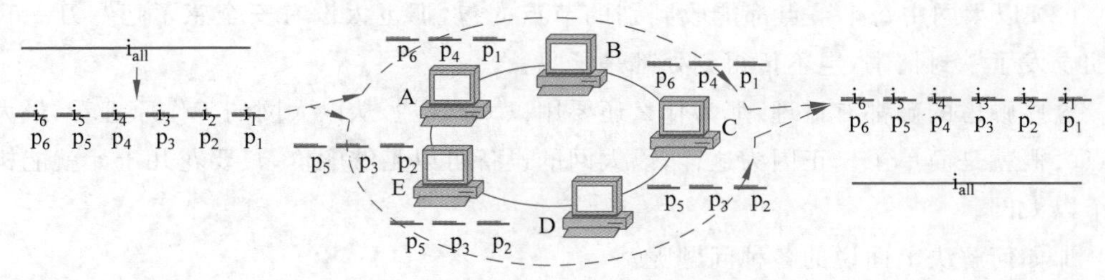

图 5-14　点对点分组交换原理

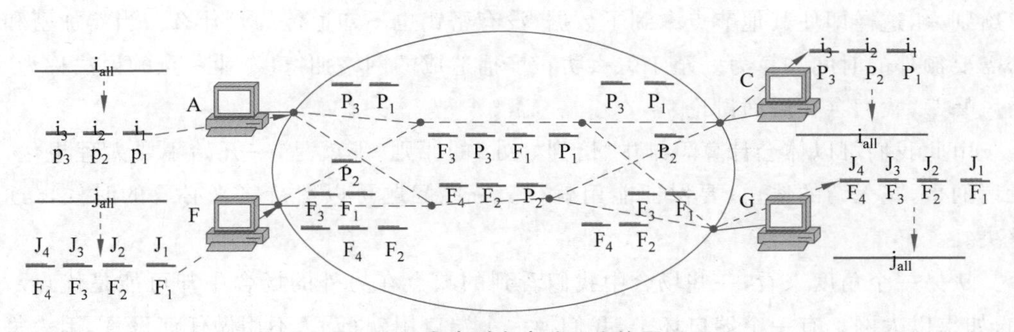

图 5-15　多点对多点分组交换原理

5.7　以太网是怎样工作的

5.2 节中构建的简单的以太网，是用集线器把计算机等设备连成了一个星型的网络。那里并没有告诉大家这个网络是如何工作的，现在我们来研究一下。

由于数据通信涉及多方的事情，为了保障通信成功，参与通信的各方需要建立起一些公共的约定，这就是协议。网络协议就是一个网络节点向另一个网络节点传送数据的约定。不同的网络有不同的协议。

常用的以太网（一种局域网）的通信协议是这样的：

（1）发送数据的节点把数据加上地址（打包），发给所有的网络节点，就像广播一样。

（2）网上的所有节点都会收到这个数据包；每个节点把包拆开，看看是否是自己的包。是则留下，不是则丢弃。

负责执行这种协议的就是集线器、网线、网卡和软件。计算机 A 要发一个数据包给计算机 B,网卡就把地址和数据加到载波信号上,传给了集线器,集线器把数据复制好多份传给所有网上的节点,最终计算机 B 的网卡和软件发现包中的地址是发给自己的,就把数据留下来。

大家看到这里一定觉得不可思议,有些同学会想到两个问题:

(1) 假如一个以太网连接了 250 个节点,如果这 250 个节点都在传送数据,每份数据要传给 250 个节点,那就有 6 万多(250×250)个数据包在网络里飞来飞去,这不会把网络堵塞了吗?另外这么多的包中真正有用的可能只有 250 个左右,这效率不是太低了吗?

(2) 以太网中每个节点都能收到别的节点的包,那也太没有安全感了吧?万一我给女朋友发了一封情书,岂不传得到处都是了吗?

这些顾虑的确都有道理,那为什么还要用以太网呢?从以太网的工作原理看,最大的优点大概就是简单了。正因为这样,以太网的设备可以足够廉价,只要花几十元就能构建一个以太网。

那如何解决上面说的各种问题呢?

上面的问题还是有办法解决的,只不过要多花一些代价。例如,可以先把数据加密再发给别人,这样即使其他节点拿到了数据,没有密钥也不知道传的是什么。当然加密和解密需要额外的时间和算力。至于怎么防止广播造成的网络拥塞(专业一点的说法称为"广播风暴"),我们会在后面讨论。

由此我们可以体会计算思维中"恰到好处"的原则,那就是,一开始不要太理想化,做无谓的事,花无谓的钱,只要保证能用就行。一些问题可以留待将来必要的时候再逐步解决。

从另一个角度来看,一些场合中我们看到的缺点在另外的场合中却可能是优点。例如,如果以太网上有一个端口坏了,我们换一个端口用就行了,不用做任何设置,因为每个端口能接收到的数据都是一样的。另外以太网这种广播式的数据传送方式,可以从网上的任何一个节点监视整个网络的运行状况,分析网络中传送的是什么数据,有没有异常;对于有害的数据可以提早进行报警或阻止。在校园网中,也可以看看有多少同学在上网课,有多少同学在玩游戏或看电影,从而适当地限制一下玩游戏或看电影的流量。

以太网除了有大家能想到的几个问题之外,还有一个觉察不到的问题。例如,以太网上某个节点在发送数据时,不能有其他的节点同时在发送数据,否则就会出现信号的冲突。怎么保证能做到这一点呢?以太网是这样做的:当有两个以上的节点同时发送数据时,网络中会出现载波异常,发送数据的节点会对载波进行侦测,发现异常时,会停止发送数据,停留一个随机长的时间,再重新发送,这样来避免发送冲突,因为两个同时发送数据的节点各自等待一个随机的时间之后,再次发生碰撞的概率就很小很小了。这种方式被称为"载波侦听,碰撞检测"。这也是以太网的一个重要特点。

5.8 常见的网络设备都起什么作用

大家常常听到一些网络设备的名字，比如前面讲过的集线器（Hub）、路由器、交换机等，这里对常见的网络设备稍微做些介绍。

5.8.1 集线器有什么作用

通过前面的讲解，我们知道集线器是以太网的核心设备。它将一个节点发来的数据，广播给其他节点。由于它在网络中处于一种中心的位置，因此集线器也称为Hub（"中心"的意思）。集线器一般有4、8、16、24、32等数量的RJ45接口，通过这些接口，集线器能够把计算机等需要联网的设备通过网线接进来，一种典型的8口集线器如图5-16所示。集线器也可以是无线的，可以连接带有无线网络接口的设备。另外，如果一个集线器不够用，则可以通过一个特殊的端口把集线器和集线器接起来，堆叠使用，这样能连接几百个节点，但是因为广播风暴的原因，一般不会连这么多设备。

图5-16 8口集线器

5.8.2 路由器有什么作用

5.2节中用到的家用无线路由器，实际上是无线集线器和路由器的结合。路由器的作用是转发分组数据。从路由器某个输入端口收到的分组，按照目的地（即目的网络），从路由器的某个合适的输出端口转发给下一个路由器。下一个路由器也照此处理，继续转发，直到该分组到达终点为止。另外，路由器可能在不同的网络间转发数据，因为不同网络的协议可能不一样，路由器往往还要负责协议的翻译。需要说明的是，路由器有很大的进化空间，一些路由器智能化程度很高，能够分辨出网络中传输的是什么种类的内容，把有用的数据发送出去，把有害的数据拦截下来；另外对于不同的应用，数据的重要性也不同，路由器会安排重要的数据优先传送；等等。图5-17所示为一种典型的路由器。

图5-17 路由器

路由器可以很好地解决5.7节提到的广播风暴问题。一个以太网段上连接太多的节点，会产生广播风暴。以太网提供了一个动态划分子网的功能，子网之间可用路由器来连接，这样数据只会在一个子网范围内广播，一个子网的数据不会广播到另一个子网上去。因此可以增加子网的数目而减少每个子网上的节点数目，从而有效减少广播风暴。

5.8.3 交换机有什么作用

前面还提到过以太网多个节点同时发送数据会产生信号冲突，虽然可以通过随机等待后重发数据来解决，但是毕竟会对网速产生影响。可以用交换机避免这个问题。交换机的工作原理有点像电话局的电话交换机，通过专线将一个节点发来的数据发送到指定的目的节点。交换机中端口之间能建立很宽的带宽，被两个端口独享，而不是像集线器一样共享带宽，这样就很少产生信号冲突了。有的交换机（三层交换机）还带有路由功能，这样既可避免信号冲突，还可避免广播风暴在不同的子网中传播。当然这种交换机价格比集线器贵很多。24 口交换机如图 5-18 所示。

图 5-18　24 口交换机

延伸阅读
百度百科：交换机原理。

计算机网络设备还有很多，因为篇幅原因就不一一介绍了。这里讲到的设备已经可以构建一个功能强大的网络了。一个典型的校园网架构如图 5-19 所示。

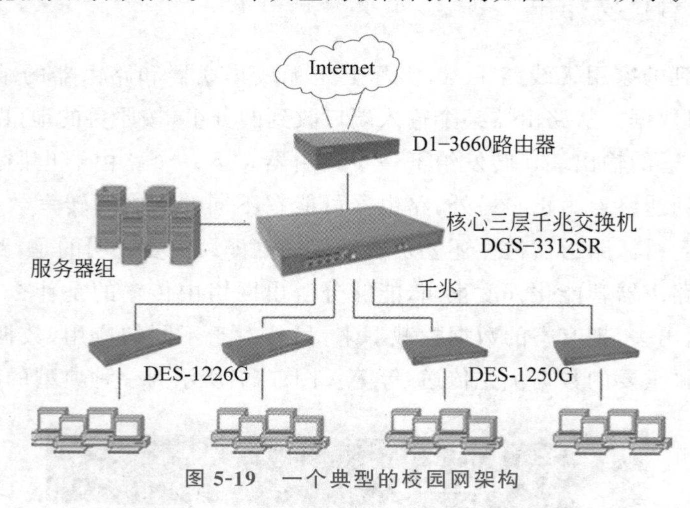

图 5-19　一个典型的校园网架构

图 5-19 中，网络的下层是各个教室、实验室、图书馆等的局域网（子网），这些局域网范围有限，由集线器连接。上一层是由三层交换机连接的骨干网，它连接了各个子网，交换机在子网之间快速地交换数据。此外，交换机还连接了一组服务器，提供校园网主页和

各个管理系统的服务，可以被所有的网络节点共享。在交换机的上层，有路由器与之相连，校园网通过路由器与网络服务提供商提供的端口相连，从而接入广域网。

5.9 什么是互联网

今天人人都在用互联网，互联网到底是什么呢？其实互联网是一个网络的统称，这个网络遵守一种统一的协议，即 TCP/IP，遵守这种协议的任何网络都可以连在一起形成一个更大的网络，因此互联网也称为网络的网络。互联网示意图如图 5-20 所示。

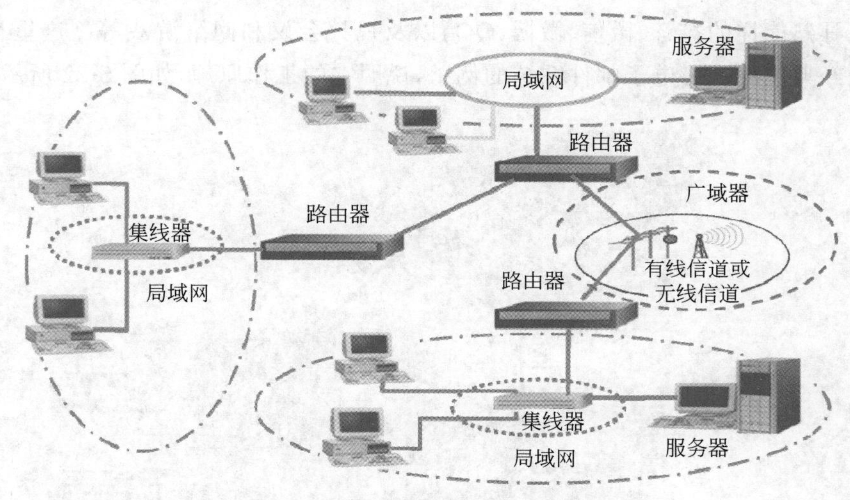

图 5-20 互联网示意图

互联网还可以进一步抽象表示成图 5-21。

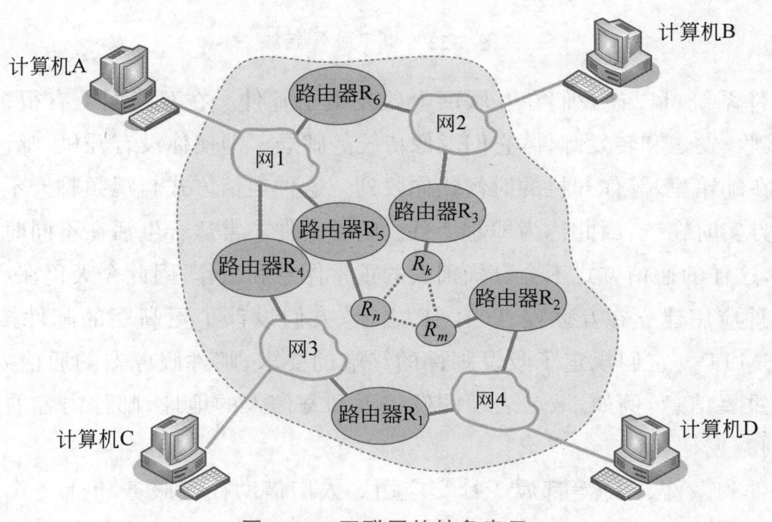

图 5-21 互联网的抽象表示

图 5-20 和图 5-21 向我们展示了为什么把互联网称为网络的网络。图中许许多多的路由器把大大小小的网络连接到一起，这些网络之间可能相隔万里，通过光纤、电缆和电磁波等通信介质相连。这些网络都要遵守 TCP/IP。TCP/IP 规定了互联网上如何表示节点地址，如何寻找节点，以及如何传送数据，等等。

延伸阅读
百度百科：TCP/IP 协议。

据统计，目前互联网上有数百亿个节点、几十亿个用户，大量应用建立在互联网上。例如大家耳熟能详的抖音、微信、微博、QQ，以及视频会议和网络游戏等。这里举一个互联网上最经典应用——电子邮件系统的例子，说明它的工作原理，如图 5-22 所示。

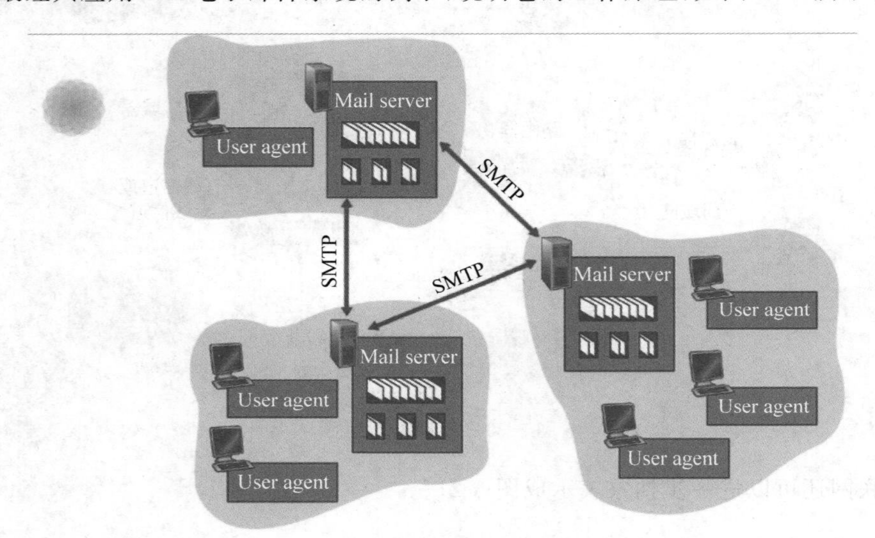

图 5-22 电子邮件系统

电子邮件系统可以让我们在互联网上收发电子邮件。在互联网上有很多电子邮件服务器，负责接收、发送和转发邮件，它们就像传统的邮局。即使你没有开机，邮件服务器也会把邮件暂存在邮箱里，等你开机的时候让你收到。这种通信方式与视频聊天不一样，后者需要通信的双方实时在线，因此称为即时消息。电子邮件非常适合生活在不同时区、工作繁忙的人群使用，这样的通信方式不会打扰别人的正常休息和工作，因此今天仍在广泛使用。

电子邮件应用建立在互联网 TCP/IP 之上，人们设计了更高层的邮件接收和传送协议 POP 和 SMTP。它们规定了收发邮件的终端的要求、邮件服务器的通信方式以及邮件需要的一些重要信息，例如，域名表示的发信人和寄信人的地址，邮件内容的编码方式，以及用户的身份（密码）等。

电子邮件和微信、QQ 等都属于社交应用。人们借助社交服务和社交软件，与他人交互，向个体或群体发送信息，人和人之间形成了复杂的社交网络，具有相同兴趣和文化习惯的人群形成了虚拟社区,包括微信朋友圈、QQ群、百度贴吧、新浪微博、Facebook等。从社交网络能够发掘出人际关系的社交圈,以及职业、爱好、家庭等私人信息,这些作为个人的隐私数据要妥善保护、合法使用。社交网络如图5-23所示。

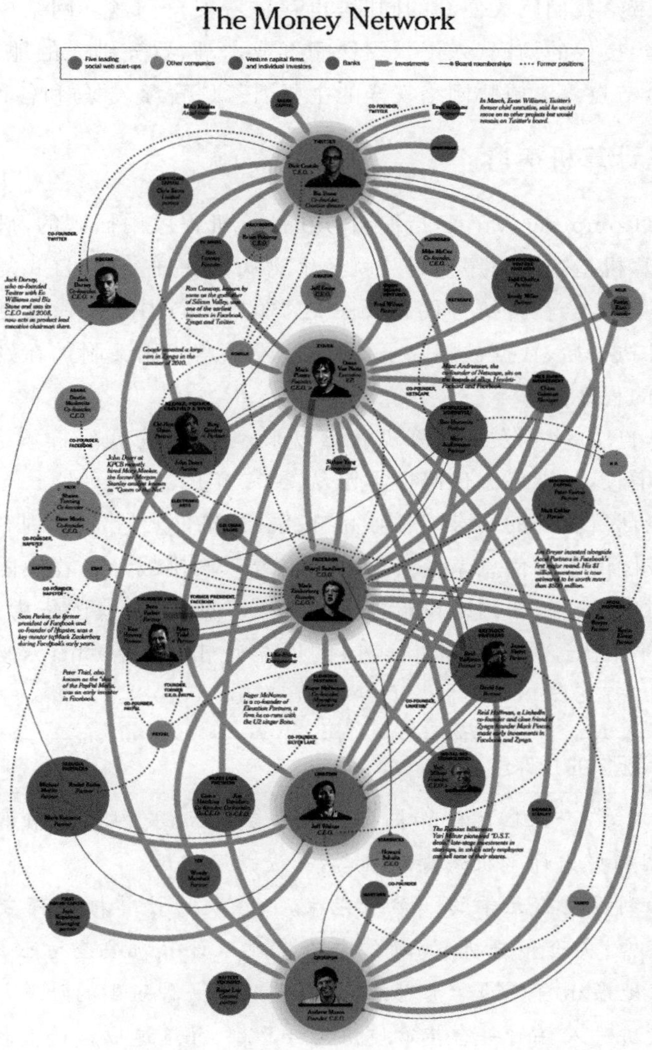

图 5-23　社交网络

互联网上使用最广的当属网页浏览和搜索引擎。目前互联网上几百亿个网站提供了数千亿个网页,无数人在互联网的海洋中冲浪,获取知识或游戏娱乐,这种由各种消息构成的逻辑网络便是World Wide Web(WWW)。人们借助搜索引擎寻找需要的信息,搜索引擎越来越智能化,甚至可以根据每个人的爱好推荐给你需要的信息。这一切建立在HTTP协议之上,这是基于TCP/IP建立起的、专门用于WWW的网络协议。

5.10 为什么网络安全非常重要

计算机网络带给我们巨大便利的同时，也存在着安全问题。网络中存在很多不安全的因素，比如，未经授权的访问（入侵）、发送病毒或木马、冒充别人的地址、截获传输的数据、密集攻击某个节点等。威胁网络安全的主要因素是病毒、木马和各种攻击。

5.10.1 什么是计算机病毒

计算机病毒（Computer Virus）指编制者在计算机程序中插入的、破坏计算机功能或者破坏数据的计算机指令或程序代码。就像生物病毒一样，它会自我复制并"传染"给其他程序。例如，病毒常会在可执行代码（exe之类的文件）中插入一段删除数据的恶意代码，在可执行文件执行后，数据被删除了，同时这段恶意代码又附加在别的可执行文件后面去"传染"更多的程序。

有资料显示，自1983年发现计算机病毒以来，全球恶意代码样本数目正以每天300万种左右的速度增长，云端恶意代码样本已从2005年的40万种增长至目前的60亿种。近年来，继席卷全球工业界的病毒"震网"和"棱镜门"事件之后，网络基础设施又遇全球性高危漏洞侵扰，我国的重要信息系统安全也面临着严峻挑战。随着中国科技水平的快速提升，敌对势力对中国实施的网络攻击也变本加厉。据报道，我国华为公司、西北工业大学等重点科研单位，就经常遭遇来自美国的网络攻击（参见：https://baijiahao.baidu.com/s?id=1777996748169897934&wfr=spider&for=pc）。

延伸阅读：病毒概念的由来

1983年11月，在一次国际计算机安全学术会议上，美国学者弗雷德·科恩（Fred Cohen）第一次明确提出计算机病毒的概念，并进行了演示。

科恩是南加利福尼亚大学的一名研究生，正在攻读计算机工程专业的博士学位。经过一年多的思索、实验和分析，他确信自己发现了计算机安全方面的一个很大的漏洞。为了更清楚地展示自己的学术思想，科恩发明了一种短小的计算机程序，这种程序可以通过正常渠道进入任何一台获准使用的计算机，并迅速取得最高权限，然后开始执行任意的操作。很特别的是，这种程序可以自我复制，然后通过各种介质传播到其他计算机。

科恩将这种程序称为计算机病毒，因为它的机理很像生物病毒。他发现病毒感染似乎是计算机的一种带有普遍性的现象，而发现这种现象具有很大的科学价值。科恩费尽了口舌，做了很严格的保证，最终获准使用了几个主流品牌的10余种计算机系统。无一例外地，科恩都能很容易地写一个程序，感染被测试的计算机系统。科恩认为他的工作对计算机的安全性研究会很有意义。

> 但是，令他不解和焦虑的是，当时的计算机厂家，乃至整个计算机界，似乎很不愿意听他的研究成果，甚至反对他从事这方面的研究，好像他在干一件很不光彩的事情。科恩与厂商联系，希望在他们的严密监控下，能在计算机上重复病毒实验，但是这些请求都被一一拒绝了。显然，当时计算机界对病毒表现出一种鸵鸟心态，采取不承认、不谈论、不研究的政策。但是病毒是不会因此消失的。只要有计算机系统的基本知识，任何一个人都能很容易地制造出病毒。最短小的病毒只需要十几行甚至几行程序代码就能搞定。哪怕科恩不发明病毒，其他人也可以很容易地发明它。
>
> 今天，科恩在继续从事计算机安全方面的研究工作。他可能没有想到，实际情况的发展比他当初预料的还要糟糕得多。互联网的普及，大大方便了病毒的传播。自科恩发明第一个病毒以来，世界上已有数以亿计的病毒问世。

历史上有过几起计算机病毒造成的严重灾难。

2007 年 1 月，熊猫烧香病毒肆虐全球，产生了 90 多个变种，累计感染用户数百万。它不但能感染系统中的 exe、com、pif、src、html、asp 等类型的文件，还能终止大多数反病毒软件进程，并且会删除 Ghost 备份文件。被感染的用户系统中所有的 exe 可执行文件的图标全部被改成熊猫举着三根香的模样。除了通过网站下载带毒文件而感染用户之外，该病毒还会在局域网中传播，在极短时间之内感染数千台计算机，严重时可以导致网络瘫痪。中毒的计算机上会出现熊猫烧香图案，所以该病毒也被称为熊猫烧香病毒。中毒的计算机会出现蓝屏、频繁重启以及系统硬盘中数据文件被破坏等现象，如图 5-24 所示。

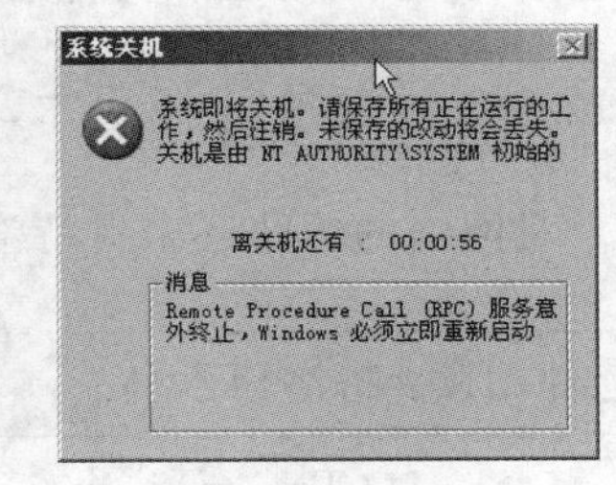

图 5-24　熊猫烧香病毒

这个给人们带来黑色记忆的病毒，只是作者为了炫耀自己而写出来的。2007 年 9 月 24 日，熊猫烧香案一审宣判，主犯李俊被判刑 4 年。

近年的另一起严重灾难是勒索病毒（NotPetya）造成的。勒索病毒主要以邮件、程序木马、网页挂马的形式进行传播。勒索病毒文件一旦进入计算机，就会自动运行，同时删除勒索软件样本,以躲避查杀和分析。接下来,勒索病毒利用本地的互联网访问权限连接至黑客的服务器,进而上传本机信息并下载加密密钥对文件进行加密。除了病毒开发者本人,其他人几乎不可能对之解密。加密完成后,它还会修改壁纸,在桌面等明显位置生成勒索提示文件,让用户去缴纳赎金(见图 5-25)。勒索病毒变种非常快,攻击的样本多以 exe、js、wsf、vbe 等类型的文件为主,对常规的杀毒软件具有免疫性。该病毒性质恶劣、危害极大。

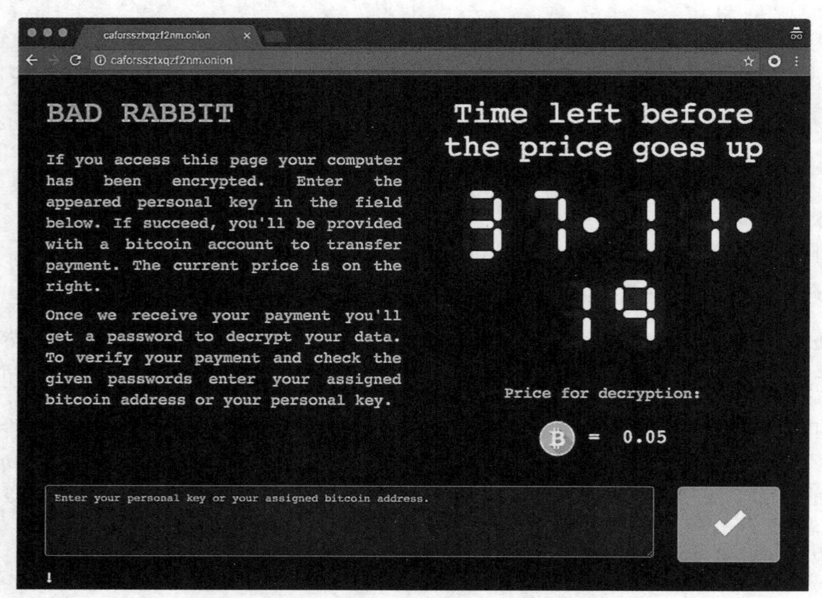

图 5-25 勒索病毒

2017 年 5 月 12 日,勒索病毒袭击全球 150 多个国家和地区,影响领域包括政府部门、医疗服务、公共交通、邮政、通信和汽车制造业。2017 年 6 月 27 日,欧洲和北美地区多个国家遭到病毒攻击。乌克兰受害严重,其政府部门和国有企业相继中招,敖德萨国际机场、首都基辅的地铁支付系统瘫痪,德国、土耳其等国随后也发现此病毒。

5.10.2 什么是特洛伊木马

对网络的威胁还来自特洛伊木马。

延伸阅读:特洛伊木马

特洛伊(Trojan)这个名字来源于古希腊传说《荷马史诗》的特洛伊战记。说的是特洛伊王子帕里斯访问希腊,诱走了王后海伦,希腊人因此远征特洛伊。希腊人围攻特洛伊城十年后仍不能得手,希腊将领奥德修斯献了一计,把士兵藏匿于巨大无比的木马中,然后佯作退兵。当特洛伊人将木马作为战利品拖入城内时,高大的木马正好卡在城门间,进退两难。夜晚木马内的士兵爬出来,与城外的部队里应外合而攻下了特洛伊城。

特洛伊木马与一般的病毒不同，它不会自我繁殖，也不刻意地去感染其他文件，它通过伪装自身吸引用户下载执行，向施种木马者提供打开被种主机的门户，使施种者可以任意毁坏、窃取被种者的文件，甚至远程操控被种主机。例如，2012 年 12 月 6 日，一款名为"支付大盗"的新型网购特洛伊木马被发现。特洛伊木马网站利用百度排名机制伪装为"阿里旺旺官网"，诱骗网友下载运行特洛伊木马，再暗中劫持受害者网上支付资金，把付款对象篡改为黑客账户。

网络的攻击不但在商业和民用领域屡见不鲜，其在军事上的应用逐渐演变为一种新型的电子战。其手段一般是通过无线电发射，把计算机病毒射入敌方电子系统的最薄弱环节——无保护的无线信道之中，继而感染、传播到下一个节点(有保护的信道)，最终到达预定目标——敌方指挥中心的计算机，由特定的事件和时间激发，对敌方电子系统造成灾难性的破坏。

5.10.3 怎样保证网络安全

计算机病毒的防治必须采取综合措施。首先要加强管理，实行严格的计算机管理制度，对外来软件和存放介质进行防病毒检查，严禁使用来历不明的软件；建立安全的备份制度。其次要从技术上防治，要配备病毒检测程序，及时发现病毒；严格保护好介质；采取加密手段保障数据安全；建立应急措施，减少病毒造成的损失。最后需要通过法律法规，对制造、施放和出售病毒软件者进行惩处，从源头上进行防治。

网络和计算机攻击对人们造成的危害让人们想起美国工程院院士、美国总统信息技术顾问委员会主席比尔·乔伊(Bill Joy)的一段话。2000 年 4 月，乔伊在美国《在线》(*Wired*)杂志上发表了一篇题为《为什么未来不需要我们》的文章，他说道：我们正在研究的 21 世纪高新技术，可能把人类变成濒危物种，我们可能正在研究一个未来不需要的技术。21 世纪的智能武器将是知识使能的大规模杀伤武器。我们正值这个星球前所未有的历史性时刻——人类这个物种正在自愿地毁灭自身，同时也会毁灭地球上的大量其他物种。科技人员应该反省自己工作的后果，关注自己研究出来的东西对社会、对自然是否会有不利的影响。

这些观点人们称之为"乔伊警示"，很值得我们深思。但我们仍然应该乐观地相信，人类有足够的智慧处理好这些问题，因为在人类的认知之上还有人类的智慧，在人类的智慧之上还有人类的爱心。

5.11 网络中怎样建立可信的关系

互联网上大家可能听说过很多这样的事情：网恋的情侣等到见面时，妙龄女郎变成了一位大叔；某天收到一位朋友住院借钱的电话，结果这位朋友好端端地就在身边；储户在网络银行中存了一笔钱，结果存款不翼而飞，查无对证……

在今天的虚拟网络空间中，人们似乎越来越缺少安全感了。我们希望计算机和网络技术能够帮助我们解决这些问题：

(1) 怎样让该看的人看到该看的东西？

(2) 怎样证明这是我说的话？

(3) 怎样证明我是我？

(4) 怎样证明那是我做的事？

大家可以将这些问题中的“我”换成“你”或“他/她”，本质上是一样的。这些问题听起来就像柏拉图提出的哲学问题——我是谁？我从哪里来？我要到哪里去？我们作为一个常人，一般不会去关心这些问题的，但是在今天的数字社会里，这些却成了我们每天需要回答的基本问题。如果这些问题回答不了，我们就不敢用手机去支付，不敢相信网络中的任何消息，最终会寸步难行。下面就从原理上介绍这些问题的解决方法。

5.11.1 怎样让“该看的人看到该看的东西”

在数字社会，我们很难保证传递的信息不会被别人得到。回顾一下前面讲过的以太网的原理，一个以太网段中的数据可以被每个节点得到。那怎样只让该看的人看到该看的东西？这个问题我们可以变通一下——那就是如何让不该看的人看不到东西，或者，看到的仅是看不懂的东西？这可以求助于数据加密。

数据加密是保障计算机信息安全的有效手段。加密是以某种特殊的算法改变原有的数据，使得未经授权的用户即使获得了已加密的信息，因不知密钥，仍然无法获得原来的数据内容。可见密钥的保护是十分关键的。自计算机出现后的一个多世纪以来，加密和密钥破解始终在相互较量。

如果让大家想出一种简单的加密方法，相信大家都会想到文字的替换方法，例如，将英文字母表的每个字母都用后移 n 位的字母代替，如果 $n=3$，则字母表就变成了

明文字母表：ABCDEFGHIJKLMNOPQRSTUVWXYZ

密文字母表：DEFGHIJKLMNOPQRSTUVWXYZABC

这样 LOVE 就变成了 ORYH，变得谁也看不懂了。如果某个人掌握了密钥——n，即字母后移的位数，则可以将它解密，还原成 LOVE，这就是经典的凯撒(Caesar)密码。

如前所述，有人想加密，就会有人想破解。大家有什么办法破解凯撒密码吗？其实用暴力破解就可以做到。暴力破解就是分别用 $n=1,2,\cdots,n-1$ 去试，什么时候文本变得可读了，就算破解了。这种破解的难度并不高(计算复杂度为 n^2，n 超不过字母表中字母数量的大小)。

后来人们想出一个更好的办法，用字母表替换的方法加密。

前面提到的 Enigma 密码的原理，简单点说就是将字母表中的每个字母都用别的字母代替，比如 LOVE，用 A 代替 L，用 S 代替 O，用 D 代替 V，用 F 代替 E，加密后就成了 ASDF。这个加密方法的密钥就是字母的替换表，有时也称作密码本。

这种方法也靠不太住，很快就被图灵这群天才破解了。为了破解 Enigma 密码，他们想出很多办法，例如：首先，统计德语中字母的使用频率，然后根据截获的大量密文，计算

其中各个字母的使用频率，就能找出一些字母的对应关系。接着，找一找德文中出现最多的单词，例如冠词 das、die、der 和代词 den、das、dem，然后根据频率找一找密文中使用频率相当的单词，就能进一步找到字母的对应关系。如果还不行，盟军就故意发出一份假情报，一般德军拿到后会很快变成密文发给指挥官，这样将最近截获的电文都分析一遍，就更容易找到更准确的字母对应关系了。那些爱看谍战片或小说的同学，会找到很多类似的例子。

延伸阅读

Enigma 密码是 20 世纪初，由德国工程师亚瑟·谢尔比乌斯(Arthur Scherbius，1877—1959)发明的。Enigma 在德语中意为“谜”，是一种能够进行加密和解密的机器。最初，Enigma 被用于商业领域，但后来被德国国防军采用，进行了军事用途的改良。

在第二次世界大战期间，德军指挥机关向其部队发布的军令都是通过 Enigma 加密之后再往下发布的。英军认识到，要打败德军就必须破译德军的密码，掌握德军的军事动向。于是，英军在伦敦北边不到一百千米处征集了一块空旷的土地，集结起一大批杰出的数学家、语言学家和象棋大师等，包括图灵和后来在爱丁堡大学创建世界上第一个人工智能系统的唐纳德·米基(Donald Michie)，专门负责截获、破译 Enigma 密码。

Enigma 密码的加密原理是：机器的最上方有三个被称为转子的东西，转子内部布满了各种十字交叉的接线。当按下一个字母时，转子会发生转动，一个转子转动一周后，会带动下一个转子转动，即一个快速转子、一个中速转子和一个慢速转子。每当接线设置发生变化时，对应结果就会产生变化。按下同一个字母，机器内部接线变化，可以得到完全不同的结果，如图 5-26 所示。

图 5-26 Enigma 密码机

运用图灵的可计算理论，英国设计了一架破译机 Ultra(超越)专门对付 Enigma，破译了大批德军密码。由于这个小组的努力，特别是图灵出色的工作，他们掌握了破译该密码的一整套方法，从而了解德军的军事动向，掌握了战争的主动权，为英美联军击败德军做出了重要贡献。

因此这种用密码本加密的方式也逐渐被淘汰了，因为理论上说，只要使用的时间足够长，这种加密方式总能够被破解。后来人们又想出了各种千奇百怪的加密方法，破解的难度变得越来越高。

但是不管怎样变化，这种加密方法都有一个特点，那就是加密和解密的双方共同采用一个密钥加密和解密消息，这种方法称为对称加密。对称加密因为简单、高效，今天仍然被广泛使用，例如用在 PDF 或 Word 文件的加解密中。然而，对称加密有一个绕不过去的坎儿，那就是要让加解密的双方共同知道这个密钥，怎么解决这个问题呢？一方面，密钥在信道中传递总是不安全的；另一方面，一旦密钥被截获会泄露，消息再无秘密可言了。

1976 年，计算机学家惠特菲尔德·迪菲(Whitfield Diffie，1944—)和马丁·爱德华·赫尔曼(Martin Edward Hellman，1945—)提出了一种新的设想，他们认为加密和解密可以使用不同的规则，只要这两种规则之间存在某种对应关系即可，因而在不直接传递密钥的情况下完成解密是可能的。1977 年，三位数学家罗纳德·李维斯特(Ron Rivest)、阿迪·萨莫尔(Adi Shamir)和伦纳德·阿德曼(Leonard Adleman)设计了一种算法，可以实现非对称加密。这种算法用他们三个人的名字命名，即 RSA 算法。

RSA 算法的过程是这样的：假定 A 和 B 是通信的双方，每一方都持有两把钥匙，一把称为公钥，一把称为私钥。公钥是公开的(可以发布在网上)，任何人都可以获得，私钥则是保密的，需要自己保存好。

这个“公钥”和“私钥”与大家家里用的钥匙差得有点远，不太容易理解。大家不妨想象一下古代用的兵符。兵符是古代传达命令或调兵遣将所用的信物，一般用铜、玉或木石制成，常做成虎型，故也称为虎符。兵符分成两半，右半留存给君王，左半交给将领，如图 5-27 所示。

图 5-27 兵符

君王手里的那一半兵符相当于公钥,将领手里的那一半兵符相当于私钥。君王如果下诏调兵,他就会让信使携诏书和半个兵符到将领那里,将领接到命令后就拿出自己的半个兵符与来使手中的半个兵符进行核对。如果严丝合缝,信使就明白了,这个将领的确是接受诏书的将领,将领也会明白这个诏书的确是君王发给我的。当然,作为兵符的前提是不能根据半个兵符仿造出另外半个兵符。

如果古代的君王穿越到今天的数字时代,他可能会这样做:将调兵的诏书用将领的"公钥"兵符加密,然后将诏书通过网络发给将领,将领能够用自己的"私钥"兵符解密,这样岂不是连信使也不用了?另外,即使诏书传丢了也不要紧。

RSA算法就能帮助君王实现这个梦想。非对称加密算法的基础是数学,为了让大家容易理解,下面用一个例子进行说明。

假设:

- p 和 q 为一对质数(质数就是除了1和自己,不能被其他数所除的数),如 p 取61,q 取53。
- $n=p\times q=61\times 53=3233$。
- $\varphi(n)$为欧拉函数,表示小于或等于 n 的正整数中有多少数和 n 互质(互质,即除了1之外,没有其他公因子),根据欧拉函数的计算公式(大家参考延伸阅读)可得

$$\varphi(n)=(p-1)(q-1)=60\times 52=3120$$

- e 为小于$\varphi(n)$的任意整数,如 $e=17$。
- d 为 ed 对于$\varphi(n)$的模反元素(即 d 可使 ed 被$\varphi(n)$除后余数为1),表示为:$ed\equiv 1(\mathrm{mod}\ \varphi(n))$,即

$$17d\equiv 1(\mathrm{mod}\ 3120)$$

根据扩展欧几里得算法(请参考延伸阅读),可得

$$d=2753$$

延伸阅读
百度百科:欧拉函数 科学百科:扩展欧几里得算法

假设网络中传送消息的双方为A和B,将(n,e)作为A的公钥,即(3233,17),将(n,d)作为A的私钥,即(3233,2753)。现在B要向A发送一个消息m(m 为小于n 的整数,例如某个字符串的编码),不妨设 $m=65$(如果 m 不够大,可以将消息分成小段传送)如图5-28所示。

B用A的公钥对消息 m 进行加密,得到加密后的密文,即下式中的 c:

$$m^e\equiv c(\mathrm{mod}\ n)$$

即 $65^{17}\equiv c(\mathrm{mod}\ 3233)$,可得 $c=2790$。

A得到B发过来的2790之后,用自己的私钥对消息进行解密,得到还原的明文,即

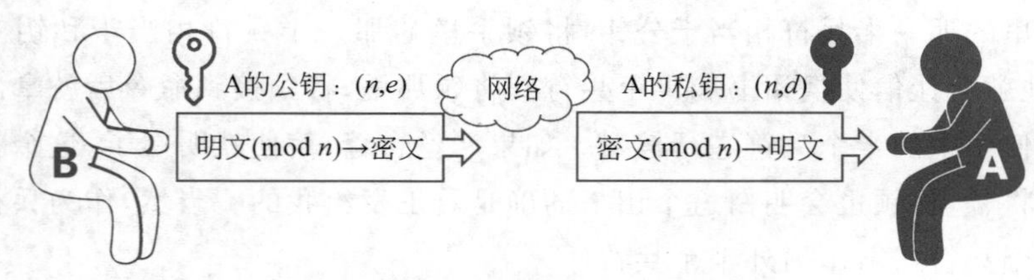

图 5-28　A 和 B 传送消息

下式中的 m：

$$c^d \equiv m(\bmod n)$$

即 $2790^{2753} \equiv m(\bmod 3233)$，可得 $m=65$。

这样就实现了不用传递密钥，就将消息 $m=65$ 从 B 传到了 A，其中 n 和 e 是公开的，而信道中传送的是加密的密文 $c=2790$。

大家仔细想想，这里最神奇的地方就是存在这样的关系：

$$n = pq \tag{5-1}$$

$$m^e \equiv c(\bmod n) \tag{5-2}$$

$$c^d \equiv m(\bmod n) \tag{5-3}$$

$$\varphi(n) = (p-1)(q-1) \tag{5-4}$$

$$ed \equiv 1(\bmod \varphi(n)) \tag{5-5}$$

这就是 RSA 算法的精髓。从以上介绍我们知道，n 和 e 作为公钥是公开的，n 和 d 组成私钥，d 是不可泄露的。那么，有无可能在已知 n 和 e 的情况下，推导出 d 呢(即根据半个兵符仿造出另外半个兵符)？

根据式(5-5)，只有知道 $\varphi(n)$，才能算出 d。

根据式(5-4)，只有知道 p 和 q，才能算出 $\varphi(n)$。

根据式(5-1)，只有将 n 因数分解，才能算出 p 和 q。

即如果 n 可以被因数分解，就可以猜出 d，也就意味着私钥被破解了。可是，大整数的因数分解，是一件非常困难的事情。目前，除了暴力破解，还没有发现别的有效方法。只要密钥长度足够长，用 RSA 算法加密的信息实际上是难以被解破的。上面的例子中，n 的长度就是密钥长度。3233 写成二进制是 110010100001，一共有 12 位，所以这个密钥就是 12 位。实际应用中，RSA 算法密钥一般取 1024 位以上，重要场合则为 2048 位。目前所知，人类已经分解的最大整数为 232 个十进制位(或 768 个二进制位)。比它更大的因数分解，还没有被报道过，因此 1024 位以上的 RSA 算法一般认为是比较安全的，然而今天量子计算的出现(参见 7.3.5 节)，给 RSA 算法带来了威胁。

5.11.2　怎样证明“这是我说的话”

RSA 算法解决了这个问题，即怎样让该看的人看到该看的东西？RSA 算法能否证明“这是我说的话”呢？其实这也是可以办到的。这好比我们在一份资料上签一个名，表示“这是我写的”。对于计算机来说，这就是数字签名。

我们还是用上面的例子进行说明。

网络中 B 向 A 发送一个消息 $m=65$。

B 用 B 的私钥(n,d)对消息进行签名，即计算下式中的 s：

$$m^d = s \pmod n$$

即 $65^{2753} = s \pmod{3233}$，可得 $s=588$。

B 将(m,s)即(65,588)传送给 A。

A 收到 B 发来的数字签名(65,588)，要进行以下验证(验签)，即计算下式的 m'：

$$s^e = m' \pmod n$$

即 $588^{17} = m' \pmod{3233}$，可得 $m'=65$。

由于签名信息(65,588)是根据 B 的私钥(n,d)算出来的，别人拿不到 d，因此如果 $m=m'$，就可以断定 $m=65$ 是 B 发过来的，且没有被篡改过，否则就得不到 $m=m'$。这样也就防止了对方抵赖的可能性。

在实际应用中，直接对消息 m 进行签名计算量会很大，一般会先对消息进行"缩写"，形成摘要，然后对摘要进行签名和验证。摘要算法可以将输入的任意长度的数据转换成固定长度的值，这个值常被称为哈希(hash)值。摘要算法需要满足下列条件：

- 可压缩：对于任意长度的数据，摘要值有固定的长度。
- 易计算：从原数据容易算出摘要值。
- 抗修改：对原数据的任何改动，哪怕只修改 1 字节，都会导致摘要值不同。
- 抗碰撞：已知原数据和其摘要值，难以找到一个具有相同摘要值的数据(即伪造数据)。
- 不可逆：无法从摘要值反推出原数据。

一个简单的摘要算法可以是这样：将要传输的消息转换成数字，算出平方值，然后取中间的某几位作为消息的摘要。当摘要的长度很短(例如只取中间的 2 位)时不太能满足上面的要求，但是当摘要的长度足够长(例如 200 多位)时，则能够较好地满足上面的要求。为了取得理想的结果，人们发明了很多种类似的摘要算法。很多短的摘要算法已经被破解了，目前比较安全的有 SHA-2 和 SHA-3。

5.11.3　怎样证明"我是我"

如果参与网络通信的只有 A 和 B，则通信时显然不是我方就是对方。但是当通信的参与者很多，而且随时变化时，要让别人相信"我是我"就不那么容易了。这就需要一个权威的认证授权机构(Certificate Authority，CA)颁发数字证书，这个 CA 一般由一个具有公信力的机构(例如银行)维护，作为网络中受信任的第三方，承担公钥的合法性检验的责任。

一个用户要参与网络中的事务，首先要向 CA 申请数字证书。CA 会核验用户的身份证或营业执照等证件，如果审核通过，会颁发给用户一套数字证书，包括生成的用户的私钥和 CA 签名的用户公钥(保证该公钥是 CA 所授)等，然后通过官方渠道公布用户的

公钥以及用户的身份信息，而私钥则交由用户自己保管。

这样，人们才能相信从 CA 得到的公钥是真正属于某个用户的。因此不难理解，在电子商务这类需要安全保障的网络业务中，CA 是必不可少的。此外数字证书也需要规定有效期并不断更新。

5.11.4 怎样证明“那是我做的事”

在现实生活中，要证明“那是我做的事”，一般会立一个字据，然后按上手印或盖上章，即所谓“口说无凭，立字为据”。有时还嫌这样做力度不够，会找几个见证人（官方的叫作“公证机关”）佐证。按前面所述，在今天的数字时代，我们可以用数字签名的方法立个电子的“字据”，但是怎样找见证人呢？

按照常识，我们希望见证人越多越好，另外，每个人最好都保存一份签字画押的字据（可以是复印件），将来好帮我作证。当然有时也不太方便让太多的人知道这个字据，例如让全城的人都知道是我借给张三 100 元钱。最理想的情况是，大家都知道有个“外星人”借钱给了张三，但是只有公安局知道这个“外星人”就是我。有的同学马上会问：“这怎么做到啊？”

今天区块链技术就能做到这一点。区块链是一种按块链式存储的、不可篡改的、安全可信的去中心化分布式账本，它结合了分布式存储、点对点传输、共识算法、密码学等技术，通过不断增长的数据块链记录交易和信息，确保数据的安全和透明。区块链实现上述目标靠的是以下几种机制。

（1）区块链技术通过在网络上的很多节点中记录不可伪造的、经过数字签名的“账本”，坐实账本中的每件事都“是我做的”。即使有人想销毁证据，他也只能修改几个网络节点中的“账本”，而区块链一发现有这种情况，立即就按大多数“账本”中的记录将数据改回来，即做到众目睽睽之下，无可抵赖。另外，即使有一两个节点出现故障，也无碍大局。

（2）区块链可以将我做的一连串的事都记下来。通过时间戳，可以知道每件事的先后顺序。我们在账本上记账时，很担心别有用心之人会在中间加一条记录或抹掉一条记录，区块链则会在各个节点中形成事务的“证据链”。这采用的是前面所讲的哈希方法。区块链每记录一笔新账时，会形成一个新的区块，这个新的数据块会同时包括上一个区块的哈希值。这样任何一个区块的修改，都会导致在后续区块中验证失败，因此很快就能被发现，并自动纠正回来。

（3）区块链中，虽然处理的每笔事务都是公开的，然而用户的隐私信息仍然需要保护。可以用加密的方法将需要保护的用户隐私信息隐藏起来。例如区块链中的每个参与者都只有一个代号，只有区块链知道这个代号对应的究竟是谁。这样既可以实现事务的追踪，又不会泄露用户的隐私。

因此大家设想，如果用区块链实现网上银行的存取款，或在电商网站中进行交易，不是变得很安全了吗？的确是这样，当今名声大噪的比特币就是建立在区块链基础之上的。今天区块链在金融、供应链、医疗、不动产等领域得到广泛应用，已经成为改变传统商业和社会模式的强大工具，具有巨大的发展潜力。

延伸阅读
百度百科：比特币

区块链作为近年颇受欢迎的新兴技术，还有很多需要面对的挑战，例如，作为一个多方参与维护的分布式账本系统，参与方需要约定数据写入、数据校验和冲突解决的规则，这称为共识算法，共识算法是区块链技术的基础。如何开发出安全高效的共识算法目前仍是需要解决的问题。还有，区块链也面临着各种攻击，如何保证区块链的安全也需要深入研究。如果同学们对这方面内容有兴趣，可以在将来选修“区块链技术导论”这类课程。

5.11.5　量子通信为什么安全性高

现在随着计算机运算能力的增强，过去很多的密码都变得不安全了，于是人们不断地研究出新的数据加密方法。今天人们找到一种能提供绝对安全的加密技术，这就是量子通信。我们在中学就知道了一些量子力学的神奇特性，例如不确定性原理、量子不可克隆、量子不可区分、量子态叠加性、量子态纠缠性和量子态相干性等。量子通信就是利用量子的这些特性形成密钥进行信息传递的一种加密方式。它有如下优势：

(1) 量子通信的密钥无法截获。量子通信主要利用光子(量子的一种)的纠缠状态作为通信密钥，任何攻击者中间截获光子对其测量必定会带来其原来状态的改变，这时通信双方可以检测出该扰动，从而知道是否存在窃听。这个方法利用的是量子的不确定性原理。

(2) 以往的消息加密方式，一个密钥要重复加密多个数据，一旦密钥被破解，会威胁到多个数据的安全。由于量子密钥可以快速产生，甚至可以做到“一次一密”，即一个密钥一次只加密一比特的数据，即使被破解，也不会对其他数据产生影响。

因此，量子通信一般认为是迄今为止具有无条件安全性的通信方式。国际上广泛认为量子通信是未来信息社会的安全基石，在信息安全领域有着重大的应用价值和广阔的前景。我国在量子通信技术方面走在了世界前列。

延伸阅读
百度百科：量子通信。

5.12　共享单车都用到了什么网络技术

现在我们用这一章学到的知识，分析一下共享单车用到的网络技术。我们先用一张图说明一下共享单车的原理，如图5-29所示。

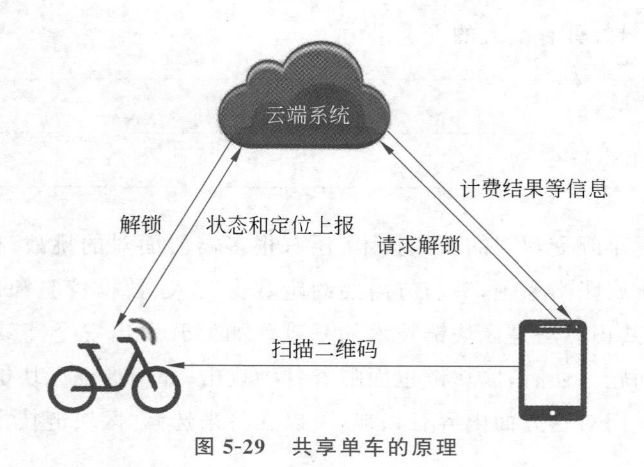

图 5-29 共享单车的原理

为了使用共享单车，首先要有一个能上网的智能手机，通过电信运营商提供的互联网接入服务连到互联网中。

共享单车的运营商需要一个服务器来运行共享单车管理系统，服务器也要接入互联网。

共享单车也要联网。共享单车的运营商会给共享单车植入一个电路模块，这个电路模块往往集成在共享单车的智能车锁里。这个电路模块里有一个类似手机用的 SIM 卡，借助电信运营商提供的接入服务（如 5G）接到互联网中。这种用互联网技术把物品连接起来的网络称为物联网。物联网在今天应用非常广泛，通过物联网可以对机器、设备、人员进行集中管理、控制，也可以对智能家电和汽车等进行遥控，或搜寻物品位置、防止物品被盗等。共享单车的智能车锁中除了有连接互联网的电路模块外，还有一个接收 GPS 信号的模块，它会定期把从 GPS 得到的位置信息通过互联网报告给共享单车运营商的管理系统。

在使用共享单车之前，打开手机中共享单车的 APP，这时该软件就去访问共享单车管理系统的服务器，把手机所在的位置告诉共享单车管理系统，管理系统把用户所在位置附近的所有共享单车的位置通过网络提供给 APP 并在地图上显示出来，这样就可以按图索骥，找到其中的一辆共享单车了。

再用手机对准某辆共享单车上的二维码扫一扫，这时手机中的 APP 就知道用户要开哪辆共享单车了，它把这辆共享单车的编号连同用户的身份信息都通过网络发给共享单车管理系统，共享单车运营商会查一下历史记录，如果用户没有欠费等不良记录，就通过网络发给共享单车一个开锁指令，于是用户就可以骑行共享单车了。

由于共享单车不断地向共享单车管理系统报告自己的位置，共享单车运营商对用户骑行的路线会了如指掌，等用户骑行结束关锁的时候，共享单车通过网络向管理系统报告用户骑行完毕，管理系统会根据用户骑行的距离，把账单通过网络发到用户手机里的 APP。当然费用也可以按时间来算，原理都是差不多的。至于缴费相关的操作，限于篇幅这里就不介绍了。

研讨问题

1. 设置两台计算机实现无线互联。

2. 简述分组交换和线路交换的区别。

3. 远距离的通信常用光纤连成环形网。工程施工时，工人经常会不小心将光纤挖断，影响网络上各个节点的通信，那么有什么办法可让网络尽快得到修复？

4. 分析用浏览器访问北京信息科技大学主页（www.bistu.edu.cn）的过程。

5. 分析微信的实现原理。

6. 分析互联网给社会生活带来的利弊。

7. 电子邮件应用中存在哪些不安全因素？

8. 设计一个利用物联网技术改善交通拥堵状况的方案。

9. 编程实现一个简单的RSA算法加解密应用。

10. 有的共享单车运营商为了节省成本，只在智能车锁中设计了蓝牙通信模块，这时如何实现共享单车的功能？

11. 有的共享单车运营商为了节省成本，在共享单车内不放置任何电路模块，只配一个密码锁，这时如何实现共享单车的功能？

12. 如果用区块链实现共享单车的记账应该怎样做？

第 6 章 计算机如何创造虚拟时空

2021 年元宇宙的概念开始风靡全球，但是什么是元宇宙，到现在还是众说纷纭。人们在解释元宇宙的时候，总会把更多的概念和它联系在一起，例如虚拟现实、增强现实、数字孪生，甚至虚拟货币、虚拟土地等，反正我们很多人听起来还是一头雾水，大家能把握到的，大概就是元宇宙和虚幻的世界总是连在一起的。

延伸阅读
百度百科：元宇宙。

为了听起来更学术一点，我们把虚幻的世界称为虚拟时空，因为我们能够感受到的现实世界的所有东西，例如，声、图、文、像，都是呈现在时间和空间上的。

还有一个重点就是，我们对世界的认识来源于我们自身感知信息的渠道(感知器官)所产生的视觉、听觉、味觉、嗅觉和触觉等。据考证，人类获得的信息 75%来源于视觉，10%来源于听觉，来自其他渠道的一共 15%左右。这么说可能有人不同意，他们说有人会有第六感觉。虽然生物的奥秘还有待深入探索，但是从唯物论的角度看，人的第六感觉很可能是人类从各种感知渠道得到信息后，经过大脑综合分析得到的结果。

所以按照“抓大放小”的思维(参见 1.5 节)，我们应该重点研究能够看到的文字、图像和影像，以及能够听到的声音和音乐。因此，这一章我们就从计算机如何处理声、图、文、像入手，最后带大家去元宇宙一探究竟。

6.1 计算机如何表示文字

文字是一种最基本的视觉类媒体，同属于信息的载体。关于计算机输入和输出文字的原理其实我们在第 1 章就涉及了，这里帮大家复习一下。

首先，我们要有一个编码字符集，然后用键盘输入文字，将文字按字符集中的编码保存起来。显示的时候，通过编码到字库里找到字的形状，再放到显示缓存里，最终展现在屏幕上。

大家是否记得在第 1 章中给大家留的研讨问题：

怎样让 hello.c 显示“大家好！”？

怎样让 hello.c 显示不同的字体和大小?

我们猜能回答出这些问题的同学不多(可能有的同学已经把这些题忘掉了),因为我们在第1章并没有深入地讨论文字编码和字体。这里我们需要进一步讨论一下。

6.1.1　如何给文字编码

第1章的 hello.c 程序显示的是英文“Hello World!”,因此,使用 GB/T 1988—1998 编码就够了。如果使用中文,那就需要用含有汉字的编码字符集了。这方面我国最早的国家标准是1980年颁布的《信息交换用汉字编码字符集》(GB/T 2312—1980),这个标准共收入汉字6763个,非汉字图形字符682个。这套标准奠定了当时中文信息处理的基础,几乎所有的软件都支持 GB/T 2312—1980。

注意,严格来说,汉字和中文是有区别的。中文可以泛指中国各民族的语言文字,除了汉语和汉字之外,还包括藏、蒙、维、朝、哈等民族语言文字。但是在一般场合中文主要指汉民族语言文字。本书中也沿用这个惯例。

后来人们发现 GB/T 2312—1980 中的6763个汉字不够用了,特别是很多同学的姓名以及所在地的地名中的生僻字,包括陕西同学爱吃的“𰻞𰻞面”在 GB/T 2312—1980 中根本找不到相应的文字编码。后来中文编码字符集做了很多次扩充。另外,世界上使用汉字的国家和地区还有很多,例如日本、韩国和新加坡等,因此,我国制定汉字编码标准时要与国际同行一起合作,以使制定的标准成为国际标准。今天,用得最多的文字编码字符集是 GB 18030—2022、GB/T 13000—2010、ISO 10646 和 Unicode。这些标准涵盖了世界上各个国家和地区使用的文字,甚至还包括了一些古文字,至少有2万多个,还能根据需要进行扩充。

编码字符集中,如果用二进制给文字编码,一共需要多少比特呢?比如说,常用的文字一共有 N 个,根据前面大家了解的二进制的知识,那么我们算一下 $\log_2 N$ 就可以了。如果 N=10000,编码长度大概是14。

这个文字的编码长度其实还不是最短的。我们的语言中有很多冗余信息,例如,从一篇文章中随机抹掉一些字,我们大概率还是能明白文章说的是什么。如果把这些冗余的信息都去掉,我们就能用更短的编码来表示文字。香农(参见2.2节)的信息论告诉我们,文字的编码长度是由文字的熵所决定的,熵代表了文字信息量的大小,单位也是比特。我们可以用以下公式来算一算文字的信息量:

$$H(x)=\sum_{x\in X}P(x)\log\left(\frac{1}{P(x)}\right)=-\sum_{x\in X}P(x)\log(P(x))$$

其中,$H(x)$为信息量;X 为所有文字的集合;x 为 X 中具体的文字;$P(x)$为这个文字在所有文字资料中出现的概率。当然这个是很难准确测量的,可以用近似的办法,例如把所有武侠小说、几十年的报纸等放在一起统计一下,就可以大致算出每个汉字的 $P(x)$了。这样统计的结果,汉字的熵大约是9.65比特,英文字母的熵大约是4.46比特,这说明,比起英文字母,汉字承载的信息量更大。

另外，香农编码定律告诉我们，文字的编码长度不可能小于文字的熵，换句话说，文字的最小编码长度应该略大于文字的熵。这样我们就知道了，每个汉字的编码用 10 比特就够了，每个英文字符的编码用 5 比特就够了，但这仅是理论上的推导。前面我们说过，计算机存储的基本单位是字节，所以一般汉字用 2 字节编码，英文用 1 字节编码是比较方便的。虽然汉字的编码长度比英文要多一倍，但是表达同样的内容，需要用更多的英文字符，最后得到的文字长度总体上还是汉字更短。这说明中文在节省空间方面更有优势。

延伸阅读
百度百科：中文编码字符集。

所以，如果要让 hello.c 显示中文，则需要使用支持中文的编码字符集，好在当前计算机中的系统软件都支持这些常用的字符集，大家只要把中文输入 hello.c 的代码里，基本就可以了。如何通过键盘输入中文呢？

6.1.2 怎样高效输入中文

大家都知道，输入中文需要使用中文输入法。因为我们平常使用的通用键盘上只有几十个键，根本没法做到一个汉字对应一个键，使用汉字输入法，就是用若干按键的组合来对应一个汉字，从而把汉字输入计算机中。

大家可能听说过很多种输入法。以往各种输入法的目标都是用最少的击键次数来输入汉字。历史上出现过的典型的输入法有拼音、仓颉、五笔字型、郑码、自然码等，但是今天用得最多的还是拼音输入法。虽然平均来讲，用拼音输入法每个汉字对应的击键次数不是最少的，但是容易记忆，特别是在连续输入的情况下，利用上下文的相关性，没等拼音输入完，字就调出来了，这样能够大大减少击键的次数。从理论上可以测算出来，用拼音输入法输入汉字，每个字的击键次数平均小于 3 次。这是建立在大量语言统计基础上的，将来在"自然语言处理"这类课程中，大家可以更深刻地领悟其中的原理。

6.1.3 怎样描述字形

当在计算机的配合下，终于把"大家好！"输入到计算机里，即将要把文字显示出来的时候，我们还得了解一下字形技术。第 1 章中，我们的确已经把"Hello World!"显示出来了，不过我们不能总满足于计算机显示出一种字体和大小吧？比如，我们想要看到图 6-1 中的各种字体和字号怎么办？

我们先研究一下文字的形状是怎么表示的吧。

大家很容易想到，可以用一个一个的"黑点"把文字描出来，如图 6-2 所示。

这的确是一个办法。在早期的计算机中，字符就是用这种点阵表示的。用点阵表示的字符称为点阵字符。要记录这样的字形，可以用二进制的表示方法，例如，用"1"表示黑点，用"0"表示白点，这样用若干二进制数就可以把字的形状记录下来了。

大家好！（3号黑体）

大家好！（4号楷体）

大家好！（4号华光胖头鱼体）

图 6-1　不同的字体和字号

图 6-2　点阵字体示意

于是出现了点阵字库（参见 1.6 节），如图 6-3 所示。

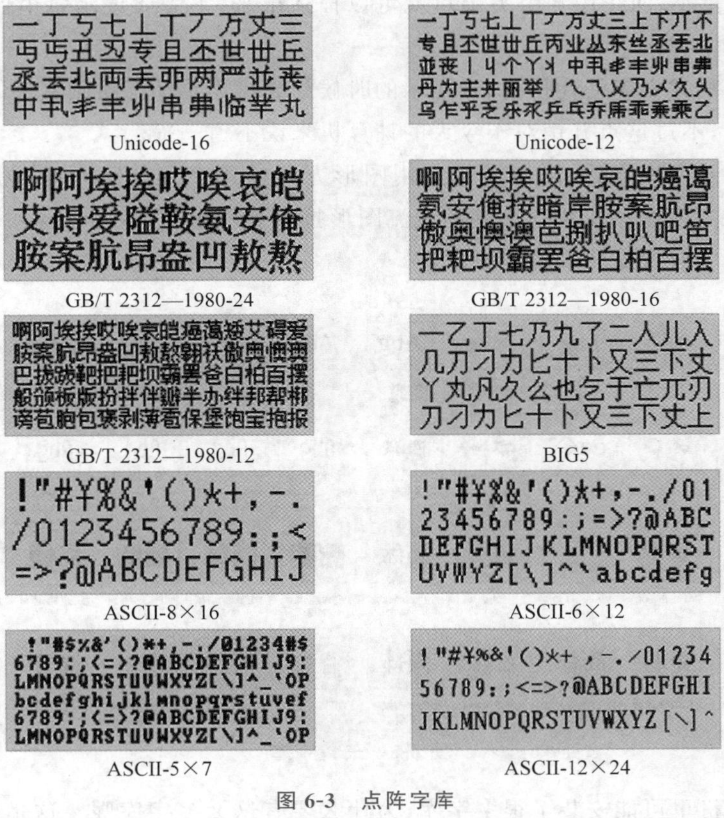

Unicode-16　　Unicode-12

GB/T 2312—1980-24　　GB/T 2312—1980-16

GB/T 2312—1980-12　　BIG5

ASCII-8×16　　ASCII-6×12

ASCII-5×7　　ASCII-12×24

图 6-3　点阵字库

但是人们后来发现了很多点阵字符的缺点，例如：

（1）字体不美观，不管用多大的点阵表示，当字符放大到一定程度的时候，总会出现锯齿状的边缘。

（2）字库要占用很多的空间。一个常见大小的文字（如 5 号字），要能在屏幕上较好地显示出来，一般至少要达到 24×24 的分辨率，这样每个字符就需要用 576 比特，换算成字节，则需要 72 字节。一个字库往往要容纳上百个字符的形状（汉字一般要达到上万个），显然需要很大的存储空间才能装下这个字库。

后来随着计算机图形学的发展，人们想到了用曲线来描述文字，如图 6-4 所示。

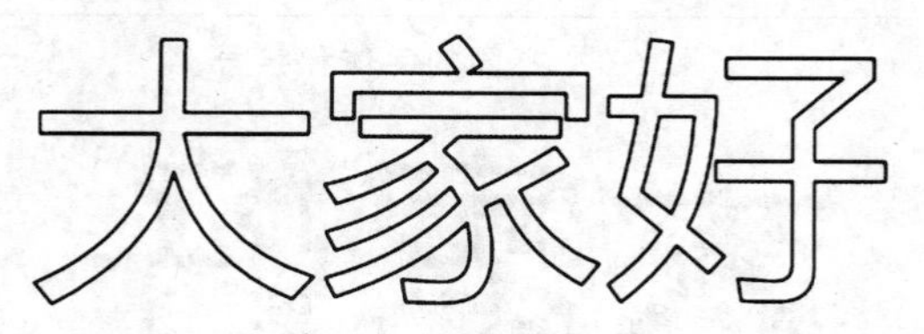

图 6-4　矢量字型示意

用曲线描述文字的优点如下：

(1) 字形美观，不管放大多少，字体的边缘始终是光滑的，不会出现锯齿。

(2) 数据量小，曲线用几个关键点就可以描述出来，不需要记录每个像素，因此可以节省很多空间。

当然曲线描述文字的代价是，在显示的时候计算机需要动态绘制文字的形状，需要消耗一定的算力，不过这点开销对于今天的计算机来说不值一提。

所以在点阵字库之后，出现了很多用图形方式描述文字的字库，称为矢量字库（见图 6-5）。现在字库中用于描述文字的主流图形技术是 TrueType。大家可以在自己的计算机操作系统中看看安装了哪些字库。

图 6-5　矢量字库

我们计算机里可能安装了很多字库，为什么要有这么多字库呢？这是因为今天的文档制作要用到大量的字体，例如，宋体、黑体、楷体、Times New Roman 和 Arial 等，这些字体在不同的场合有其独特的装饰作用。每一种字体都与一个字库对应。由于字体设计是工作量很大的创造性劳动，因此大部分字库都有知识产权，使用时要尊重其知识产权的约定。

6.1.4 自然语言处理有什么作用

文字在计算机领域有时称为字符，但是这两者存在一些区别。在以中文为代表的表意文字中，字符相当于文字，有独立的形、音、义。但是在以英语为代表的表音文字中，几乎没有文字的概念，字符相当于字母，单个字符一般没有独立的含义。语言的基本单位是词，词是由字母组合起来构成的。另外，中文的词之间没有空白分割，英文的每个词之间都有空白。不过，它们之间也有共同点，比如，不管哪种语言，字和词都按照语言特有的语法规则构成文本。在今天人工智能的时代，我们希望人和机器能够通畅地交流，让计算机懂得人类的语言和文字是非常重要的。因此出现了一个重要的研究领域，即自然语言处理，有人甚至认为，自然语言处理是人工智能皇冠上的明珠。

自然语言处理已有很长的历史，近年取得了飞跃式的发展。借助自然语言处理，计算机已经能够帮我们做很多工作，例如，把人们说的话转换成文本（语音识别）；把文本念出来（语音合成）；检索或分类资料（信息检索、文本分类）；用自然语言和计算机进行对话（自然语言交互）；翻译外文文献（机器翻译）；计算机作文或赋诗（文本生成）；等等。这些都是自然语言处理的应用领域。目前，自然语言处理中还有很多难题尚未很好地解决，例如，怎样让计算机分辨是非、听懂笑话或形成独立思维？大家将来在“自然语言处理”“人工智能”等相关课程中能够深入学习这些知识。

6.2 计算机如何表示声音

前面大家了解了计算机表示文字的方法。下面说说计算机是如何表示声音的。声音是一种听觉类媒体，对我们很重要，因为有10%的信息是通过听得到的。另外，令人神往的元宇宙里也不能没有声音，对吧？

声音的来源有很多。大家早起听到的鸟鸣，课堂里的琅琅读书声，还有音乐会上动听的演奏，等等。大家在中学物理里就知道，声音有大小、频率和方向等要素。在自然界中，这一切都是连续变化的，例如声音由近到远，由高到低。在第2章中提到，它们是模拟量，或称为模拟数据（见2.1节）。而计算机能够处理的是离散的数字数据。那么怎样让计算机来处理声音这种模拟量呢？

6.2.1 怎样把模拟的声音数字化

显然，首先应该把模拟的声音变成数字的声音。要做到这一点，就要用到4.1节提到的采样和量化的原理。我们用圆滑的曲线表示连续变化的模拟声音信号，如图6-6所示。

究竟应该用什么频率和什么精度来进行声音信号的采样呢？这个要视需要而定。不过，奈奎斯特（Nyquist）采样定律说的是，采样频率要高于信号变化最高频率的2倍，才能比较好地逼近原始的模拟信号。对于声音来说，我们希望用采样数据能够比较好地还原出原始的声音，由于人能够听到的声音频率范围一般在20～20kHz，因此要达到高保真

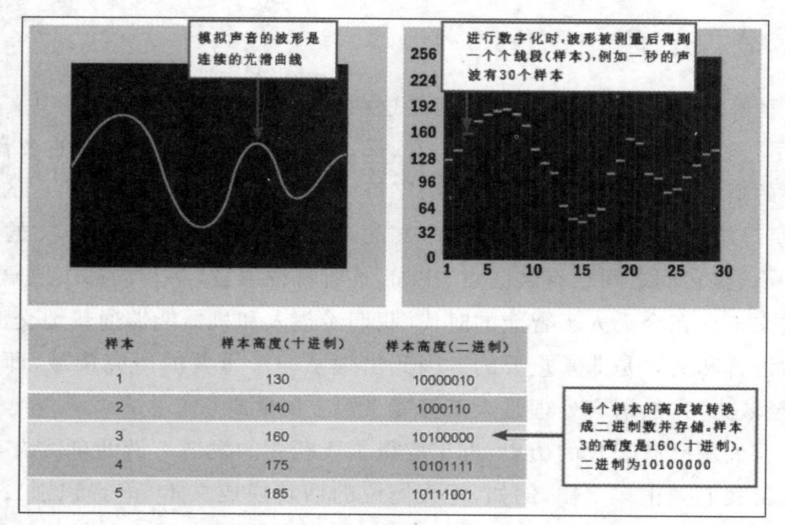

样本	样本高度(十进制)	样本高度(二进制)
1	130	10000010
2	140	1000110
3	160	10100000
4	175	10101111
5	185	10111001

图 6-6　声音信号的采样和量化

的效果,声音的采样频率要达到 40kHz 及以上,为了便于二进制运算,实际的采样频率多为 44.1kHz。而再高的采样频率,因为人耳感受不到,就没有必要了。那采样精度需要多高呢?相关国际标准一般用 16 比特,也就是每次采样得到的是 2^{16}(65536)个值的其中之一,用再高的精度采样,人耳听起来的效果也不会有明显的改善。

因此,这里我们可以体会到计算思维的另一个要点,那就是"适度"或"折中",计算机处理数据的质量只要能满足人们的需要即可,对于超出人的感知极限之外的数据,尽可以舍去。有时,我们为了节省存储,减少传送的数据量,会适当降低采样频率和采样精度,当然这会牺牲一些声音的质量,只要我们能够忍受就可以了。

我们把上面说的内容梳理一下,可以得到这样一个公式:

$$D=\frac{A\cdot F}{8}$$

其中,D 为采样的数据率(单位:字节/秒);A 为采样精度(单位:比特);F 为采样频率(单位:Hz)。大家思考一下,公式中为什么要除以 8?

6.2.2　声音的数字化需要什么器件

第 4 章提到,将模拟信号转换成数字信号的过程,称为模数转换或者 AD 转换。要靠哪个计算机部件进行 AD 转换呢?答案就是声卡。声卡一般集成在计算机主板内部,有时也作为独立的扩展卡而存在,如图 6-7 所示。

声卡的主要功能如下:

(1) 录音:借助麦克风进行声音的 AD 转换。

(2) 处理:对声音数据进行加工。

(3) 放音:将数字化的声音还原成模拟信号输出。

声卡要进行 AD 转换,还需要一个器件,就是麦克风(又称拾音器)。按第 1 章大家养

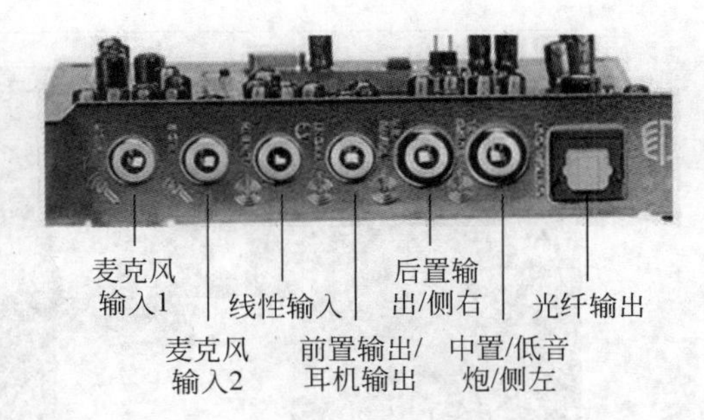

图 6-7　声卡

成的习惯，我们可以拆开一个麦克风（最好是用坏了的，否则很难装得回去），看看里面的结构，如图 6-8 所示。麦克风的主要元件是覆盖了一层薄膜的线圈，里面有个磁铁，线圈中有电流通过。声波会使薄膜上下振荡，带动线圈运动。由于电磁感应，线圈中的电流会发生变化。这个电流的变化就是可以采样的模拟信号。每个声卡都有一个麦克风输入接口，模拟信号就是通过这个接口输入声卡中的，这样声卡就可以进行后续的 AD 转换了。

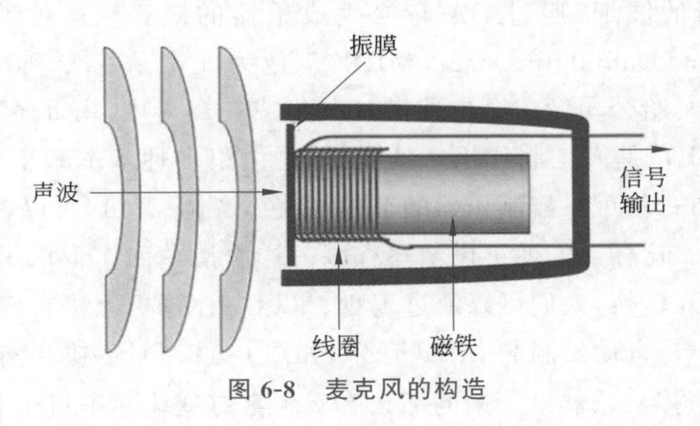

图 6-8　麦克风的构造

6.2.3　计算机可对数字声音做哪些处理

经过 AD 转换，声音数据就可以由声卡通过内部总线送到计算机中进行处理了。例如可以通过声音编辑软件进行声音的剪辑，增加特效，等等，如图 6-9 所示。当然也可以进行语音识别等更多的处理。

声音经过处理可以保存成声音文件存储起来，也可以通过音箱把声音播放出来。这时，声卡要进行的是 DA 转换，即把数字的声音还原成连续的模拟电信号，通过声卡的耳机输出接口，送到音箱。音箱中喇叭的原理跟麦克风差不多，不过是倒过来，由电流驱动线圈，带动声膜的振动把声音播放出来。这时需要较大的驱动电流，所以声卡送出的信号一般需要经过功率放大电路再接到喇叭上。

6.2.4　什么是 MIDI

除了自然界的声音，还有一种是人工合成的声音。20 世纪 80 年代初，有位斯坦福大学的博士生约翰·乔宁（John Chowning）发现通过频率调制可以合成数字音乐，他用数

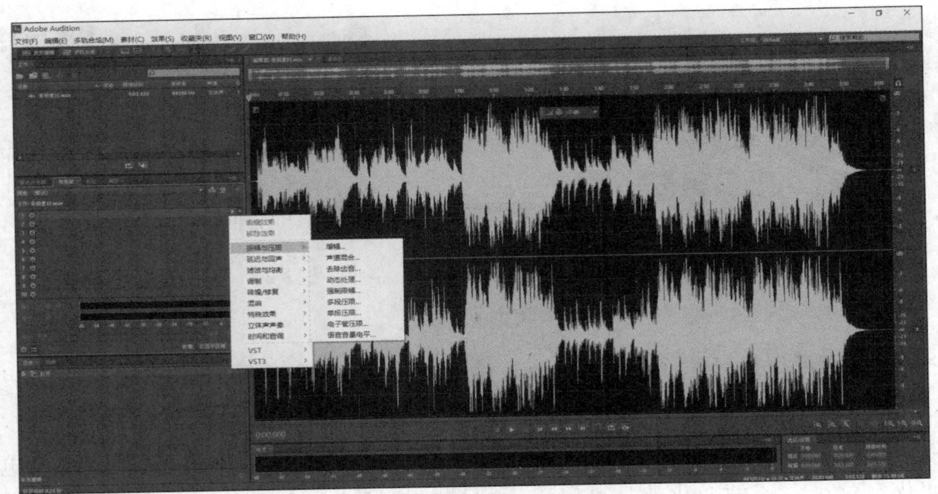

图 6-9 声音的编辑

字表达出几种乐器的波形，通过 DA 转换生成乐器的声音。这种数字音乐称为迷笛(Musical Instrument Digital Interface，MIDI)。他为此申请了专利并转让给了雅马哈(Yamaha)公司，雅马哈公司做出了电路芯片并集成在声卡中，由此 MIDI 带来了一场数字音乐的革命。MIDI 是人工制作出来的音乐，是由很多种基本频率叠加而成的周期信号，只需要用一些指令就可以控制乐器的节拍、音色、音调、音量，可以多个音轨进行合成，模仿一个交响乐队。这样人们就可以像写程序一样用指令创作音乐了。MIDI 的音乐指令可以和五线谱相互转换，人们可以通过键盘、鼠标在计算机上进行编辑；它还可以直接把音乐键盘接上声卡，自动录制成 MIDI 音乐，如图 6-10 所示。唯一有点美中不足的是，MIDI 的音质不如直接从乐器录下来的那么真实和富有变化。不过工程师们在这方面已经做了不少改进，现在的 MIDI 音质也很好了。

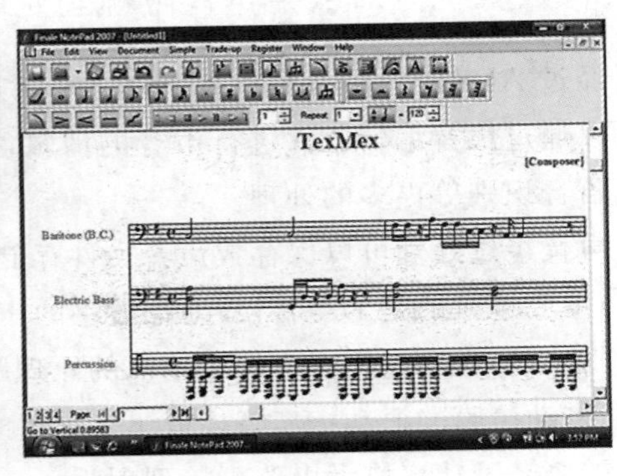

图 6-10 MIDI

要能够感受到逼真的声音效果，声音的方向感也很重要。我们之所以能感受到声音的方向，是因为我们有两只耳朵，另外还有耳廓等听觉器官。来自不同方位声源的声波到达左右耳的强度和速度不一样，加上耳廓的作用，让我们有了声音的方向感。因此，计算机如果要再现立体的音场，需要模拟左右耳听到的声音效果，并通过耳机分别送给左右耳。如果不用耳机，则需要用2个音箱模拟立体声的效果，或用6个或8个音箱模拟环绕音场的效果，这些声音的效果我们可以在程序中通过调用相应的函数来模拟。所以当大家看到有的声卡上有很多输出声音的插口就不会觉得奇怪了。

6.3　计算机如何表示图像

图像是文字之外的另一种视觉媒体，也许是大家最热衷的一类媒体，有道是百闻不如一见。

6.3.1　计算机怎样表示色彩

我们看到的图像中只有很少量的黑白图像或不同明暗度的灰度图像(比如，爷爷奶奶过去照的黑白照片或者木刻作品)，今天见到的大部分的图像都是彩色的。我们先看一下图像的色彩是怎样记录和显示的。

屏幕上的颜色是依靠三基色原理产生的，如图6-11所示。

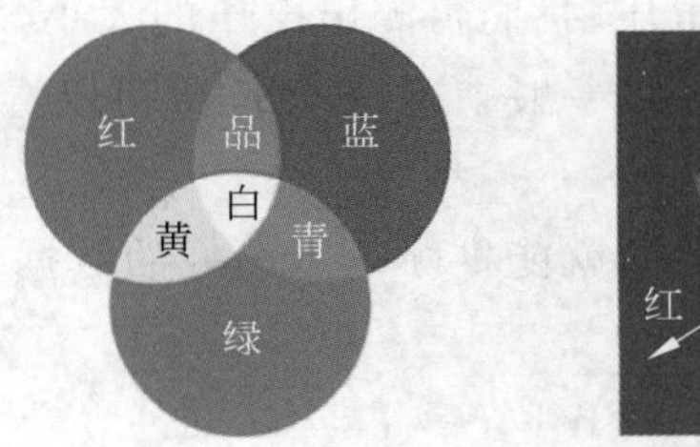

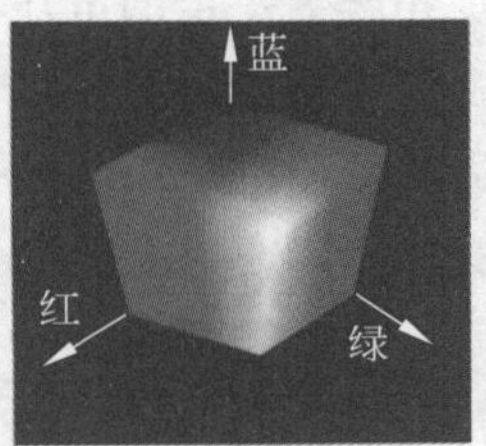

图6-11　三基色原理

这三种基本的颜色是红、绿、蓝。它们按不同的配比混合之后，就能产生各种颜色。例如红和绿按同样的比例混合，会产生黄色。在记录图像的每个像素的时候，分别记录红色、绿色和蓝色的比例，那么就可以表示出图像的各种颜色了。

在显示图像的屏幕上，每个像素对应的发光点都有三种发光物质，分别可以发出红色、绿色和蓝色的光。在电路的控制下，让三种物质发出不同强度的红、绿、蓝三色，这样混合起来就呈现出一种特定的颜色。计算机根据图像上每个像素点的红、绿、蓝三基色成分，控制每个发光点三种发光物质的光线强度，就可在屏幕上还原出彩色图像了。

黑白图像是一类特殊的图像，每个像素点只有黑白两种状态，用1比特0或1就可以表示了，所以也称为二值图像。还有一种没有颜色的图像，但是有明暗的变化，我们称为灰度图像(有人称之为黑白照片，这个说法不太准确)。这种图像是一种特殊的彩色图像，不过每个像素的红、绿、蓝三色的比例都是一致的，例如都是2∶2∶2或者3∶3∶3。

请注意，计算机描述颜色的方法不只是红、绿、蓝三基色，还可以用亮度、色度、饱和度模型来表示，如HSL和YIQ等，这样描述的颜色更符合人眼的视觉特点。不同的颜色模型是可以用公式进行转换的。还要特别说明的是，不发光的物体的颜色是按吸收白光中的哪种成分(或者说,反射哪种颜色的光)决定的,不能用红、绿、蓝三基色来表示。要在白纸上印出彩色图像,需要用青、品红、黄三种颜色叠加(它们称为红、绿、蓝的补色)。当青色和品红按一定程度叠加时,白光照上去会吸收一部分蓝色和绿色,剩下的就是红色了。现在大家可以明白,为什么彩色打印机(印刷厂的油墨也如此)要用青、品红、黄、黑四种颜色的颜料了吧?其实黑色是可以不用的,青、品红、黄叠加在一起就是黑色,不过这样成本比较高,不如直接加一种黑色颜料比较经济。

6.3.2 计算机怎样表示位图

下面再说说计算机怎样表示图像。在中学物理中,大家知道,我们看到的自然界的景物是物体发射或反射的光,是不同波长的模拟量,因此也需要通过 AD 转换将其变成数字量才能让计算机处理。当然,大家在计算机里看到的已经是数字图像,不需要再进行 AD 转换了。

怎样进行图像的 AD 转换呢?其实大家拍照片用的数码相机或者手机就是最常见的转换设备,还有一种比较专业一点的就是扫描仪,它们用来把光信号转换成数字信号。其主要原理是,在空间(如 X、Y 方向)上每隔一段距离做一次采样,采样靠的是光敏元件,这种元件被光照射后,就会产生一定的电压,我们再测出电压的大小,就知道了每一处光线的强弱数值,这就形成了一个像素。所以一般来讲,数字图像可以看成是由像素组成的矩阵,这种图像也称为位图。

大家回顾一下声音信号的采样知识,就能推断一下图像的数据量了。图像数据量的计算公式是

$$D=\frac{W \cdot H \cdot C}{8}$$

其中,W 为图像的宽度,即 X 方向上像素点的个数;H 为图像的高度,即 Y 方向上像素点的个数。这两个值合起来称为图像的分辨率,表示成 $W \times H$,这实际上就是图像的采样频率。对比声音的采样,声音的采样是在时间维度上按一定的间隔对信号进行的采样,而图像的采样是在 X、Y 二维空间上按一定的间隔对光的强度进行的采样。C 为每个像素的比特数(称为图像的深度),对照声音采样,可以看成是图像的采样精度。研究发现,人眼能够感知颜色的数量是由人眼中的视锥细胞数量决定的,一般不会超出 700 万种颜色,所以图像的精度到 24 比特就足够了($2^{24} \approx 1678$ 万)。

一般来说,图像的分辨率越高,图像的质量越好。例如高清显示器,一般能够支持 1920×1080 像素的分辨率,电影院中 4K 超高清画面的分辨率可以达到 4096×2160 像素(大约 880 万像素)。另外,图像的深度越大,图像的质量也越好,但是根据上述公式,它们跟图像的数据量都呈倍数的关系。因此,运用 6.2 节所讲的“适度”的计算思维,无论是分辨率还是图像深度,够用就好。有时,为了降低图像的数据量,便于快速处理和传送图像,人们还会特意降低分辨率或者减少图像的颜色数。

6.3.3　计算机怎样表示图形

就像 MIDI 是人工产生出来的音乐，有一种跟位图不一样的图像，也是人工产生的，这就是矢量图，也称为计算机图形。图形是一种用基本的图元（例如直线、曲线、圆形、方形、多边形等）经过几何变换（位移＋缩放），叠加而成的图像。前面讲的矢量字体也是一种图形。图形文件中保存的是图元信息以及变换参数，相当于绘图指令，因此数据量很小。再有，图形还具有可以自由缩放而不产生明显颗粒的优点。但是图形看上去没有位图图像逼真，图 6-12 是分别用位图和矢量图表示的巨石阵的图片效果。

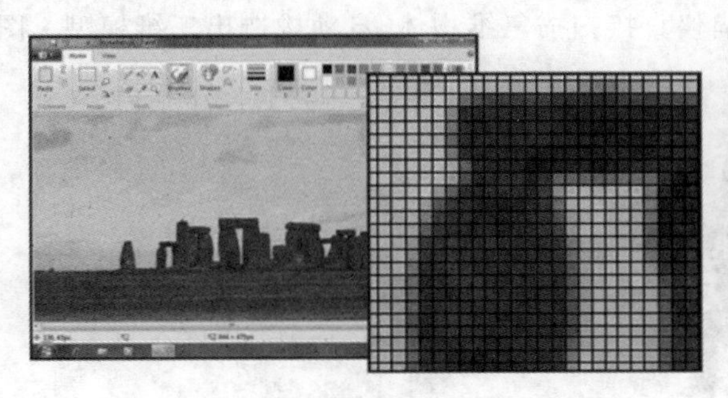

(a) 位图

(b) 矢量图

图 6-12　位图和矢量图的比较

计算机图像还可以分成二维（2D）的和三维（3D）的。

三维图像是在二维图像的基础上，增加深度维产生的（见图 6-13）。三维图像要更多地考虑光照、物体的遮挡等关系。

图 6-13　二维和三维图像

前面讲的位图和矢量图，加上这里讲的二维和三维，我们一共可以得到 4 种组合，如表 6-1 所示。

表 6-1　图像/图形的分类

分类	二维	三维
位图	图像	立体图像
矢量图	图形	三维图形

6.3.4 计算机怎样处理或展现图像

有很多软件可以对不同种类的图像进行加工处理。例如大家耳熟能详的 Photoshop（大家习惯地称之为“PS”）和 GIMP，能够对图像进行缩放、改变颜色、添加滤镜效果等操作；还有美图秀秀这样的软件，可以智能化地美化照片，添加美白或瘦脸的效果；等等。制作图形的软件有 CorelDRAW 和 inkscape 等，制作三维图形和图像的软件有 3D Studio Max 或 Blender 等。

计算机要展现立体图像，首先要用专门的软件建立形体的三维模型。可以用人工建模的方法来构建，也可以用立体扫描仪直接扫描三维物体，自动构造出三维模型。图 6-14 就是一个三维扫描仪。

图 6-14 三维扫描仪

当计算机将处理后的图像输出时，一般要用到显示器或打印机。近年有一种人们十分感兴趣的打印机称为 3D 打印机，如图 6-15 所示。它能够按照计算机中的物体三维模型，一层一层地喷涂热熔材料，最后形成物体的形状。这种打印机能够打印非常复杂的形体，甚至可以打出一个能居住的房子。

图 6-15 3D 打印机

6.4 计算机如何表示影像

如果说文字和图像是静止的视觉媒体，那么影像就是随时间变化的、动态的视觉媒体。声音虽然也是动态的，但是声音只有时间维度的变化，而影像随空间和时间两个维度变化。为了让大家深入地理解影像，我们先说一下视觉中动感的产生原理。

6.4.1 影像的动感是如何产生的

人之所以能感受到动态的画面，是因为人眼的视觉暂留效应，即快速播放形状关联的景物时，人的大脑中会产生连续的印象。播放的速度（帧速）要达到每秒播放 25～30 个画面；如果帧速低于 25 帧/秒，图像将会感觉不连续（像早期卓别林的电影）；如果帧速高于 30 帧/秒，也不会有更好的效果。

利用这个原理，计算机可以准备好需要播放的各帧图像，形成一个播放序列，按照每秒 25～30 帧的帧速播放，就可以形成动态影像了，如图 6-16 所示。

图 6-16　动态影像的原理

自然界中的影像也是模拟量，需要转换成数字量（数字影像）才能被计算机处理，数字影像也称数字视频。我们之前知道了数字图像的原理，用数码相机把自然景物一帧一帧地拍成数字图像就可以了。当然这个“连拍”的速度要比较快，一般要用数字摄像机来拍摄，大家的手机也可以从照相模式切换成摄像模式来拍摄数字影像。这个过程就是数字影像的 AD 转换或视频信号的采集过程。

6.4.2 怎样减少数字影像的数据量

数字影像的数据量非常大，大家可以用前面的公式算一下，一个超清的 4K 画面，画面上有 880 万像素，每个像素若按 24 比特编码，每一帧的数据量大约为 25MB，按每秒 30 帧来算，每秒计算机要处理的数据量是 750MB，这么大的数据量一般的计算机或者网络带宽根本无法承受。怎么办呢？可以采用数据压缩的办法，将视频数据压缩到原来的 1/10 或 1/100。

视频数据压缩利用的主要是视频图像在平面上的空间冗余和时间上的帧间冗余。冗余就是重复的数据。举个例子来说，如果我们的影像中表现的是飞机从天空飞过，就每一帧图像来说，有大片的区域是蓝色的天空，我们只需要记一下天空在画面中的位置，再记一下蓝色的数值，就可以基本表示出整个天空了，不需要记录每个像素，这样就消除了空间冗余。另外，飞机从天空飞过的视频片段中，相邻的帧画面差异并不大，可能只是飞机的位置有了一点点变化，我们把飞机的坐标位置变化记一下，这样就不用记录整个画面了，这样就消除了在时间维度上的帧间冗余。当然，认真的同学会说，那天上可能还会出现一片云彩或飞过一只小鸟怎么办，不要紧，前面的压缩算法基于的是一种预测算法，总有不准确的地方，我们只需要把存在误差的像素补到画面中就可以了，只要我们的预测在大部分情况下比较准确，需要弥补的像素相对就很少，记录它们不需要太多的数据量。这又用到了"抓大放小"的计算思维。

数据压缩本质上是对数字影像进行编码，理论上最短的编码（或最理想的压缩结果）仍然取决于影像的熵，但是计算影像的熵非常费时间，人们就采用一些效果比较好的、比较简单的办法来代替。评价压缩好坏的指标有三个：

(1) 压缩比（压缩前后数据量多少的对比）。

(2) 还原质量。

(3) 压缩和解压的速度。

我们当然希望这三者都能达到比较高的水平，但是实际上这三个因素是相互制约的，例如，如果我们基于熵来压缩，压缩比和还原质量都会很好，但是压缩速度会很慢，所以我们又要借助前面所说的折中和适当取舍的计算思维，采用适当的压缩方法保持这三个要素的均衡。大家将来在"多媒体技术"等课程中会有机会深入学习数据压缩相关的知识。

6.4.3 怎样制作动画

还有一种特殊的影像，是完全由计算机或人工生成的，这就是动画。就像图形也是计算机生成的一样，动画的基础是计算机绘图，不过加上了时间维度的变化。也就是说当画出一张张连续变化的图片，并让它们按每秒 25～30 帧的速度播放时，我们就看到了动画。手工绘制动画的历史比计算机的历史还久远，例如，我国清朝末期出现的拉洋片，到 20 世纪 20 年代华特·迪士尼（Walt Disney，1901—1966）制作的《米老鼠和唐老鸭》，再到 20 世纪 60 年代上海美术电影制片厂制作的《大闹天宫》《小蝌蚪找妈妈》等，这些经典的动画片被多代人传承，成为时代的记忆。而历史上完全由计算机生成的第一部动画是 1995 年上映的《玩具总动员》。

延伸阅读：拉洋片

拉洋片是中国的一种传统民间艺术。表演者通常为 1 人。使用的道具为四周安装有镜头的木箱。箱内装备数张图片，并使用灯具照明。表演时表演者在箱外拉动拉绳，操作图片的卷动。观者通过镜头观察到画面的变化。通常内置的图片是完整的故事或者相关的内容。表演者同时配以演唱，解释图片的内容，如图 6-17 所示。

图 6-17 拉洋片

延伸阅读

百度百科：玩具总动员。（见图 6-18）

图 6-18 《玩具总动员》剧照

动画可以分成二维的平面动画和三维的立体动画。

可以先做几个造型，然后让它们按不同的轨迹运动，形成动画，这称作造型动画，如图 6-19(a)所示。也可以把动画一帧帧地画出来，这称作帧动画，如图 6-19(b)所示。

过去画动画是件很辛苦的事，需要手工绘制出每一帧画面或每个造型。有了计算机，

(a) 造型动画　　(b) 帧动画

图 6-19　造型动画与帧动画

制作动画变得容易了不少。我们可以每隔几个画面画一个关键帧，然后让计算机把中间的画面自动补全。

用计算机制作一个三维造型动画，一般需要以下几个过程：

（1）建模：建立物体的三维模型。

（2）编辑材质：制定物理的材料，如金属还是木头。

（3）贴图：把颜色和纹理加到模型的表面。

（4）灯光：确定灯光的位置、颜色和种类（如面光源、线光源、点光源）。

（5）动画编辑：对完成的内容进行细致调整。

（6）渲染：让计算机按照设定自动绘制出形体。

（7）生成帧图像画面序列：保存成一幅幅静态的图片，按序编排。

（8）播放：将保存后的一幅幅静态的图片按序播放。

有了计算机的辅助，物体的建模，材质、纹理、光照的计算才能够实现。比较著名的制作软件有 3D Studio MAX、Cinema4D、Maya 以及 Blender 等。即使这样，制作一个三维动画的人力、物力和时间成本还是很高的。

延伸阅读：《玩具总动员》的数字报告

《玩具总动员》是一部充满幽默、趣味的惊险动画电影，其计算机制作耗时两年半，共耗费 80 万个计算机工作小时。全片 11.4 万多个画面，每一个画面的平均制作时间为 20 个小时。

《玩具总动员》是世界上第一部计算机立体动画电影。参与制作的工作人员超过 110 人，平均年龄不到 30 岁。全片共有 76 个角色、366 个物件，平均每个星期只能生产出 3～5 分钟的片段，可谓慢工出细活。从角色剧本构思到真正完成，一共费时四年的时间，几乎是一般真人电影的两倍多。电影里所有相关的计算机程序共有 450 万行，每一个画面的基本数学运算至少 50 万次，共有 110 部计算机 24 小时不停地运算画面。

为了使人看起来像真的，而不是计算机画的，至少选用了10种不同的贴图材质，以达到雀斑、疹子、汗毛及油脂等细部效果。片中小主人安迪头上有12 384根头发，小狗头上的发毛有15 977根，而且每一根头发都是会动的。安迪家附近出现的树木超过100棵，共有一万片以上的树叶，由专门的动画人员负责每一片树叶的活动情形，一万片树叶就有一万种不同的活动方式。安迪脸上的控制点有212个之多，其中嘴巴又占了8个以上，能够把安迪的各种面部表情栩栩如生地表现出来。

目前世界动画最发达的国家当数美国和日本，中国动画也在快速跟进，而且形成了自己的风格。随着计算机技术、网络技术和数字通信技术的高速发展与融合，传统的广播、电视、电影快速地向数字音频、数字视频、数字电影方向发展，与日益普及的计算机动画、虚拟现实等构成了新一代的数字传播媒体，逐渐形成了新媒体产业。

6.4.4 怎样看到立体的影像

"元宇宙"中想必深邃无比，奥妙无穷，因此我们最好也能将远近万物尽收眼底。就像声音的方向感一样，立体的视觉也靠我们的两只眼睛。不同方位的物体，在左右眼的视网膜成像后，会形成略有差异的两幅图像，这种差异称为视差。左右眼看到的、带有视差的图像在我们的脑海里会合成出具有景深的立体视觉。因此，要让计算机再现立体感的影像，一种方法是通过三维显示头盔，在左右眼对应的屏幕上模拟出视差；另一种方法是戴上特殊的眼镜，当左右眼两路数字影像叠加在一起播放时，这种眼镜可以通过不同方向的光栅，分别过滤出左右眼看到的图像，从而让我们看到立体影像，如图6-20所示。这也是我们去数字影院观看立体电影的基本原理。

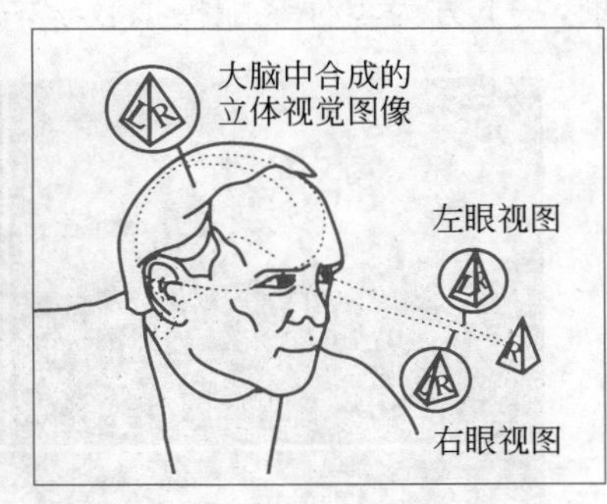

图 6-20 立体视觉

6.5 计算机如何融合真实与虚幻

大家看到立体电影或动画片，会感觉栩栩如生，呼之欲出。但这仅是视觉上的三维体验，如果在听觉和触觉上都能有这种体验，那我们就会感觉身处在一个虚幻的世界里。

6.5.1 什么是虚拟现实

虚拟现实(Virtual Reality,VR)就是用一系列传感辅助设施来实现的一种三维体验(通过计算机技术模拟出来的现实世界)。

虚拟现实一般有以下几个特点:

(1) 沉浸:让用户感受到自己是计算机系统所创造环境中的一部分。

(2) 多感知性:让用户从多方位感知虚拟世界,如通过听觉、触觉和嗅觉等。

(3) 存在感:虚拟环境中物体需依据物理规律发生变化,例如不能穿墙而过。

(4) 自主性:用户能够感知自己的存在。

(5) 交互性:用户对虚拟物体的可操作程度和从环境得到反馈的自然程度,例如拿一个水杯,突然松开手,杯子会掉到地上。

(6) 想象:用户在虚拟空间中,可以与周围物体进行互动,创造客观世界不存在的场景或不可能发生的环境,例如,X 向 Y 开了一枪,故事可以按两种线索向下发展:打中了或没打中。

虚拟现实是融合了文字、声音、图像、影像的立体视觉的混合媒体。虚拟现实的主要技术包括:动态环境建模技术、实时三维图形生成技术、立体显示和传感器技术、应用系统开发工具和系统集成技术等。这些技术可应用于影视娱乐(例如制作 3D 动画电影)、教育(例如训练飞行员的模拟驾驶舱)、设计(例如建筑的三维效果图)、医学(例如用于解剖研究的虚拟人)、军事(例如用于模拟演练的虚拟战场)、航空航天(例如火星探测车的实地模拟)等。

图 6-21 展示了虚拟现实技术的几个典型应用场景,左上方为模拟驾驶训练,右上方为 3D 观景,左下方为零件装配模拟教学,右下方为洞穴式的三维场景投影。

图 6-21　虚拟现实应用举例

我们可以在不同的层次上体验虚拟现实。桌面虚拟现实系统能够通过 3D 眼镜让我们感受到立体的视觉；全景视频系统可以让我们在特定的三维空间（例如科技馆的穹幕电影院或投影洞穴）中感受到虚拟的环境；而沉浸式虚拟现实则可以通过头盔、手套和服装等，让我们全方位地感受虚拟的视觉、听觉、触觉和空间位移，但是这些装备穿戴起来颇费周章，另外戴上这些东西之后就感受不到周围的真实情况了。

6.5.2　什么是增强现实

我们有时希望既能够感受到虚拟的时空，也能够感受到真实的世界。例如，我们去圆明园游览，并不会愿意一直戴着头盔和手套吧？否则很容易摔跟头，再说我们坐在家里看就足够了，何苦还要买票进公园？因而近年出现了虚拟现实技术的一个分支，称为增强现实（Augmented Reality，AR）。增强现实通过实时地计算摄像的位置及角度，并结合相应的图像、视频和三维模型，将虚拟世界与现实世界叠加并进行互动。简单来说，是虚实结合的技术。AR 在导航导览、仿真训练等方面有着非常广泛的作用。例如，同学们到了圆明园，可以戴上图 6-22 所示的眼镜，感受一下 AR 导览的体验。

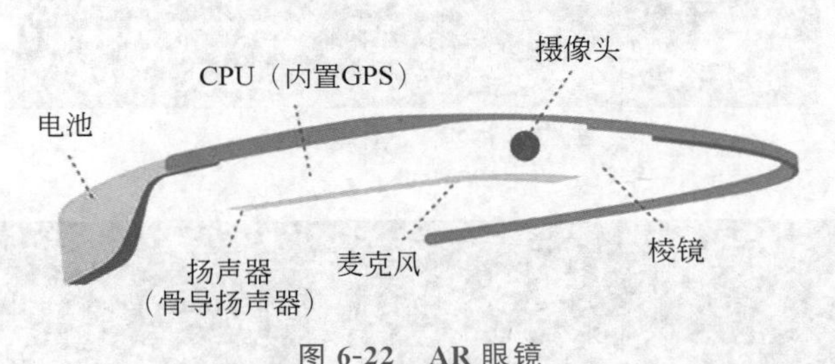

图 6-22　AR 眼镜

AR 眼镜中集成了智能手机的大部分功能，例如，摄像头、麦克风、耳机、GPS 以及无线通信接口等。AR 眼镜并不遮挡正常的视线，但是它带有一个微型投影仪，可以把要显示的内容直接投影到你的视网膜上，这样，就可以把虚拟影像和真实场景叠加在一起。当你走到水法遗址处，摄像头会捕捉到你当前的位置和朝向，然后从知识库中调出圆明园水法的复原模型，以及与之相关的历史和建筑知识，将其映射到你眼前。这样你就可以一边游走，一边了解每一处景物的典故，如图 6-23 所示。

图 6-23　圆明园 AR 导览

6.5.3 增强现实有哪些应用

除了导览，增强现实在导航中也可大展身手。例如，在我们驾驶汽车的时候，可以把导航地图叠加在挡风玻璃上，做到导航的同时不影响开车。当我们打开百度导航时，会发现有一种 AR 导航，它把箭头叠加到真实路面的影像上，你跟着箭头就能一直走到目的地。图 6-24～图 6-26 列举了一些增强现实的应用。

图 6-24 AR 导航

图 6-25 AR 虚拟人

图 6-26 AR 试衣

图 6-24 是一个 AR 导航的场景，用户拿起手机随便照一张街景，屏幕中就会马上告诉你每个建筑的名称和作用，或告诉你餐馆和洗手间在哪里。

图 6-25 是一个 AR 辅助医学训练的场景，学员戴上一种特殊的眼镜之后，就能看到人的骨骼和各种组织。

图 6-26 是一个 AR 服装导购的场景，顾客不必真正穿上衣服去试，计算机会帮你一件件把时装加在身上，由你选择款式、颜色、尺寸等。

AR 还可以制作游戏。几乎我们每个人都有玩电子游戏的经历。前面大家知道了计算机动画的制作原理，就很容易理解计算机游戏是怎样制作出来的了。计算机游戏其实就是在动画的播放过程中，加入了游戏规则和交互控制。20 世纪 70 年代以来（特别是 80 年代），随着个人计算机的普及，计算机游戏的内容日渐丰富，种类日趋繁多，游戏的情节也越来越复杂，图像越来越逼真。

增强现实可以为游戏带来虚实结合的乐趣。大家可能听说过一款游戏，叫"口袋精灵"（Pokemon GO），它是一款对现实世界中出现的精灵进行探索捕捉、战斗以及交换的游戏。玩家可以通过智能手机在现实世界里发现精灵，进行抓捕和战斗。作为精灵训练师，玩家抓到的精灵越多就会变得越强大，从而有机会抓到更强大更稀有的精灵，如图 6-27 所示。

图 6-27 Pokemon GO 游戏

有一则消息说台湾玩家疯迷 Pokemon GO 造成交通瘫痪："车子被困在人群中，完全不能动，我是其中一辆，真的很无言。这里是马路，不是行人徒步区好吗！"驾驶员耐不住性子，对着一群疯狂的游戏玩家按喇叭，想不到却反遭白眼，甚至还有人恶言相向。

另外一则消息说：因为 Pokemon GO，澳大利亚市民的生活方式一夜改变，居民纷纷聚众在大街上游荡。半天内十几个人擅闯警察局，竟是受到神秘的 Pokemon GO 指使。男性玩家白天擅闯女厕所，辩解说厕所里有只皮卡丘。还有人到别人家抓精灵，惨遭枪击。

将来同学们能够在"多媒体技术"等课程中深入学习虚拟现实和增强现实的内容。

6.6 计算机如何寻找信息

前面介绍的声、图、文、像等不同的信息传播载体，我们一般称之为媒体，这些媒体要转换成数据再输入给计算机处理，因此数据是计算机中媒体的存在形式。媒体是信息的载体。

6.6.1 数据和信息有什么区别

有些同学有时把信息和数据混为一谈，这是不对的。信息的本质是帮助我们消除对事物的无知，因此它应该是对我们有用的、真实的。而今天我们得到的信息却不能保证这一点，我们经常被虚假的消息所欺骗。

延伸阅读：俄乌信息战，战争背后的战争

驻守黑海小岛(蛇岛)上的乌克兰士兵是全军覆没还是集体投降？乌克兰领导人是离开了首都基辅还是在继续坚守？某视频中与女儿挥泪而别的是乌克兰士兵还是乌东地区的亲俄人士？自2月24日俄罗斯与乌克兰开战以来，这样混乱的信息就层出不穷。而在这场全世界爱好和平的人士都不愿看到的战争爆发之前，美国等西方国家和俄罗斯的信息战、情报战、心理战就逐渐升级。在美国总统和情报部门大胆预测"2月16日俄入侵乌克兰"一度"失准"后，俄外交部要求西方就散布虚假信息道歉，并称"此类西方的宣传行动是'信息恐怖主义'"。就连美国的盟友也心里打鼓：美国为什么这样热衷于信息战？然而，瞬息万变的局势表明，在这场抢夺"控制叙事"主动权的战争中，不管是美国还是俄罗斯，甚至乌克兰，都在尽其所能地加以表现。

《环球时报》2022.2.28

6.6.2 为什么需要信息提取

人们常说今天我们所处的是信息爆炸的时代。但是严格来说，这仅是一个数据爆炸的时代。过去我们要寻找信息，可以从广播、报纸等官方渠道获得，基本都是权威的消息，比较可靠；而今天涌现出上百种媒体传播的渠道，这些媒体内容庞杂，而且真假难辨。所以，今天要从这些海量的数据中寻找对我们有用的信息，需要做更多的信息提取工作。

互联网推动了信息检索技术的发展。由于互联网中有数以亿计的网页，承载着海量的数据，要从中找到我们感兴趣的内容，需要借助于互联网搜索引擎。搜索引擎技术经过了多年的发展，现在已经变得足够智能，我们不管问它一个什么问题，十有八九都能把你要的结果找出来，而且会按相关性排列好顺序。

6.6.3 如何检索多媒体内容

随着互联网的发展,出现了海量的文本、声音、图像、动画等数据。如何从这些数据中提取信息呢?

对于文本,我们常用关键词检索,但是如何能够具有联想的能力,从相似的概念中寻找答案呢?对于语音,常转换成文本再进行检索,如何能够直接从语音中寻找需要的内容呢?对于声音,我们当然可以进行语音标注,但是很费人工,我们更希望给出一段声音样本后,让机器找到想要的声音片段,例如哼唱个曲子找到想要的歌。对于图像,我们也可以先进行文字标注再做查询,但是我们更希望直接给出图片样本或照片,让机器把相似的图片找出来。例如抓捕逃犯时用的人脸识别。对于影像,除了通过文字描述进行检索之外,我们更希望能够基于影像中的某些帧、镜头或场景,把影像片段找出来。例如,要从电影中找一个野马在草原奔跑的推拉镜头,等等。

综上所述,我们希望直接基于媒体的内容获得我们想要的东西,而不是基于标注好的信息去获得,这种检索技术称为基于内容的检索(Content Based Retrieval,CBR)。其本质也是第3章所说的分类问题,即把杂乱无章的媒体数据,分成与问题相关的和不相关的两类媒体。相关的部分就是我们要的检索结果。这种分类问题常用模式识别和人工智能技术来解决。它的一般原理是,计算机抽取出被检索内容的特征,在各个样本中进行比较,然后把符合特征的内容挑选出来。

对于文本检索来说,虽然基于关键词的字符串匹配并不难,但是人们问出来的问题(或称为检索条件)可能不那么简单。假如你给一个电商开发一个销售软件,当有人问:最新的笔记本有哪些?你认为这个顾客想买的是纸本还是计算机呢?如果我们一年级的新手写这段程序,最后找到的肯定是其中之一(顾客若遭遇答非所问,常会在心里暗骂很多遍"愚蠢!");等大家到了三四年级再写程序,可能会把这两种东西都找出来,让顾客挑,因为那时你已经注意到了"笔记本"和"计算机"在某些场合下具有相同的名称;等大家成了AI工程师,可能又只会提供顾客一种选择了,不过这个肯定是顾客真正想要的东西,你会根据这个顾客过去的购买记录,以及职业、年龄、收入等条件综合判断,推荐给顾客一个他最可能要的"笔记本"。

上面说的问题还算容易解决的,人机对话中的问题往往更加五花八门,例如,新型冠状病毒什么时候还会卷土重来?这样的检索显然无法通过字符串匹配或文本分类来完成了,这背后需要有一个庞大的知识库。在过去计算机要绞尽脑汁、想方设法地寻找提问句和知识库中知识的各种关联,然后把最有可能的结果帮你找出来。现在有了预训练大模型,这些问题都能回答得不错,这主要得益于有足够多、足够新的数据来训练这些模型。

再举一个图像检索的例子。众所周知每个人的脸都不一样,有胖有瘦,有黑有白,有长有圆,有的眼睛大,有的眼睛小……有没有可以用来区分不同人的关键特征呢?显然,我们不能用胖瘦这个特征，皮肤的黑白也不太靠谱，虽然眼睛的大小比较可靠，但是仅凭这一个特征也难以奏效。这个问题被学者们研究了几十年，终于找到了若干关键特征，图 6-28所示的人脸各个器官之间的这些相对位置对于人脸识别非常有效，而且不太会随年龄轻易改变。

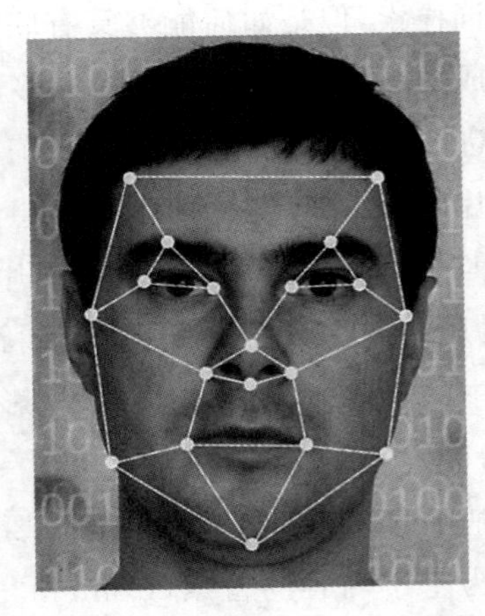

图 6-28 人脸识别所用的部分关键特征

在抓捕逃犯时，计算机可以先从逃犯的照片中把特征抽取出来，再从监控录像的人脸中提取特征，进行特征匹配，如果相似度达到了某种阈值，就可以触发报警了。大家要知道，前面讲述的仅是人脸识别的简单原理，要真正将人脸识别技术做到实用，这几个特征是远远不够的，今天的人脸识别技术已经十分成熟，可以做到“刷脸支付”“刷脸通关”等，其背后的技术十分复杂，需要多种技术配合才能保证万无一失。

声音的识别也可以采用类似的技术。研究发现，从人的声音中可以提取一种称为声纹的声波频谱，声纹不仅具有特定性，而且有相对稳定的特点。成年以后，人的声纹可保持长期不变。无论讲话者是故意模仿他人的声音和语气，还是耳语轻声地讲话，即使模仿得惟妙惟肖，其声纹却始终不变。基于声纹的这两个特征，侦查人员就可将人员库中的声纹和案发现场获取到的声纹，通过声纹鉴定技术进行检验对比，迅速认定罪犯，为侦查破案提供可靠的证据。此外，我们也可以从音乐中分析出节律、音调、节拍等特征，实现歌曲的哼唱检索，如图 6-29 所示。

各种媒体的检索都需要用到模式识别技术，有很多技术难关还等待我们攻克。在很多模式识别问题中，找到有区别性的本质特征仍然是件困难的工作，此外还要达到很高的实时性，这些也是当今人们研究的热点。同学们将来可以在“人工智能”“数据挖掘”等课程中深入学习这方面的知识，期待大家将来能够取得超越前人的研究成果。

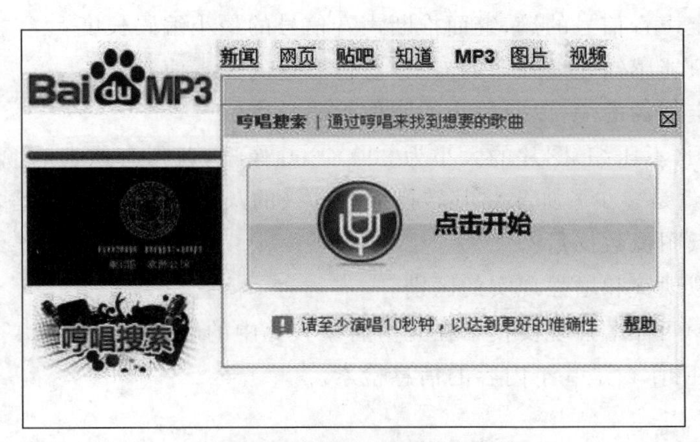

图 6-29 百度的哼唱检索界面

6.7 我们应该如何面对元宇宙

在了解了一些与虚拟时空相关的计算机技术后，我们再回头看看本章开始提到的元宇宙。以下是关于元宇宙的几种说法：

(1) 由于技术的进步，人们已经不满足生活在这个现实世界里，一些人希望能够感受或主宰另一个虚拟的世界，以获得全新的体验，还有一些人想借此逃避现实，远离尘嚣。

(2) 人们希望虚拟的世界与真实的世界在时间和空间上，以至在社会形态上有紧密的关联，但又独立存在，一些人希望两个世界能够相互作用，自由切换（还有一种说法为数字孪生）。

(3) 元宇宙是人们对一种全新的生活方式的向往，同时也夹杂着很多商业噱头，一些商界精英希望从中找到新的产品形态和商业模式，获得更多的经济利益。

前面我们多次提到，任何一件事物都是有利有弊的。一方面，我们要本着探索未知、开放包容的心态，去拥抱元宇宙；另一方面我们要努力消除其可能带来的负面效应。事实上，人类一直生活在理想和现实之中，真实和虚幻的结合是人类长久的梦想，也是元宇宙的核心。今天借助 VR、AR、5G 通信、航天、遥感等现代科学技术，已经能够把我们带入虚拟的时空，然而更深层次的问题是，我们怎样实现虚物实化和实物虚化，这是虚拟现实长久以来致力攻克的难题，而将现实世界和虚拟时空深度融合是元宇宙成功的关键。希望同学们未来能够善于思索、勇于创新，一同去创造妙幻无穷的大千世界。

研讨问题

1. 文字显示时，我们看到的斜体、加粗等效果，是字库带来的吗？

2. 高保真立体声（44.1kHz@16bit）的采样数据率是多少？若将其存放在一张680MB 的 CD-ROM 光盘上，能存放多长时间？

3. 怎样确定声音信号的熵，继而推断声音信号的最小编码长度？

4. 怎样让只能感知光线强弱的CCD获得彩色的像素值？

5. 怎样确定图像的熵，以及最小的图像编码长度？

6. 现有位图（不压缩）图片的大小为800×600像素，若每个像素的颜色用24比特表示，图像的数据量是多少？如果将其转换成256级的灰度图像，数据量是多少？

7. 如何降低图像数据量？

8. 简述虚拟现实和增强现实的区别。

9. 设想至少两种增强现实技术在儿童启蒙教育中的应用。

10. 举例说明什么是基于内容的信息检索。

第7章

计算机如何从过去走向未来

前面我们学了关于计算机的一些基本知识，当我们感慨于计算机技术日行千里，无所不能的时候，不知大家想过没有，先贤们是怎么把计算机发明出来的呢？计算机今后还会怎么发展呢？能想到这些问题的同学们都很棒，因为他们懂得这样的道理：我们学习一门知识要知其然，更要知其所以然。只有我们了解了计算机技术发展的规律，才能驾驭好信息技术发展的巨轮，挺立时代潮头。这一章试图为大家勾勒出一幅计算机技术的历史图卷，让我们一睹计算机的前世今生和未来，及早做好未来学业和事业发展的规划。

7.1 机械也能计算吗

大家对第1章讲到的电子计算机的概念还有印象吧？大家一定注意不要漏掉"电子"这个关键词。如果泛泛地说计算机，范围就大多了，凡是能够辅助计算的工具都可以归到计算机的类别中去。大家在中小学可能学过珠算，珠算用的算盘就是我们祖先在2600多年前发明的一种计算机(还有一些研究称在公元前2400年巴比伦也有了算盘的概念，后来在古埃及、希腊和罗马也发现了类似的器具)，只是算盘的机械化程度低了一点。今天大家一想到"某某机"，总会把齿轮和发动机之类的东西联系到一起，那我们就从机械式计算机讲起吧。

造一台能计算的机器，人们大概在400多年前就有这个想法了。即使今天让大家做一台不用电的计算机，没接触过机械原理的同学也一定会很"蒙圈"，好像并不比用模拟电路实现一个逻辑门容易。这里给大家一点提示，如图7-1所示。

图7-1 齿轮实现的加法装置

图 7-1 是威廉·契克卡德(Wilhelm Schickard,1592—1635)在 1623 年发明的计算机的一个零件。它在计算时,按数字大小拨动转轮的轮齿就可以进行加法(倒着转可以进行减法)。这个装置的关键就是通过齿轮传动实现十进制的自动进位。它使用单齿进位机构,通过在轴上增加一个只有一个齿的辅助齿轮,由低位的传动轮与高位的传动轮相互作用完成进位,前者简称低位轮,后者简称高位轮;每个传动轮都由一个单齿轮和一个十齿轮构成。大家稍微琢磨一下就能明白它的原理了。

历史上还有个很聪明的科学家,用相似的原理研制成功了另一种齿轮式计算机,也可以进行加减法。大家在中学物理课中听说过他的名字,这就是科学家布莱士·帕斯卡(Blaise Pascal,1623—1662),大家还记得流体中传递压力的帕斯卡定律吗?可能因为他在这方面的贡献太大,把他在计算机上的成果给淹没了。其实帕斯卡在 19 岁的时候就开始研究计算机了,当时他父亲是一位收银员,帕斯卡想帮父亲设计一个计算工具。1648 年,他发明的计算机获得了专利并在法国出售。然而因为这款计算机只能进行加法和减法,当时销量并不好。图 7-2 就是他发明的帕斯卡机。

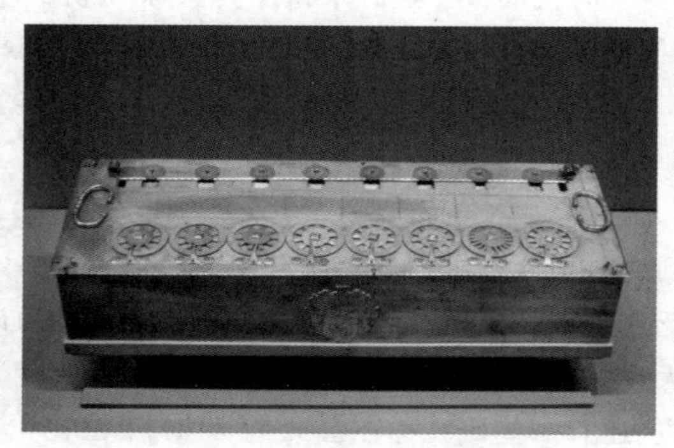

图 7-2 帕斯卡计算机

一般认为帕斯卡机是最早的机械式计算机,它的意义在于告诉人们纯机械装置可代替人类来进行计算,由此开辟了一条自动计算的道路。后面人们为了纪念他,把 20 世纪 80 年代一种很好用的编程语言称为 Pascal。当然,帕斯卡机的原理远比图 7-2 复杂,如果大家想深入了解可参考下列延伸阅读。

延伸阅读

王哲然. 第一台获得专利的计算机:帕斯卡计算机[J]. 自然科学博物馆研究,2020.

17 世纪是第一次工业革命的前夜,那时人们对机械充满热情。在那个时代还出现了很多类似的计算装置。和帕斯卡相似,有位大名鼎鼎的数学家莱布尼茨,大家可能只知道他和牛顿各自发明了微积分,很多人并不知道他对计算机的贡献。1671 年,莱布尼茨在帕斯卡加减法计算机的基础上进行改进,使它能进行乘法、除法和自乘的四则运算,如图 7-3 所示。后来,莱布尼茨还提出了二进制数及其计算规则,他也是数理逻辑的创始人。

图 7-3　莱布尼茨计算机

延伸阅读
百度百科：莱布尼茨乘法器。

第 1 章曾经提到过巴贝奇差分机。它是一种机械式通用计算机，体型巨大，大约有 30m 长、10m 宽，得用蒸汽机驱动。它采用十进制计数，以 1805 年约瑟夫·玛丽·杰卡德(Joseph Marie Jacquard，1752—1834)发明的打孔卡(见图 7-4)为输入设备。巴贝奇差分机和现在的计算机原理相似，是第一台可执行程序的机器。

图 7-4　杰卡德打孔卡

通过这些设计精巧的计算机，大家或许能感受到计算机和数学有着天然的渊源，计算机大多都是为了解决计算问题而发明的。当时的科学家们能将各门自然科学融会贯通又富有工匠精神，很多人兼数学家、物理学家和哲学家于一身，因此计算机在一开始就有多学科交叉融合的特点。这些特点一直延续到今天，大家可能后面会注意到很多计算机历史上的重大发明并非完全出自计算机科学家。

在手动计算机和机械式计算机之后，出现了第一代电子计算机，也就是今天我们使用的计算机的前身。那么第一台电子计算机是怎样的？又是谁制造出来的呢？其实这方面学术界看法并不太一致，有人认为是康拉德·楚泽（Konrad Zuse，1910—1995），有人认为是约翰·文森特·阿塔纳索夫（John Vincent Atanasoff，1903—1995）和克利福特·贝瑞（Clifford Berry，1918—1963），还有人认为是约翰·莫克利（John Mauchly，1907—1980）。我们认为这些观点都有一定的道理，这里不妨都介绍一下。

楚泽是一位德国工程师，他在1938年做出了一台可编程数字计算机Z-1。它可以自动运行程序，每秒完成一次浮点运算，不过它仅是一台实验设备，并未投入实际使用。1941年楚泽又发明了Z-3。Z-3共有2000个开关，正常工作了3年，是当时最好的可编程数字计算机。1944年，美军对柏林实施空袭，楚泽的住宅连同Z-3计算机一起被炸毁。1945年楚泽又建造了一台比Z-3更先进的电磁式计算机Z-4，存储器单元从64位扩展到1024位，继电器几乎占满了一个房间。为了使机器的效率更高，楚泽还设计了一种编程语言Plankalkuel，因此楚泽也被称为现代计算机发明人之一，他也是通用计算机编程语言的先驱，可编程数字计算机Z-1和Z-3如图7-5所示。

延伸阅读
百度百科：康拉德·楚泽。

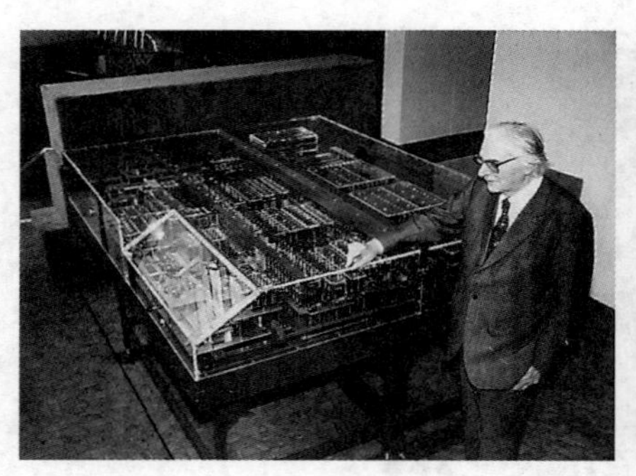

图7-5　可编程数字计算机Z-1和Z-3

几乎与此同时，还有一位美国爱荷华州立大学（Iowa State University）的教师阿塔纳索夫在物理系讲授“数学物理方法”课程，经常需要求解线性偏微分方程组，涉及大量繁复枯燥的计算，于是便着手设计一种新的机器。他提出了几种重要的思路：采用电能与电子元件（在当时就是电子真空管和电容器等）；采用二进制代替十进制；采用电容器作为存储器；用逻辑运算代替算术运算。他找到了当时物理系的硕士研究生贝瑞帮忙，贝瑞懂机械，动手能力又强，很快把阿塔纳索夫的想法变成了现实。1939年，两人造出一台完整的样机，这台样机用两个人的名字命名，称为阿塔纳索夫-贝瑞计算机（Atanasoff-Berry Computer，简称ABC），如图7-6所示。ABC是电子与电器的结合，有300个电子真空管参与计算。令人遗憾的是，阿塔纳索夫本人当时没有意识到这是一项足以影响整个人类社会的重大发明。他没有申请专利就去忙其他事情了。爱荷华州立大学也没有意识到ABC的重要性,竟然把ABC拆掉了。目前放在学校实验室供人参观的只是个复制品。需要说明的是,ABC不可编程,也不能完全实现图灵机的功能,只能进行线性方程组的计算,并不算是真正意义上的通用电子计算机。它的价值是提出了现代计算机的设计思想,如采用二进制以及可重用的存储器等。

图7-6　阿塔纳索夫-贝瑞计算机

延伸阅读
百度百科:阿塔纳索夫-贝瑞计算机。

7.2　第一台电子计算机是哪个

恩格斯说过:“社会一旦有技术上的需要,则这种需要就会比十所大学更能把科学推向前进。”第二次世界大战期间,美国被卷入战争后对各种新科技都有迫切需求。当时各国的武器装备很差,占主要地位的战略武器就是飞机和大炮,迫切需要研制新型的大炮和导弹。为此,美国陆军军械部在马里兰州的阿伯丁设立了弹道研究实验室,要求该实验室每天为陆军炮弹部队提供6张弹道数据的火力表。虽然仅区区6张火力表,但所需的工作量却大得惊人。每张火力表都要计算几百条弹道,而每条弹道的数学模型都是一组非常复杂的非线性方程组。这些方程组没有办法求出精确解,只能用数值方法进行近似计算。即便如此也不是一件容易的事。按当时的计算工具,实验室即使雇用200多名计算员加班加点工作,也要两个多月才能算完一张火力表。这么慢的速度根本没法赢得战争。为了抢时间,美军希望建造一台设备来完成这个繁重的计算任务。

当时宾夕法尼亚大学(University of Pennsylvania)的教授莫克利和他的学生约翰·埃克特(John Eckert,1919—1995)等4人接受了这项任务,预算经费为15万美元(这在当时是一笔巨款)。埃克特担任总工程师,当时年仅24岁。经过3年的努力,一台用于炮弹弹道轨迹计算的电子数字积分器与计算器(Electronic Numerical Integrator and Calculator,ENIAC)于1946年诞生了。因为有充足的经费支持,有香农和图灵的理论做指导,还得到了当时正在研制原子弹的约翰·冯·诺依曼(John von Neumann)的帮助,

ENIAC的研制少走了很多弯路。莫克利和埃克特的重要贡献是用真空电子管实现了数字开关电路，比起继电器电子管几乎没有时延，ENIAC因此能够快速运行。

ENIAC长30.48m，宽6m，高2.4m，占地面积约170m²，有30个操作台，重达30t，耗电量150kW，造价48万美元。它包含了17 468个真空电子管，7200个水晶二极管，1500个中转器件，70 000个电阻器，10 000个电容器，1500个继电器，6000多个开关，计算速度是每秒5000次加法或400次乘法。ENIAC如图7-7所示。

图7-7 ENIAC

虽然ENIAC体积庞大，耗电量惊人，运算速度不过每秒几千次（目前超级计算机的运算速度约为每秒数十亿亿次浮点计算），但它比当时的机电式计算机快了1000倍，比手工计算快了20万倍，另外还有按事先编好的程序自动执行算术运算、逻辑运算和存储数据的功能。当时观看ENIAC演示的英国元帅路易斯·蒙巴顿（Louis Mountbatten，1900—1979），目瞪口呆，感叹道："它真快啊，简直就是带电的大脑！"从此"电脑"一词就成了今天计算机的代名词。ENIAC于1946年2月15日被正式捐献给了宾夕法尼亚大学莫尔电机工程学院，之后立即用于原子能和新型导弹弹道的计算。ENIAC进行过若干次升级，一直使用到1955年。ENIAC宣告了一个新时代的开始。从此科学计算的大门被打开了。

尽管在计算机的发明权上，ENIAC与阿塔纳索夫-贝瑞计算机打过官司，但是人们普遍认为ENIAC是真正意义上的第一台通用电子计算机。其实ENIAC的设计仍是有缺陷的，即它不具备存储程序的能力，程序要通过外接电路板输入，要改变程序必须改接相应的电路板，对于每种类型的题目，都要设计相应的外接电路板。中途加入ENIAC研发项目的冯·诺依曼很快发现了这个问题，但当时ENIAC已经进入制造流程。为了尽早投入使用，ENIAC按计划继续制造下去。同时，冯·诺依曼和莫克利、埃克特一起设计了一种全新的方案——离散变量自动电子计算机（Electronic Discrete Variable Automatic Computer，EDVAC）。这个方案体现了冯·诺依曼系统结构的思想，计算机由运算器、逻辑控制装置、存储器、输入和输出设备五个部分组成，由程序自动控制执行。因此，将EDVAC称为今天所有电子计算机的祖先也不为过。

延伸阅读
百度百科：ENIAC。

7.3　电子计算机经过了几代发展

ENIAC的最大贡献是用真空电子管实现了开关电路。它标志着第一代计算机的开端。

7.3.1　什么是第一代电子计算机

第一代电子计算机的年代大约为1946—1958年。

第一代电子计算机的主要特点是采用电子管(见图7-8和图7-9)作为基本电子元器件,采用水银延迟线作为存储器,并采用了二进位制与存储程序,这体现了现代电子计算机的设计思想。与以继电器为基础的机电式计算机相比,电子管计算机有两个明显的优势:一是开关电路切换时延非常短,这使得计算机可以高速运行;二是电子管故障比较容易发现,可以及时更换坏掉的电子管。

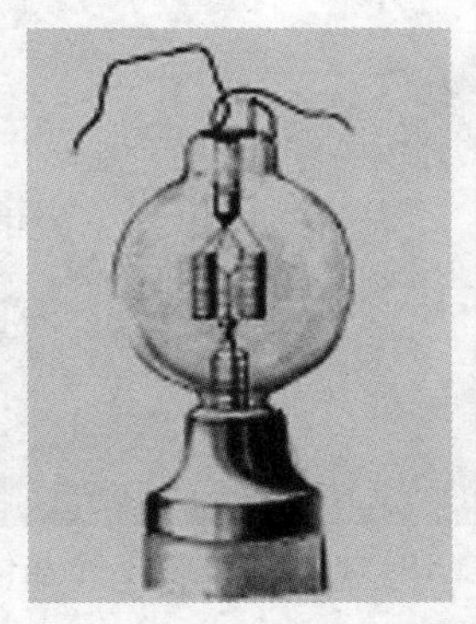

图7-8　1895年发明的第一个电子管(真空二极管)

图7-9　ENIAC使用的电子管

第一代电子计算机没有系统软件,使用机器语言和汇编语言编程,只用于科学、军事和财务计算等个别领域。第一代电子计算机最大的缺点是体积庞大,耗电量大,电子器件寿命短，整体可靠性低，制造和运行成本都很高。即便缺点很多，但是它开创了一个崭新的电子计算机时代，孕育了人类历史上的第三次科技浪潮，对后来的人类社会发展有着重要的作用。

7.3.2 什么是第二代电子计算机

第二代电子计算机的年代大约为1958—1964年。

第2章讲到了用晶体管实现开关电路的原理。人类在1947年发明了第一个晶体二极管，如图7-10所示，大约10年后被用于计算机的开关电路，由此开启了第二代电子计算机的时代。这个时代的计算机主要采用晶体管作为开关电路，使用磁性材料制成的磁芯作为内存，外存普遍采用磁盘。与电子管相比，晶体管具有体积小、质量轻、发热少、耗电少、速度快、寿命长、价格低、功能强的优点。晶体管替代电子管使计算机的结构与性能都发生了质的飞跃。晶体管的大量使用也带动了那个时代半导体工业的发展。

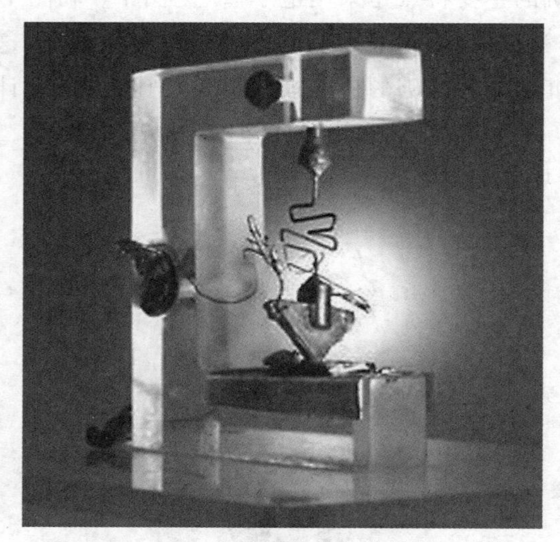

图7-10 1947年发明的第一个晶体二极管

1955年贝尔实验室研制出世界上第一台全部使用晶体管的计算机TRADIC，它装有800个晶体管，功率只有100W，大小仅有0.1m^3，如图7-11所示。1958年IBM公司研制出全晶体管计算机RCA501型，运算速度达到每秒几十万次，主存容量达到100KB及以上。1959年，IBM公司又生产出晶体管电子计算机IBM7090。1960—1964年，IBM7090一直是科学计算领域主力机型，是第二代电子计算机的典型代表。

第二代电子计算机的软件也得到快速发展。这一代计算机大多配备了操作系统，能够有效管理输入/输出以及内存和其他资源。除了汇编语言外，还出现了众多高级程序设计语言，如Ada、FORTRAN、COBOL等。这些软件使得程序开发更加高效。但是，当时计算机生产商开发的操作系统大多是专用的，只能运行在特定的计算机上，不同计算机上的操作命令都不一样，这在一定程度上限制了它们的发展。

图 7-11　第一台全晶体管计算机 TRADIC

7.3.3　什么是第三代电子计算机

第三代电子计算机的年代大约为 1964—1971 年。

20 世纪 60 年代初，杰克·基尔比（Jack Kilby，1923—2005）和罗伯特·诺伊斯（Robert Noyce，1927—1990）发明了集成电路，引发了电路设计的革命。前者发明了基于硅的集成电路，后者发明了基于锗的集成电路，因此他们都被称为集成电路之父。只不过硅比锗更适合用于集成电路生产，今天用的基本上都是硅集成电路，所以诺伊斯的名气更大一点。他们发明的集成电路采用一定的工艺，把电路所需的晶体管、电阻、电容和电感等元件及布线制作在半导体晶片或介质的基片上，然后封装在一个管壳内，成为具有电路功能的微型结构，其中所有元件在结构上组成了一个整体，如图 7-12 和图 7-13 所示。这使电子元件向着微型化、低功耗、智能化和高可靠性方面迈进了一大步。这种集成电路后来被应用在计算机中，开辟了集成电路计算机的时代。

图 7-12　第一块锗集成电路——相移振荡器

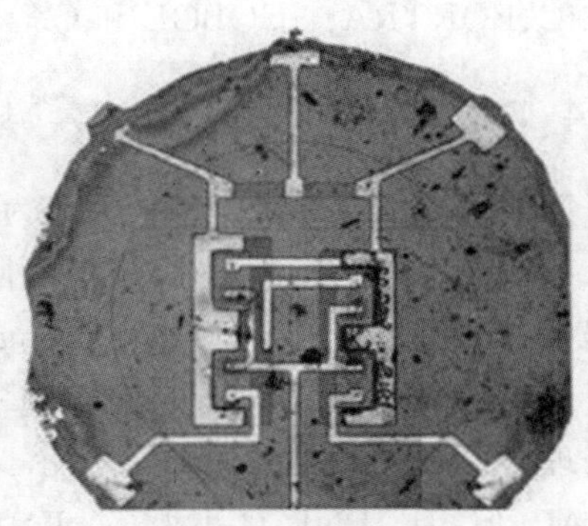

图 7-13　诺伊斯发明的硅集成电路

延伸阅读
百度百科：罗伯特·诺伊斯。 百度百科：仙童半导体公司。

这一代计算机的特征是以中小规模集成电路来构造主要的功能部件，主存采用半导体存储器，运算速度可达每秒几十万次至几百万次基本运算。集成电路的使用使计算机变得体积更小，功耗更低，速度更快。

1962 年 1 月，IBM 公司生产出了著名的集成电路计算机 IBM360 系列机(见图 7-14)，它的研制费用共计 50 亿美元，是美国研制第一颗原子弹的哈顿工程的 2.5 倍。IBM360 共售出了 32 300 台，创造了计算机销售的奇迹。1966 年年底 IBM 公司年收入超过了 40 亿美元，纯利润高达 10 亿美元，确立了 IBM 在计算机市场的世界霸主地位。

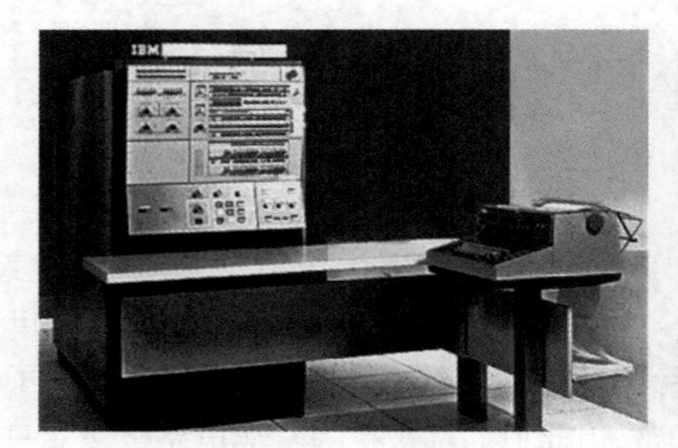

图 7-14 IBM360 系列机

这一代计算机的软件系统也逐步完善。一些小型计算机具备了三个不同的软件系统，即操作系统、编译系统和应用程序。操作系统出现了“多道程序”和“分时系统”的概念，使得一台计算机可以同时处理好几个任务；此外，计算机终端设备的广泛使用使得用户可以在自己的办公室或家中远程使用计算机。计算机编程普遍使用了高级语言。一些流行的高级语言编译程序已经被大多数计算机厂家支持，固化在计算机的内存里，如 BASIC、FORTRAN、COBOL 和 C 等，使得软件生产能力得到大幅提高。

7.3.4 什么是第四代电子计算机

第四代电子计算机的年代大约为 1971 年至今。

1969 年，Intel 公司受托设计一种计算器所用的整套电路。1971 年公司的一名年轻工程师费德里科·法金(Federico Faggin，1941—)在 4.2×3.2(cm^2)的硅片上，成功地集成了 2250 个晶体管，第一次把整个 CPU 的功能做在了单个芯片上，这就是 Intel 的 4 位微处理器 Intel 4004，如图 7-15 所示。Intel 4004 的计算能力不输于世界上第一台计算机 ENIAC，但却比 ENIAC 小得多。ENIAC 使用了 18 000 个真空管，占据了整个房间。同一年 Intel 还开发了 1KB 大小的动态随机存储器(DRAM)，标志着大规模集成电路时代的开始。

图 7-15　Intel 4004

第四代电子计算机是指以大规模集成电路(Large-Scale Integration,LSI)和超大规模集成电路(Very Large Scale Integration,VLSI)为主制成的计算机。集成电路从最早在一个芯片上容纳几个到数百个元件,到今天可在一个芯片上容纳数以亿计的元件,这使得计算机的体积、功耗和价格不断下降,而功能和可靠性不断增强。戈登·摩尔(Gordon Moore,1929—2023)在1965年总结出一个集成电路的发展规律,即当价格不变时,集成电路上可容纳的元件的数目每隔约18~24个月便会增加一倍,性能也将提升一倍。换言之,处理器的性能大约每两年翻一番,同时价格下降为之前的一半。这被称为摩尔定律。

延伸阅读
百度百科:摩尔定律。 百度百科:集成电路。

大规模或超大规模集成电路的制造是非常复杂的,需要使用研磨、抛光、氧化、扩散、光刻、外延生长、蒸发等一整套工艺技术,在一小块硅单晶片上同时制造出晶体管、电阻和电容等元件,并且采用一定的隔离技术使各元件在电性能上互相隔离;然后在硅片表面用光刻技术刻蚀成互连图形,使元件按需要互连成完整电路,制成半导体单片集成电路。半导体材料、工程优化经验、光刻设备和仿真软件等都对集成电路的设计和生产有直接影响。集成电路技术被认为是当今世界上最为复杂的技术。目前我国尚未掌握5nm以下的集成电路制造工艺,这成为制约我国科技发展的卡脖子技术,需要我们奋力直追,迎头赶上。

CPU也称为微处理器,是计算机的大脑。大规模或超大规模集成电路技术对微处理器的发展带来了巨大的推动作用。微处理器的字长从4位、8位、16位、32位发展到目前的64位,主频从几兆赫兹、几百兆赫兹到目前的几十吉赫兹,芯片上的晶体管数量从几万、几百万到目前的几十亿个。前面提到,Intel研发的Intel 4004是第一个4位微处理器,之后,陆续研发出了8位Intel 8008、16位Intel 8086、32位Intel 80386DX,以及奔腾(Pentium)系列微处理器和酷睿(Core)系列微处理器,现在已经全面进入了64位微处理器的时代。这期间,除 Intel 外还有 Motorola、AMD 和 ARM 等公司,都推出过划时代的产品。

尽管我国高端芯片制造技术受到美国等西方国家的全面封锁,但在我国科技工作者的不懈努力下,目前国内已经有了六大国产 CPU,并在一些重要领域逐渐实现了国外产品的替代,截至 2022 年年底各个 CPU 的发展情况如图 7-16 所示。虽然这些芯片的性能与国外同类产品还有一定差距,但差距正在缩小,更重要的是我们逐渐形成了自主可控的国产软硬件生态体系。

	龙芯	鲲鹏	飞腾	海光	兆芯	申威
合作方/资方	中科院研究所	华为	天津飞腾/CEC	AMD/中科曙光	VIA/上海国资委	江南计算所/CETC
指令集体系	MIPS LoongArch	ARMv8	ARMv8	X86(AMD)	X86（VIA）	ALPHA、SW-64
架构来源	指令集授权+自研	指令集授权	指令集授权	IP授权	IP授权	指令集授权+自研
代表产品	龙芯1/龙芯2/龙芯3	鲲鹏920	腾云S系列、腾锐D系列、腾珑E系列	海光1号、2号、3号、4号	ZX-C、ZX-D、KX-5000、KX-6000、KH-20000	申威SW1600、SW1610、SW26010
产品覆盖领域	桌面、服务器	服务器、桌面、嵌入式	服务器、桌面、嵌入式	服务器	服务器、桌面、嵌入式	服务器、桌面
应用市场	党政市场	党政+商用市场	党政+商用市场	党政+商用	党政+商用	军方+党政
厂商	**台式机**：曙光、联想、方正、同方等 **服务器**：云海麒麟、五舟科技、清华同方、长城等 **笔记本**：方正、同方、山东超越、北京计算机研究所等	**服务器**：华为	**台式机**：长城 **笔记本**：长城 **服务器**：清华同方、浪潮、联想、长城等	**服务器**：中科曙光	**台式机**：联想、同方 **笔记本**：联想 **服务器**：云海麒麟、火星舱、联想等	**服务器**：Zoom Server、云海麒麟、联想、方正、宝德等 **笔记本**：方正等
实际应用	玲珑、逸珑、福珑北斗导航卫星	华为服务器	天河一号、天河二号、三河三号	国家级超算项目	笔记本、服务器、火星舱存储系统	神威·蓝光、神威、太湖之光
代工厂	意法半导体	台积电	台积电	格罗方德、三星	台积电	中芯国际
最小制程	12nm	7nm	16nm	14nm	16nm	28nm

图 7-16 国产 CPU 概况

表 7-1 总结了四代电子计算机的特点。

表 7-1 四代电子计算机的特点

发展阶段	逻辑元件	主存储器	运算速度(每秒)	软　　件	应　　用
第一代(1946—1958)	电子管	电子射线管	几千次至几万次	机器语言、汇编语言	军事研究、科学计算
第二代(1958—1964)	晶体管	磁芯	几十万次	监控程序、高级语言	数据处理、事务处理
第三代(1964—1971)	中小规模集成电路	半导体	几十万次至几百万次	操作系统、编译系统、应用程序	有较大发展,开始广泛应用

续表

发展阶段	逻辑元件	主存储器	运算速度(每秒)	软　件	应　用
第四代 (1971至今)	大规模、超大规模集成电路	集成度更高的半导体	千万次至上亿次	操作系统(完善)、数据库系统、高级语言(发展)、应用程序(发展)	深入社会各领域

延伸阅读

百度百科：微处理器。

7.3.5 新一代的电子计算机将会是怎样的

我们可以从电子计算机的四代发展历程中总结出这样的规律，即计算机一直在沿着这些方向变化：体积越来越小；耗电越来越少；可靠性越来越高；电路规模越来越大；速度越来越快；功能越来越多。

另外还可以看到，前四代计算机的发展得益于数字电路技术的不断进步。今天摩尔定律已问世近60多年，我们惊奇地看到半导体芯片制造工艺一直在飞速提高，基本与摩尔定律相吻合，但是越来越多的人怀疑这种发展趋势是否会无止境地持续下去。从技术角度看，随着硅片上线路密度的增加，其复杂性和差错率也呈指数增长，甚至几乎无法进行彻底的测试。一旦芯片上导线间的宽度达到纳米(10^{-9} m)数量级(半导体工业称之为“制程”)时，相当于只有几个分子的大小，这种情况下，材料的物理和化学性能将发生质的变化，采用现行工艺的半导体器件将无法正常工作，摩尔定律终将走到尽头。这就迫使我们从源头去寻找突破，例如尝试采用碳纳米晶体管和光子芯片代替硅集成电路，此外我们还可以结合新的算法，从软件层面提高计算机的信息处理能力。

由单层碳原子卷成管状的碳材料称为碳纳米管。研究表明碳纳米管具有替代硅片的潜力。碳纳米管耗电少，质量轻，有优异的力学和电学性能，比现在的硅晶体管小100倍，而且碳元素在地球上的储量十分丰富。除了碳纳米管以外，碳材料的多种同素异形体，如金刚石、石墨、富勒烯和活性炭等均有可能成为候选材料。但是碳纳米管取代硅晶体管目前仍有一些工艺上的难关需要攻克，这方面的研究我国处于世界领先地位。

延伸阅读

百度百科：碳纳米管。

集成电路芯片采用电流来传输信号，而光子芯片则采用频率更高的光波来传输信号，在同一块硅基芯片上实现光互联，并将光信号和电信号的调制、传输、解调等集成在一起。相比传统的电子芯片展现出更低的传输损耗、更宽的传输带宽、更小的时间延迟以及更强的抗电磁干扰能力。尽管光子芯片离商业化还有一段距离，但也是未来替代集成电路芯片的极具潜力的技术。

延伸阅读
百度百科：光子芯片。

近年发展最快的当属量子计算。第5章介绍了量子通信。量子计算也是利用量子力学的那些神奇特性，即不确定性原理、量子不可克隆、量子不可区分、量子态叠加性、量子态纠缠性和量子态相干性，来调控量子信息单元进行计算的一种新型计算模式。量子位是量子计算的理论基础。在常规计算机中，数据单元用二进制的1比特来表示，它不是处于"0"态就是处于"1"态。在量子计算机中，数据单元称为量子比特，它除了处于"0"态或"1"态外，还可处于叠加态。叠加态就是"0"态和"1"态的任意线性叠加，它可以既是"0"又是"1"，这两种态各以一定的概率同时存在，可以通过测量或与其他物体发生作用得知它们的状态。普通计算机中的2位寄存器在某一时刻仅能存储4个二进制数(00、01、10、11)中的一个，而量子计算机中的2位量子比特寄存器可同时存储这4个数，因为每一量子比特可表示2个值。如果有更多量子比特，则计算能力就会呈指数级提高。从数学上看，量子计算机以集合为基本运算单元，普通计算机以元素为基本运算单元。当然量子计算需要结合特定的算法才能实现。量子计算有可能使计算机的计算能力大大超过今天的计算机，特别是在密钥破解等方面具有特别的优势。但量子计算的大规模商业应用仍需消除许多障碍，有待大家将来为之努力。值得欣慰的是，我国在量子计算的研究方面也走在了世界前列。量子计算机如图7-17所示。

图7-17 量子计算机

延伸阅读
百度百科：量子计算。

有的学者认为，我们今天已经发展到了第五代电子计算机，又称新一代计算机，这一代计算机除了在原理上寻求革命性突破之外，更重要的是结合软硬件和人工智能，在综合能力上实现前四代的超越。

7.4　现代计算机有哪些发展

通过前面的学习，我们看到计算机的计算能力在不断提高，但是同时我们还应该认识到，人类社会对计算的需求也在不断增长。大家从第1章了解到，计算机工作是靠时钟节拍驱动的，因而可以通过提高CPU的工作频率提高计算机的计算能力，但是提高频率会产生更多的热量（在当初Intel推出奔腾4后，该芯片便被调侃为“电炉”，更有好事者用它来表演煎蛋），电子元器件能承受的最高频率是有限的。那么还有什么其他办法提高计算机的计算能力呢？

7.4.1　如何让计算机并行工作

人们首先想到是否能够改进指令的执行方式，例如增加一些电路，让CPU同时执行几条指令呢？大家还记得第1章图1-15吧。

如果把一条指令的执行过程分为4个步骤，即发送指令地址（送地址）、取出指令（取指）、译码和执行，则按一般的做法要占用4个节拍（时钟周期）。能不能让这些动作并行起来呢？指令流水线如图7-18所示。

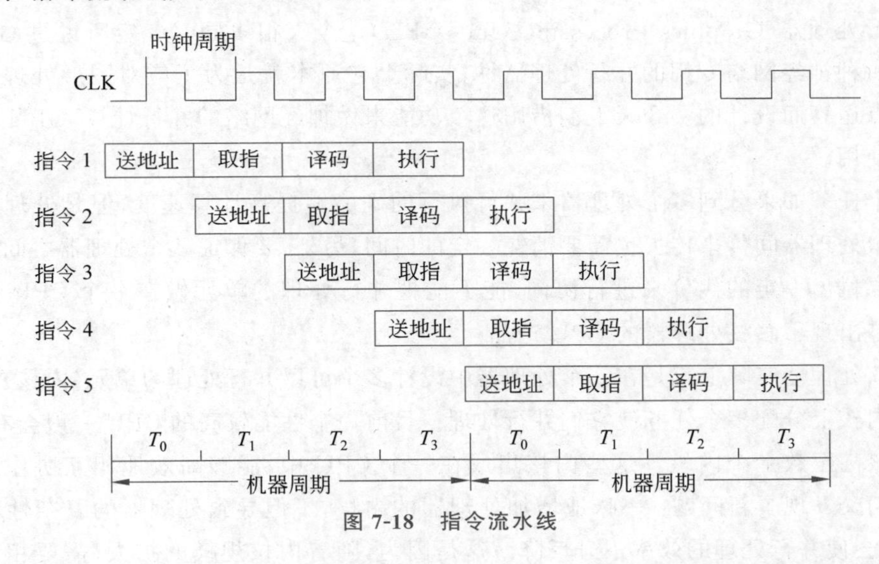

图7-18　指令流水线

图7-18中，在第1条指令的“送地址”完成后，即可以开始第2条指令的“送地址”，同时进行第1条指令的“取指”操作；在第1条指令的“译码”完成后，即可以开始第2条指令的“取指”，同时可以开始第3条指令的“送地址”……上述每一个操作都由一个专门的部件来完成，彼此之间互不影响，这样在8个时钟周期内，就可以完成5条指令的执行，而原来只能完成2条指令的执行。

这种并行技术称为指令流水线，支持这种流水线的CPU设计称为超标量体系结构。但是这种结构的CPU不是万能的，一方面它增加了处理器的复杂性，另一方面不是所有的情况都适合用指令流水线。如果当前执行的指令是一条跳转指令，而我们按一般的规律把当前指令之后的几条指令放进了流水线，这样后面指令的动作就白做了，处理器需要清空流水线，跳转到正确的地址重新读取指令。例如一个下棋的程序，根据对方的走棋会有许许多多的逻辑跳转，就很难预测出当前指令之后的下一条指令是什么。要解决这个问题，我们需要为CPU增加分支预测功能。当然这种预测不可能百分之百成功，但是如果80%左右的指令都能正确预测，那就已经很棒了，这是抓大放小计算思维的又一次体现。

除此之外还有什么别的好办法呢？人们想到了搬砖这种劳动。假如若干人要把一垛转头移动数米，让每个人抱起几块砖一次次地搬运肯定效率不高，有经验的工人一定会每隔几米站一个人，每人只负责把转头传送给下一个人，这样又快又省力。人们由此联想到，一个复杂的任务是否也可以分成简单的任务，让多个部件同时工作呢？例如，我们玩游戏的时候，有的进程(运行中的程序)要负责人机交互，有的需要对画面进行渲染，如果这些工作都交给CPU来处理，CPU可能会不堪重负。于是工程师们想出了一个办法，就是给计算机增加第二个大脑——CPU，让这个CPU只做计算或者只做图形处理，这样这第二个CPU就能针对单一功能进行优化设计，变得非常高效，同时又相对简单而廉价。这第二个CPU有个名字，称为协处理器。它经常出现在一些专用的板卡上，例如，显卡上的图形处理器(Graphics Processing Unit，GPU)。今天很多同学一定听说过GPU，觉得它是一种神经网络专用的并行处理器件，实际上它原本就是为了应对图形处理需要的大量浮点运算而设计的。今天人们借用这个功能来做神经网络的并行计算，GPU因此得到大量使用。

一个任务如果分到多个处理器来并行执行的确能够提高计算速度，但是处理的数据要在各个处理器间传来传去也需要消耗一定的时间，另外，要保证几个处理器之间协调工作还需要付出一定的代价来进行协同，能不能把并行处理的单元做在一个CPU的内部呢？于是出现了多核处理器的CPU产品。

多核处理器实际上就是在一个处理器中设计多个可以并行处理的单元(内核)。可以在多个内核上分配多个任务使它们并行处理。目前一个性能较高的CPU一般会有4核、6核、8核甚至数十个内核。这些内核集成在一个CPU中，能够高效地相互协作。但是随之人们又发现了新问题：一味地增加处理器的内核，不但导致处理器的复杂性和成本增加，还会使并行处理的效率不升反降。这是因为，随着内核规模的扩大，需要相应改变软件的设计，此外还面临着一些公用资源的瓶颈(例如多个内核都需要访问内存时，内存总线应付不过来)，再有也加大了多个内核管理的难度，有研究发现很难写好超过100个内核的并行处理程序。

延伸阅读
百度百科：多核处理器。

由此看来很多技术都有自己的天花板，仅靠改良一种技术来达到目标是不现实的。当前并行技术既包括芯片内部的指令级并行，也有处理器之间的并行，更多的是计算机系统之间的并行。今天常把封装了多个 CPU 的主板变成一种卡式的计算节点（俗称“刀片”），每一片就是一台计算机，这样可以把很多片这样的计算机集成到一个机箱里，做成“刀片机”。这样的刀片机还可以再堆叠起来放到一个主机柜里，再把这些主机柜连接起来一起工作，由此就可以构造出超级计算机了，如图 7-19 所示。这些并行工作的计算机称为集群机，它们需要诸多软硬件共同配合，才能并行完成复杂的任务。

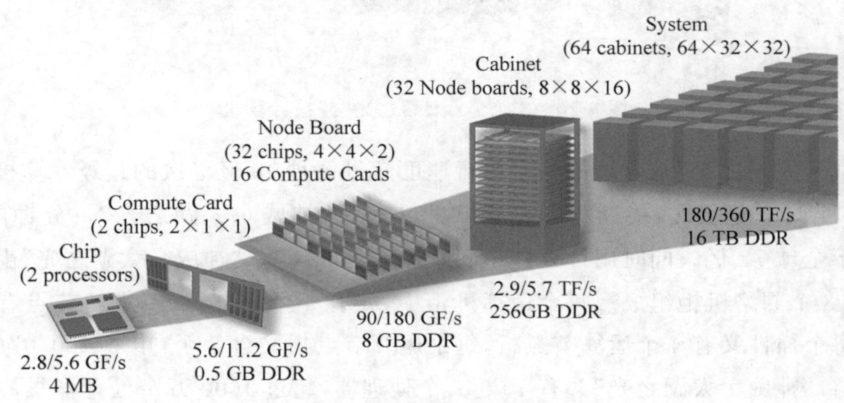

图 7-19　并行计算机

7.4.2　超级计算机的现状是怎样的

超级计算机（超算）是相对于一般计算机而言的一种运算速度更高、存储容量更大、功能更完善的计算机。超级计算机被视作国之重器，可服务于军事、医药、气象、金融、能源、环境和制造业等众多领域，是世界各国竞相角逐的科技制高点，也是一个国家科技实力的重要标志。

我国在超算领域一直走在世界前列。1993 年开始，“全球超级计算机 500 强”组织一年两次公布世界上最快的计算机排名。2010 年 11 月，由中国国防科技大学研制的“天河一号”超级计算机曾以每秒 4.7 千万亿次的峰值速度，首次将五星红旗插上超级计算领域的世界之巅。之后，2013—2015 年间，同样由中国国防科技大学研制的“天河二号”连续 6 次夺冠。2016 年 6 月 20 日，使用中国自主芯片制造的“神威·太湖之光”（见图 7-20）取代“天河二号”登上榜首。直到 2017 年“神威·太湖之光”共 4 次蝉联冠军。之后，我国的超算虽然未再次夺冠，但是均在全球超级计算机 500 强的前 10 名以内。

延伸阅读

百度百科：全球超级计算机 500 强。

百度百科：天河二号超级计算机。

图 7-20 “神威·太湖之光”超级计算机

“神威·太湖之光”是全球第一台运行速度超过每秒 10 亿亿次的超级计算机，峰值速度高达每秒 12.5 亿亿次，接近“天河二号”的 3 倍。“神威·太湖之光”一分钟的计算能力，相当于全球 72 亿人同时用计算器不间断地计算 32 年。“神威·太湖之光”由 40 个运算机柜和 8 个网络机柜组成。每个运算机柜中，共有 4 个超节点，每个超节点有 32 个运算插件，每个插件又有 4 个运算节点板，每个运算节点板又含 2 个“申威 26010”高性能处理器。整台“神威·太湖之光”共有 40 960 个处理器，超过 1000 万个处理器核心，远远超过“天河二号”的 300 多万个，从而极大地提升了其运算规模和并行能力。

“天河”系列的国产化程度是 70%左右(“天河二号”使用的是 Intel Xeon 处理器和 Xeon Phi 协处理器)，“神威·太湖之光”的处理器则全是国产的，在 $5cm^3$ 的芯片中，集成了 260 个核心，数十亿个晶体管。“神威·太湖之光”结束了中国超算缺“芯”的时代，突破了美国在高性能芯片上对我国的封锁。

“神威·太湖之光”之所以有如此高的国产化率，是因为它是国家级国防科研项目的成果。为摆脱在超算和国防等关键领域缺少自主研制的芯片的困境，无锡江南计算技术研究所于 2003 年开始着手设计中国自己的高性能芯片(代号为“申威”)。申威的开发者基于 Alpha 架构(一种 CPU 的设计规范)自主扩展了指令集，共设计了申威 1、申威 2、申威 1600 等多款芯片，自主研发了神威睿智编译器和神威睿思操作系统，推出了搭载申威芯片的 PC、服务器、高性能计算机、超算、防火墙、机架式存储服务器、大规模集群存储系统等产品，圆满完成了任务。

另外值得称道的是，当年“神威·太湖之光”不但在速度和稳定性上达到世界第一，它的功耗仅为 15.3MW，在运行速度和持续计算能力均得到大幅提升的同时，其功耗不升反降，成为世界上计算能力最强又最绿色环保的超级计算机，这也是一个世界第一。再看“天河二号”，它的功耗约为 17.8MW。如果正常运行，“天河二号”年耗电量为 2 亿～3 亿 kW·h。国防科技大学的学生这样回忆道：“上学的时候，最烦的和最骄傲的事情就是学校停电！学校里的那个庞然大物一旦全速运转，全校就会停电，无论你是在看电视还是在打电脑游戏，都需要接受这一事实，就连校长也不例外！”

延伸阅读

百度百科：神威·太湖之光超级计算机。

人们把速度为百亿亿次（10^{18}）级别的计算称为艾级计算。单纯依靠增加规模制造出的艾级超算，功耗可能会达到 50～100MW，以至需要一个专门的核电站来给它供电才行，这样的超算显然没有实用价值。同时这样密集排列的大功率处理器也会带来无法解决的散热问题。因此，国际上公认的艾级超算标准要求功耗必须控制在 20MW 以内，这就要求在制造工艺上有革命性突破。

乔纳森·加罗·库米（Jonathan Garo Koomey）在分析了计算机几十年发展的数据后总结出一个类似摩尔定律的库米定律，即计算机能源效率大约每 18 个月提高一倍。按照库米定律，计算机性能功耗比（每千瓦时耗电量可执行的运算数）随时间呈指数增长，大约 18 个月翻一番，如图 7-21 所示。

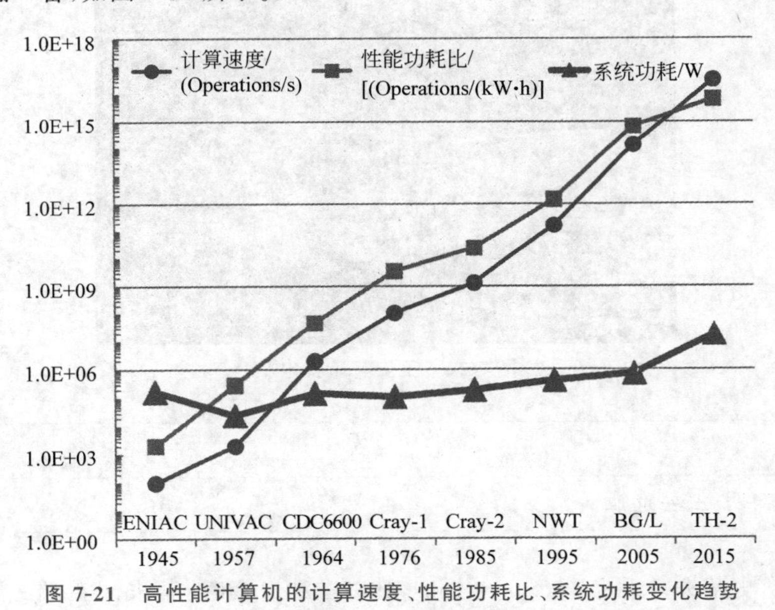

图 7-21　高性能计算机的计算速度、性能功耗比、系统功耗变化趋势

“神威·太湖之光”的性能功耗比约为每千瓦时 6 万亿次，“天河二号”的性能功耗比约为每千瓦时 1.9 万亿次。但近年来，人们发现库米定律逐渐失效了，因为性能功耗比的提升速度大幅落后于性能的提升速度，我们需要设法使之回归到正确的轨道上来，以降低超算能耗对环境的影响，促进社会的可持续发展。

超级计算机代表了计算能力和数据存储能力最强的一类计算机，要达到世界领先水平很不容易。但是计算机发展还有另外一个方向，这就是微型化的计算机，也是今天全世界竞相角逐的高地。

7.4.3　计算机如何向微型化方向发展

因为用户的需要不同，计算机在向超级计算方向发展的同时，也在向小型化和微型化方向发展，这使得每个人都可以拥有自己的个人计算机(Personal Computer，PC)或智能手机。

个人计算机经过了很长的发展阶段，也改变着人们对它的认识。1943 年，IBM 的创立者托马斯·约翰·沃森(Thomas John Watson，1874—1956)曾预言，全世界只需要 5 台计算机就足够了。所有的处理器都为它运算，所有的存储设备都归它支配。然而微软(Microsoft)公司的创始人比尔·盖茨(Bill Gates)则表示自己的理想就是让每个人拥有一台装有 Windows 系统的计算机。事实上，今天的计算机已经超过了 5 亿台，算上智能手机的话，很多人都有不止一台计算机。

第 2 章提到过王安和他发明的磁芯存储器。其实王安还做过计算机，王安电脑堪称最早的个人计算机之一。20 世纪 60 年代王安电脑曾经称雄天下，一度让 IBM 难以望其项背，如图 7-22 所示。

图 7-22 王安与王安电脑

延伸阅读
百度百科：王安电脑。

1976 年，史蒂夫·乔布斯(Steve Jobs，1955—2011)和斯蒂夫·盖瑞·沃兹尼亚克(Stephen Gary Wozniak)共同创立了苹果(Apple)公司。同年，他们开发出 Apple Ⅰ计算机并开始销售。1977 年个人计算机 Apple Ⅱ开始发售，1984 年又推出革命性的计算机 Macintosh，如图 7-23 所示。Macintosh 小巧、紧凑、皮实，拥有图形用户接口，支持窗口、图标和鼠标等交互方式，很受用户欢迎。苹果公司的产品一向以时尚、创新为特色，近年推出的 iPod、iPad、iPhone 等为大家所熟悉。

1981 年 8 月，IBM 快速进入个人计算机市场，仅用一年时间便取代了苹果公司五年之久的个人计算机市场霸主地位。在销售个人计算机之前，IBM 所有计算机的技术资料一贯都是严格封锁的，但在个人计算机方面 IBM 却一反常态，将 IBM-PC 的硬件和软件的技术规范全部公开，并采用了微软公司提供的 DOS 操作系统。这样很多计算机厂商得以大量生产 IBM-PC 的兼容机，于是 IBM-PC 系列个人计算机迅速成为市场主流，如

图 7-23　苹果公司的 Apple Ⅰ、Apple Ⅱ和 Macintosh

图 7-24 所示。IBM 还确立了个人计算机市场的工业标准。受益者最大的当首推微软公司和 Intel 公司。自此 PC 时代宣告来临。

图 7-24　IBM-PC 图

个人计算机经过了很长的发展阶段,直至今日,针对不同用途衍生出很多种类,例如,在战场等恶劣环境下使用的加固型计算机;用于工业生产线的工控机;用于处理日常事务的个人数字助理(Personal Digital Assistant,PDA);用于随身携带的便携式笔记本电脑(Notebook Computer)和平板电脑(Pad)等。今天人们已经不满足将计算机置于桌面上来使用,开始思考如何使人机结合得更加紧密。例如近年出现的穿戴式计算机,就是一种穿戴在身上便于出外活动的微型计算机,这种计算机配合眼镜、头戴式显示器,腕表、服装上的按键,以及运动发电装置等,能够随时随地伴随左右,拉近了人机距离,对于士兵、消防队员和残障人士等特殊人群具有很高的应用价值,如图 7-25 所示。

图 7-25　穿戴式计算机

延伸阅读
百度百科:个人计算机。

从广义来说,智能手机也是一种个人计算机,严格来说,它是集通信、社交、影视娱乐

等功能于一身的手持终端设备。智能手机的概念源自个人数字助理和掌上电脑,只不过为了方便携带,在硬件和软件方面进行了很多改进。例如,为了保持尽可能长的待机时间,CPU 集成电路需要达到尽可能高的集成度,目前高端芯片制程已经做到了 3nm 以下。此外,为了保障流畅、逼真的画面,需要使用多核 CPU 以及 GPU,另外需要较大的内存以及高速的无线通信能力;此外智能手机还需要集成 10 余种传感器,以及提供非常丰富的软件功能。这些严苛的使用要求使得智能手机无处不体现着最尖端的计算机制造技术。

7.4.4 未来的计算机会怎样发展

计算机出现至今,经历了四代的发展,当前又进入了一个崭新的发展阶段。虽然未来的计算机会是怎样的仍充满着悬念,但是能够肯定的是,它将能够提供更多的功能,能够达到更快的速度,能够具有更稳定、更安全的性能,能够带来更友好的人机交互体验,能够节省空间、降低能耗,利于社会的可持续发展。此外,未来的计算机将会根据不同的需要,向着巨型化、微型化、绿色化、网络化、智能化等多极化方向发展。

巨型化是指为了满足尖端科学技术的需求,发展高速度、大存储容量和超强功能的超级计算机。随着人类社会对计算机的依赖性越来越强,军事和科研等关键领域对计算机的存储空间、运行速度和处理能力等方面的要求会越来越高,只有超级计算机才能够满足这些要求,因此需要更多更强大的超算中心。

微型化是指随着集成电路的发展,计算机的体积不断缩小,从台式计算机、便携式计算机、掌上电脑、平板电脑以及智能手机直到可穿戴计算机,为节省空间、降低能耗创造了条件,同时大大方便了人们的使用。未来不需要人围绕着计算机转了,而让计算机围绕着人来工作,为我们提供无所不在的计算能力,消除人机隔阂。

绿色化是指用更少的能耗就能处理、传输和存储更多的信息。2016 年谷歌战胜围棋冠军李世石的 AlphaGo 的计算能力相当于 6000 亿台 ENIAC 的计算能力,如果用 ENIAC 来下围棋,需要用掉 400 万个三峡水电站的发电量。今天的 5G 通信,能够用原来 1%的能量传输更多的信息。今天的固态硬盘比磁介质的硬盘能节省 90%以上的能量。未来计算机需要在提高性能的同时进一步降低能耗。

网络化是指赋予计算机强大的联网能力。互联网把计算机和信息通信紧密结合在一起,将人类带入了信息时代。无线网络的使用使万物互联的物联网得以普及;智能手机和移动通信的结合,彻底改变了人们的工作和生活方式。未来的计算机将会与高速网络进一步融为一体,6G 和卫星通信将为此带来了新的机遇。

智能化是指让计算机具有更多的智能。随着计算机的信息处理能力的提高,计算机将会更懂得人类的语言,理解人类的思维,具有更强大的逻辑推理能力,由此可以更有效地与人类沟通,主动帮助人类处理各类事务,而不再需要人类编写大量繁杂的代码来指挥计算机工作。

7.5　软件是怎样发展的

计算机硬件的发展与软件的发展向来是相辅相成的。在早期，人们关注的是作为硬件而存在的计算机，软件没有成为独立的产品。到后来才发现软件越来越重要，软件的成本可能大大高于硬件，很多情况下硬件的改变是基于软件的需求，例如，GPU 就是为了加快图形处理所需要的大量浮点计算而出现的，基于人工智能深度学习模型又萌生了很多新的计算机体系结构的设计。现在计算机软件已经成为一个投资和产出规模巨大的产业，体现着计算机科学技术的发展水平。

7.5.1　计算机编程语言经过了怎样的变化

软件是计算机的灵魂，软件的基础是编程语言。编程语言的发展经历了三代，今天正处在第四代的发展时期。

第一代编程语言以机器语言为主。第1章提到过计算机指令集的概念。早期的计算机直接使用指令集中的机器指令来编程，这些指令和操作数都表示成二进制的形式，这些二进制表示的程序可以穿孔记录在输入卡片上，或加载到内存中去执行。这种机器语言程序运行效率很高，但是这些代码看起来就像天书，如果不了解计算机硬件或不熟悉指令系统是很难写得好机器语言程序的。另外，如果换一种计算机，这些程序就要重写，从专业角度讲就是可移植性差。更要命的是，这种机器语言程序很容易出错，也很难发现和排除错误。因此机器语言编程的门槛很高，效率很低。

第二代编程语言以汇编语言为主。汇编语言用一些容易理解和记忆的缩写单词来表示指令，例如，用“ADD”代表加法操作，“SUB”代表减法操作，“INC”代表加1操作，“DEC”代表减1操作，“MOV”代表移动数据，等等。这样程序员就不用去记那么多二进制形式的操作指令了，使得程序的编写和错误的排查都比机器语言方便许多。但是汇编语言仍与硬件紧密相关，不易移植。但由于其执行效率较高，今天还常用于一些底层软件如打印机驱动程序的开发。

第三代编程语言以高级语言为主。为了进一步提高编程效率，高级语言采用类似自然语言的关键词和语法来编写程序，屏蔽了硬件细节，容易理解和排错，有很好的可移植性。从早期的 FORTRAN、ALGOL、COBOL、Pascal、BASIC 到今天大家都在使用的 C、C++、Java、Python 和 GO 等，都是高级语言。第1章提到过，高级语言编写的程序必须经过“翻译”以后才能被机器执行。“翻译”的方法有两种，即编译和解释。一些高级语言程序（例如 C 和 C++）需要通过编译程序将源代码翻译成机器语言代码，并用链接程序把它们链接成可执行的目标代码，这种编程语言的程序如果要在不同的计算机上运行，需要针对特定平台分别编译成目标代码。还有一些高级语言程序（例如 Java）被翻译成虚拟机所能理解的中间语言代码（例如字节代码），只要不同的计算机上提供了同样的虚拟机，那么这种编程语言就可以实现“编写一次，到处运行”的目的。还有一些高级语言程序则通过解释的方式来执行。解释是指源代码在运行的时候才进行翻译,翻译一句,执行一句。JavaScript 和 Python 等都是解释型语言,这种语言也有很好的可移植性,但是执行的速度相对会慢一些。

今天计算机软件生产已经进入到一个新的时期。常用的程序设计语言的种类变少了,人们更关注如何用更少的编程写出更聪明的代码。早在 20 世纪 60—70 年代,人工智能就开始和程序设计结合,出现了可以进行逻辑演算的 LISP 和 PROLOG 语言,还开发出很多智能的集成程序与集成开发环境(Integrated Development Environment,IDE),能够按用户的习惯定制处理规则。今天大家编写程序的时候,很多软件开发工具能实时猜出当前你要写的程序语句是什么,能够对关键词或短语加以提示或自动补全。随着人工智能技术的发展,机器人被用于辅助编程,例如经过训练的 ChatGPT 能够按照提示自动帮你写出程序,或者帮你寻找程序中的错误。AI 辅助软件开发在企业得到广泛应用,大大提高了软件的开发效率,在某种意义上实现了第四代智能化程序设计的梦想。我们期待着这个智能化编程时代的全面到来。

7.5.2 怎样提高软件的生产能力

1945 年,格雷斯·霍珀(Grace Hopper,1906—1992)发现了第一个计算机 Bug。当时霍珀发现的是硬件中出现的 Bug,其实软件中的 Bug 远比硬件中的要多得多。1963 年,美国飞往火星的火箭因为一个软件错误而爆炸,造成 1000 万美元的损失,原因是 FORTRAN 程序的语句"DO i:=1,3"被误写为"DO i:=1.3"。1967 年 8 月 23 日,苏联"结盟一号"载人宇宙飞船也因软件错误而烧毁。当时的软件规模还不算很大,而今天很多软件代码量惊人,例如,微软 Windows 系统的代码量已达到数千万行,谷歌开发的软件代码量已达到 20 亿行,腾讯开发的软件代码量也已达到 14 亿行。这么多的代码里面该有多少 Bug 啊?

延伸阅读:Bug 和 Debug

软件行业是一个智力和劳动力高度密集型产业。至今软件行业的生产率低下,人力成本高昂。人们称之为"软件危机"。

在任何复杂的大系统中,错误都是难以避免的。大型软件尤其难以按时按预算完成。1995 年,国外的一个大规模研究调查了 17 万个软件开发项目(总投资达 2500 亿美元),结果发现,只有 6%的项目能按时按预算完成,31%的项目被中途取消。其余 63%的项目虽然最终得以完成,但都超出了预算和进度要求。这些项目中,一大半项目的实际花费超出预算达 189%。

导致软件危机的一个重要原因就是软件的 Bug(即臭虫)。Bug 这个词的由来还有一段故事。

霍珀是计算机史上最杰出的女性之一,她是 COBOL 语言设计者,美国海军将军。她设计了第一个编译程序,发现了世界上的第一个 Bug。

霍珀刚佩戴上海军中尉肩章就参与了 Mark Ⅰ计算机的研制。她后来回忆说："我成了世界上第一台大型数字计算机的第三名程序员。"从此霍珀走上了软件工程师的道路。霍珀的主要任务是编写程序，她为 Mark Ⅰ、Mark Ⅱ和 Mark Ⅲ编写了大量软件。

1945 年 9 月 9 日下午，霍珀正带领她的小组构造 Mark Ⅱ型计算机。这还不是一个完全的电子计算机，它使用了大量继电器。机房是一间第一次世界大战时建造的老建筑。那是一个炎热的夏天，房间没有空调，所有窗户都敞开散热。

突然，Mark Ⅱ死机了。技术人员试了很多办法，最后发现是第 70 号继电器出错。霍珀观察这个出错的继电器，发现有一只飞蛾躺在中间，已经被继电器打死了。她小心地用镊子将飞蛾夹了出来，用透明胶布贴到"事件记录本"中，并注明"第一个发现臭虫的实例"，如图 7-26 所示。

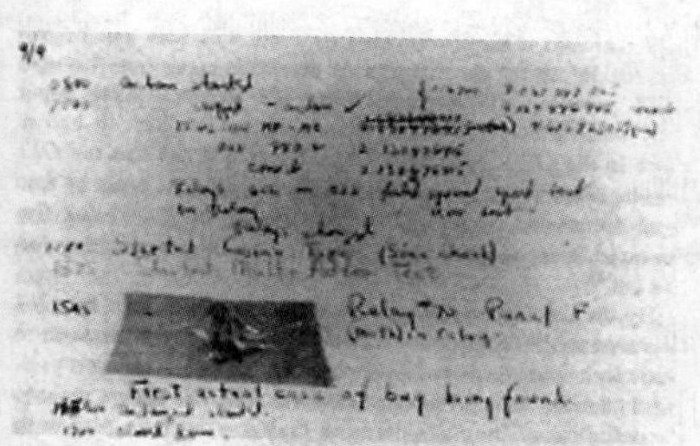

图 7-26 霍珀和她发现的 Bug

从此以后，人们将计算机错误戏称为臭虫(Bug)，而把找寻错误的工作称为"找臭虫"(Debug)。

霍珀的事件记录本，连同那个飞蛾，现在陈列在美国历史博物馆中。

计算机 Bug 之多，是难以令人置信的。据计算机业界媒体报道，微软 Windows 98 系统改正了 Windows 95 系统里面 5000 多个 Bug。也就是说，当 Windows 95 系统被推向市场时，每套里都含有 5000 个 Bug，全世界有数千亿个 Bug 在计算机中飞来爬去，这就难怪计算机应用会老出问题了。

计算机含有这么多 Bug 有一个技术原因，就是软件越来越庞大复杂。据报道，Windows 95 系统含有 1500 万行代码。假设每行代码包含一个语句，那么按照统计规律，Windows 95 系统的潜在 Bug 就会有 200 多万个。在出厂之前，微软公司做了大量测试。一般来说，需要做 18 次测试才能把 Bug 的数量降低到 5000 个。假设测试一次耗时一个月(实际上常常不止一个月)，那也需要一年半的时间。如果要把 Bug 的数量降到 1，总共需要做 42 次测试，需要三年半还不止的时间。当然，Windows 95 系统构建在 Windows 3.1 系统多年的开发和使用基础上，并不是完全从头做起，用不了这么多时间。但不论怎么算，测试和纠正 Bug 的成本都是很大的。

跟计算机硬件的发展相比,计算机软件的发展慢了很多。除了软件中存在大量的Bug之外,还有很多棘手的问题难以解决,例如,软件开发进度难以预测,软件开发成本难以控制,软件产品质量无法保证,软件产品难以维护,软件产品的功能难以满足用户的要求,等等。1968年北大西洋公约组织(North Atlantic Treaty Organization,NATO)在一个国际学术会议上把这些问题概括为"软件危机"。

怎么解决这些问题呢?人们发现,开发一个软件与实施一项工程很相似,它们都有明确的项目目标、进度计划、成本预算和验收交付等方面的要求。在工程建筑领域,要保证一个建筑项目能够达到优质的质量,需要有一套严格的管理方法,例如,需要有明确的计划、精确的图纸、严格的审查以及检验测试等。计算机软件的开发能否采取类似的方法来进行,从而保证软件的质量呢?于是20世纪60年代出现了软件工程这样一个学科门类,它研究如何将规范的工程化方法应用于软件的开发、运行和维护中,保证在规定的时间和预算范围内,高质量、高效率地开发出符合用户需求的软件产品。这部分的深入知识有待同学们将来在"软件工程"这门课程中去学习。

当今庞大的软件系统能够运行顺畅很大程度上得益于软件工程的理论和方法。软件工程中还有一个很重要的思想就是软件复用。

我们简单回顾一下建筑工程技术的发展。在早期,我们的祖先用石头和砖块来盖房子,这种方式效率很低,最多只能搭起几层的小楼,而且房子的质量跟工匠的手艺关系很大,经常有砖头损坏,或砖缝不齐等"Bug"。近代建筑普遍采用了水泥预制件,人们根据房子的不同功用,预先制作好一些标准的组件,例如,卧室、厨房和卫生间等,这些组件都有标准的接口。盖房子的时候,把这些组件拼接到一起,很快就能盖起一座高楼。当然也可以做些改变,例如,改变一些组件,加个暖气管道或增加一部电梯,等等,从而快速形成一些新的组件。这种方法使得建筑速度得到大幅提升,最重要的是让房屋的质量变得很稳定,其关键是重复利用了建筑组件的设计。建筑工程技术的发展如图7-27所示。

软件的开发也走过了相似的道路。大家学习C语言程序设计的时候,是一行行地编写程序的,最多会重复调用某些函数或子程序,这种编写程序的方法称为面向过程的程序设计方法。这种方法很像用石头和砖块盖房子,效率低,Bug多。后来,人们从建筑组件得到启发,想到能否先设计好一些质量可靠的、包含常见功能的程序(称为"对象"),然后重复地利用它们来构造更大的程序呢?于是就出现了面向对象的程序设计方法。这种方法就像用预制件盖楼,软件开发的效率得到很大提高,另外,这些预先写好的程序(称为"类库")一般是经过筛选、严格测试而留下来的,因此里面的Bug很少,用它们构造出来的新的程序也会有较高的质量。后来人们还尝试从更大的程序规模上去复用软件,出现了构件化的软件开发方法。从建筑角度看,这些构件是比卧室、厨房、卫生间等更大的单元,例如一个套间或整个一层楼;从软件的角度看,可能是一个功能完整的、可交付的功能单元,甚至不是源代码而是一个运行中的程序进程。大家要注意,代码级的复用仅是软件复用的一个方面。今天软件复用的概念已经扩大到包括领域知识、开发经验、设计方案、体系结构、需求规范以及技术文档等很多方面。

图 7-27　建筑工程技术的发展

现在我们已经有了足够多的、功能各异的程序或软件(注意这里的软件包括可运行的代码)了,今天我们要再开发一个新的功能,是否有更便捷的方法呢? 于是软件工程师们又提出了面向服务的软件开发思想。这种做法的实质就是让那些提供基础功能的软件时刻保持"待机"状态,一旦有发给它们的请求就能把它们唤醒,然后它们立即处理这些请求,处理完了,再回到"待机"状态等待别的请求。这些"活着的"程序称为服务,每一个服务可能只完成一个任务,但是很多服务就能共同完成很复杂的任务。例如大家在网上购物,有的服务专门提供商品的展示,有的服务专门管理客户资料,有的服务专门负责支付,要为一个新的网店写个软件,所要做的就是调用一些这样的服务。这就是面向服务的软件开发方法或称为面向服务架构(Service Oriented Architecture,SOA)。

结合前面讲过的云计算,这种面向服务的架构还有一个好处是,可以将不同的服务分散到不同的服务器中去运行,这样可以充分利用各种计算资源来均衡负载。当然,这里还有一些问题需要考虑,例如,如何让人们知道哪些软件在提供哪些服务? 怎么去调用这些服务? 怎么保证安全性? 好在今天这些问题都已经有了解决的方法。另外,各个服务之间的数据传送也要增加一些网络的开销。

我们能否再省点事,连这种服务调用也省了呢? 于是人们又有了新的思路,这就是按照需要来租用软件。例如,我们想要用办公软件写文档,只要在浏览器中输入一个 URL 地址,浏览器就出现了办公软件的使用界面,其实这个软件根本就没有安装或运行在我们的计算机上,而是运行在远程服务提供商的平台上。也许将来连操作办公软件的动作也可以免了,我们只要告诉计算机帮助把这个文章排一下版,一会儿排好版的文档就可以下载了。当然,这样做的前提是已经有了足够多的、好用的软件或服务,这便是人们今天常说的软件即服务。未来我们需要关注的可能不再是如何开发好软件，而是如何高效地利用好这些软件资源。

当前计算机软件的发展还伴随着一个群智化的特点。很早人们就对什么是软件产品存在不同的看法。有的人认为，软件是开发人员花了很多代价生产出来的，当然应该作为商品受到保护，不应该被盗版或非法使用。还有的人认为，软件代表着一种思想，应该自由传播，免费使用，被全社会共享，并鼓励人们共同改进之。进一步，他们认为，软件应该把源代码公开，让大家明白软件的处理逻辑是怎样的，这应该是软件用户的基本权利，就像药厂生产了一种药品，应该公开其成分或配方一样。这些不同的观点促成了 20 世纪 70 年代开放源代码（简称“开源”）运动的兴起，经过近 60 年的发展，人们已经普遍认识到开源的重要性。开源软件是指开放源代码的软件，反之称为闭源软件。除了软件，其他产品也有开源的概念，例如开放硬件的设计也称为硬件的开源。开源的最大优势是可以吸收全世界的志愿者组成开源社区，依靠众人的智慧开发和完善代码并对软件产品提供支持，这种模式称为群智。同时，所有的人都可以审视源代码，在一定程度上保证了代码的质量和安全性。开源软件开发需要遵循一定的规则，方便全世界的开发者相互尊重，共同协作。开源模式对于一些具有创新性、探索性和挑战性的软件项目更为适合，例如，目前绝大多数的人工智能计算平台以及各种深度学习算法基本都是通过开源实现的，很多云计算相关的软件也是开源的。大家要注意，开源软件既可能允许免费使用，也可能会按一定条件收费，或允许用于销售盈利，这取决于开源项目选择的许可证（Licence）。许可证从软件拥有者的角度规定了允许用户使用软件的方式。软件属于一种典型的智力产品，理应得到知识产权的保护，我们每个人，特别是软件的用户，应该自觉尊重和保护知识产权。今天开源已经成为了软件生产的一种不可或缺的重要方式。开源软件和闭源软件、自由软件和商业软件等共同构成了多样化的软件生态，它们相互补充，共同促进。

延伸阅读
百度百科：开放源代码软件。

7.5.3 存在哪些种类的软件

第 1 章提到过，软件是计算机程序的总称。在前面的章节，我们还提到过操作系统和数据库软件等，现在我们从总体上来认识一下计算机软件。

要让计算机完成一项任务，例如，打印一个销售记录，我们可以写一个程序来指挥计算机来完成这项任务。例如，我们可能要写段输入程序，通过键盘或鼠标让用户把销售数据输入计算机；我们还要写段程序把用户输入的数据保存在磁盘中，接着我们还要再写一段程序从磁盘中把数据读出来。进行运算得到销售记录；然后我们还要再写一段程序指挥打印机把销售记录的内容打出来。我们要写的程序可能事无巨细、包罗万象，例如磁盘数据存满了怎么办？打印机别人在用怎么办？细想起来一项特别简单的任务完成起来都

复杂得不得了，如果每个步骤都要写程序来实现，那我们什么时候才能把任务完成？再有，也不是每个人都会写这么多种程序，如果我们有位当经理的爷爷没学过计算机，想通过计算机看到这个销售记录怎么办呢？

于是我们运用计算思维，把复杂问题分解成简单问题来解决。我们专门写个管理计算机硬件资源的程序，负责管理和调度CPU、内存以及输入设备等来完成最底层的工作；在其之上，我们再写个程序，负责调用底层的程序来保存和计算数据；再在这个程序的上层写个程序，提供给用户一个友好的使用界面，例如，用鼠标选一下日期，按一下打印按钮。这样一个不懂计算机的用户就能把销售记录打出来了。

我们不妨尝试来分层设计一下计算机软件。我们把直接和计算机硬件打交道的软件作为最底层，这一层主要负责管理和调度计算机的各种硬件资源。因为可能有很多应用同时需要这些资源，例如，你的计算机既要计算销售数据，同时又要接收用户的输入，另外还要打印之前的报表，而CPU只有一个，到底该运行哪项任务呢？底层的软件就要进行资源的调度了，例如让一些很着急的任务先运行，其他的任务排队等待，当然也不能让一些任务等太久，总之要让所有的任务尽可能都能有机会运行；还要让所有硬件资源尽可能都得到充分利用，例如，有的任务正在向硬盘写文件，那么不用硬盘的任务就可以插空来运行。这一层的软件一般还要运行很多其他任务，例如，提供给用户便于操作计算机的界面；识别哪些用户有权利使用计算机，防止非法的用户进入系统；记录系统中安装了哪些设备，处于什么工作状态，出了故障及时报警，等等。这个最底层的软件就是操作系统，常用的操作系统有Windows、UNIX、Linux和Android。

有了操作系统，很多软件开发工作就变得简单多了，我们编写程序的时候，就不需要关心太多硬件管理的细节了。但是如果直接在操作系统上开发应用程序有时还会很麻烦。第2章讲过，如果要在操作系统上直接编写一个商店的进销存管理系统是非常麻烦的，借助数据库管理系统来实现会简单得多。所以，在操作系统之上，还需要其他软件为更上层的应用提供服务。除了数据库管理系统之外，可能还有程序开发集成环境和消息中间件等。这层软件称为系统软件。大家需要注意，这一层软件一般是给计算机的开发人员使用的，普通计算机用户往往注意不到系统软件。

系统软件的再上层，就是给普通计算机用户使用的应用软件了。今天，计算机在几乎所有领域都有应用，所以应用软件极为丰富，可以按行业、用途、规模等维度进行分类，例如分成通用软件、专业软件、控制软件、管理软件、社交软件等，同学们用来写报告、制作演讲稿的办公软件就是一类通用软件，大家相互联系所用的微信就属于社交软件。

计算机软件的分层如图7-28所示。

软件的分层也是与时俱进的。在早期人们直接跟计算机硬件打交道，计算机只有专业人员才能使用，即使是计算机专业人员，当使用一台计算机的时候，也需要花很多精力学习这台计算机的工作原理以及这台计算机上特定的操作命令和编程语言。早期在计算机上操作也是一件很痛苦的事情，人们需要预先把指令记录在穿孔卡片上，然后批量地读入计算机中运行。中间如果出现错误，只能事后分析或修改卡片上的代码，这种方式称为

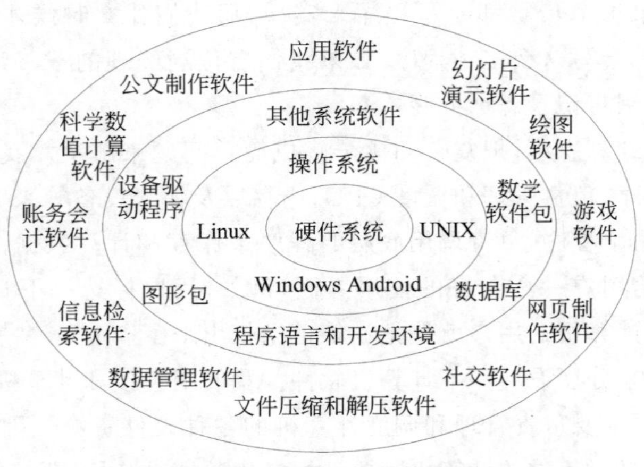

图 7-28　计算机软件的分层

批处理。自从有了操作系统，人们使用计算机的方式才变得越来越友好。批处理之后出现了交互式的人机界面，我们可以通过终端输入程序或命令，从显示器看到运行的结果，虽然那时候显示器只能显示字符。再后来，人们开发了计算机图形处理软件（系统软件的一种），这样人们就可以借助窗口、图标、鼠标等搭建图形用户界面（GUI）和计算机进行交互了，人机界面变得十分友好；另外一些过去难以做到的事情（例如计算机修图），就可以实现了。今天人机交互成为了计算机技术的一个分支，还在快速发展。结合人工智能，现在我们可以通过语音、眼神、手势甚至脑电波和计算机交互，让计算机知道我们要做的事情并帮助我们完成，使人类真正成为计算机的主人。

7.6　我国的计算机事业是怎样起步的

1949 年新中国成立以来，党中央始终将科学技术放在国家发展的重要战略位置上。新中国成立后，在短时间内建立了门类齐全的工业体系，科研机构逐步健全。随着国民经济的发展，需要进行技术的升级和改造，实现社会主义工业化和现代化，科学技术的发展成为当务之急，制定科学技术发展规划的工作被正式提上了日程。

20 世纪 50 年代中期，我国的计算技术虽然只比日本晚了一两年，但距世界上第一台电子计算机的出现已经晚了十年。当时，以毛泽东同志为核心的党中央集体决定，先学习、掌握别人已有的技术，在此基础上，根据我国的具体条件，独立开展研究工作，即“先仿制后创新，仿制为了创新”。

1956 年夏天，在周恩来总理的领导下，我国制定了《1956—1967 年科学技术发展远景规划纲要》。在这份 12 年规划中，将计算技术、半导体、自动化、电子学并列为必须抓紧的四大紧急措施。在这个纲要的引领下，1956 年 8 月，首先把全国各地对计算技术较为了解的人员集中到一起，经过专业培训，使骨干力量得到快速成长，然后让他们回到各自的教学或科研单位开展工作，将计算机的知识和技术传授下去，从这以后，我国的计算机事业便飞速发展起来。

为了实现自主研发计算机的目标，1956 年 9 月，我国派出了赴苏联计算技术考察团。在两个多月的时间里，考察团分别对莫斯科和列宁格勒两地计算机的科研、生产与教育情况进行了考察，并重点对 БЭСМ 和 M-20 计算机进行了学习。1957 年 4 月，我国计算机研发人员组成 M-3 计算机工程组，在苏联专家的帮助下，快速消化吸收了相关技术，创造了一个奇迹——国营 738 厂仅用时 8 个月，就完成了第一台计算机的研制工作。

1958 年 8 月 1 日，我国第一台数字电子计算机 103 机（又称 DJS-1 型计算）诞生了，如图 7-29 所示。该计算机为 32 位，每秒可计算 1500 次。它体积庞大，仅主机部分就占地达 $40m^2$。虽然很笨重，但是它十分精密。内部有近 4000 个半导体锗二极管和 800 个电子管。在改进并配置了磁芯存储器后之后，它的运算速度提高到每秒 1800 次。103 机的诞生填补了我国电子计算机制造的空白。

图 7-29　我国第一台电子计算机及其制造者

随后，我国第一台大型数字电子计算机 104 机（40 位，每秒计算 1 万次）在 1959 年交付使用，在 104 机上，我国第一个自行设计的编译系统在 1961 年试验成功。104 机之后，我国又研制成功小型通用电子数字计算机 107 机（1960 年），以及大型通用数字电子管计算机 119 机（1964 年）。

20 世纪 60 年代，世界已经步入了第二代电子计算机——晶体管电子计算机的时代。1961 年，世界上最大的晶体管计算机 ATLAS 安装完毕。时任我国人民解放军军事工程学院电子工程系副主任的慈云桂跟随我国计算机代表团出访英国，他敏锐地意识到国际计算机技术的主流已走向全晶体管化。回国后便向中央建议：停止电子管计算机的生产，转向晶体管计算机的研制。另外他在回国前就开始了晶体管计算机体系结构和基本逻辑电路的设计。但是当样机试制出来后，运行很不稳定，有人断言我们不可能研制出通用的晶体管计算机。但慈云桂面对压力，坚定不移，带领教师和学生勇克难关，终于在 1964 年生产出我国第一台晶体管通用电子计算机——411-B 型机，如图 7-30 所示。它连续运行 268 小时无故障，稳定性达到当时的国际先进水平。1965 年中国科学院计算技术研究所还研制成功了大型晶体管计算机 109 乙机；其随后又对 109 乙机加以改进，两年后又推出 109 丙机，在我国原子弹和氢弹试制中发挥了重要作用，被誉为“功勋机”。此间研制成功的还有 108 机、108 乙机（DJS-6）、121 机（DJS-21）和 320 机（DJS-8）。1970 年年初，我国第一台具有分时操作系统、支持 FORTRAN 高级语言及标准程序库的 441-B/III

型计算机问世，它技术先进、稳定可靠，标志着我国的计算技术水平逐渐成熟。

图 7-30 我国第一台晶体管通用电子计算机

20 世纪 70 年代，世界正处于第三代电子计算机——中小规模集成电路计算机的时代。1973 年，北京大学与北京有线电厂等单位合作，研制成功运算速度为每秒 100 万次的大型通用计算机。1974 年清华大学等单位联合设计，研制成功小型计算机 DJS-130（见图 7-31），以后又推出 DJS-140 小型机，形成了 100 系列产品。与此同时，华北计算技术研究所组织全国 57 个单位联合进行了 DJS-200、DJS-180 系列计算机的设计。20 世纪 70 年代后期，电子工业部 32 所和国防科技大学分别研制成功 655 机和 151 机，速度都在每秒百万次以上。

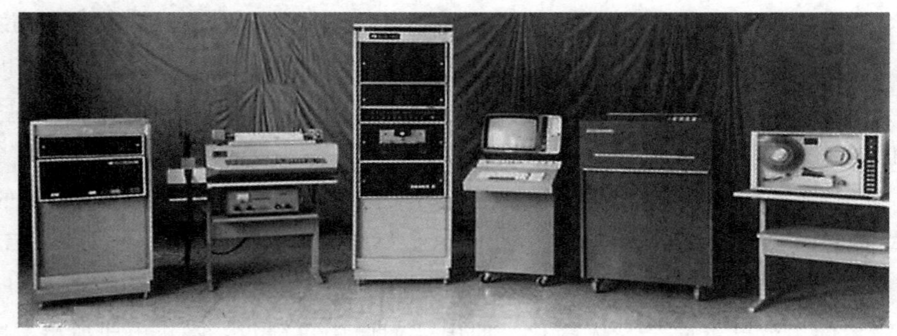

图 7-31 DJS-130 小型计算机

20 世纪 80 年代，世界迈入了第四代电子计算机——大规模和超大规模集成电路的时代，我国计算机事业也随着改革开放得到蓬勃发展。一方面我国基于主流 CPU，生产了大量微型计算机，如与 IBM PC 兼容的长城系列微机，以及用于中文输入的联想汉卡、国产办公软件 WPS 等。另一方面，我国在大型计算机领域达到了国际先进水平。

1992 年，国防科技大学研制出银河-Ⅱ通用并行巨型机，峰值速度达每秒 4 亿次浮点运算，为共享主存储器的 4 路向量处理机，其中央处理机采用中小规模集成电路自行设计，总体上达到 20 世纪 80 年代中后期国际先进水平。1993 年，国家智能计算机研究开发中心（北京市曙光计算机公司）研制成功曙光一号全对称共享存储多处理机，这是国内首次基于超大规模集成电路通用微处理器芯片和标准UNIX操作系统研制的并行计算机。1995年，北京市曙光计算机公司又推出了国内第一台具有大规模并行处理能力的曙光1000，其含有36个处理机，峰值速度达每秒25亿次浮点运算，与美国Intel公司1990年推出的大规模并行计算机技术相近，与国外的差距缩小到5年左右。1997年以后，国防科技大学先后研制出了银河-Ⅲ、天河一号、天河二号超级计算机，无锡江南计算技术研究所研制成功神威·太湖之光超级计算机，一度成为世界上计算速度最快的计算机。除此之外，北京市曙光计算机公司研制的百万亿次集群结构的超级服务器，中国科学院计算技术研究所研制的我国第一个通用CPU芯片"龙芯"(见图7-32)，均在我国计算机发展史上具有里程碑意义。

图7-32　国产CPU芯片"龙芯"

尽管我国的计算机科学与技术在很多方面进入了世界先进行列，但是整体上与国际先进水平相比还有一定的差距。特别是目前的一些核心技术，例如芯片制造、工业软件、基础软件、核心算法等，还掌握在发达国家手中。今天我国的高科技领域面临西方国家的围堵，急需在这些方面有所突破。目前我国正在大力发展信息技术创新产业，力争在计算机软硬件方面摆脱国外依赖，逐步实现国产化替代。在CPU领域，我们已经有了鲲鹏(ARM架构)、飞腾(ARM架构)、龙芯(MIPS架构)、海光(AMD架构)和申威(Alpha架构)等国产CPU芯片以及多款GPU加速芯片，另外，还在其他基础硬件、基础软件、应用软件和信息安全等领域建立起自主可控的完整产业链。希望同学们将来能够继承老一辈计算机工作者的开拓精神，攻坚克难，勇于创新，为我国的计算机事业贡献自己的力量。

延伸阅读
百度百科：中国计算机史。

7.7　什么是信息技术产业

今天大家在学校里学习计算机专业知识，毕业之后，我们未来的事业在哪里？我们从事的工作可能有哪些？有心的同学一定很早就开始准备自己的人生规划了。这里就为大家介绍一下信息技术产业的情况。

计算机产业是指从事计算机产品的制造、流通、销售和服务的企业群体及其生产活动。信息技术是管理信息和处理信息所采用的各种技术的总称，特指应用计算机科学和通信技术来设计、开发、安装和实施信息系统及相关软件。它也常被称为信息与通信技术(Information and Communication Technology，ICT)，主要包括感测技术、计算机技术和通信技术。感测技术聚焦信息的获取，计算机技术聚焦信息的处理，通信技术聚焦信息的传递。ICT 较好地概括了信息技术的三个重点领域，这三者相互依赖、相互交叉、相互融合，又各司其职。从事信息产品生产、流通、销售和服务的企业及其生产活动称为信息技术产业或 IT 产业。

IT 企业是 IT 产业的主体。有几种不同类型的 IT 企业，主要包括：

- 设备生产商，主要从事设计和生产计算机与通信产品(如 IBM、Dell、联想、HP、华为、曙光、Cisco)。
- 芯片制造商，主要从事设计和生产计算机芯片和电路板(如 Intel、TI、AMD、TSMC、中芯)。
- 软件开发商，主要从事计算机软件开发，包括应用程序、操作系统以及编程语言等(如 Adobe Systems、Microsoft、Oracle、金山、中软)。
- 服务公司，主要提供与计算机有关的服务(如 EDS/HP、IBM、赛迪、阿里、腾讯)。
- 互联网公司，主要提供基于互联网的服务(如 Google、Facebook、百度、腾讯、阿里)。

一个企业属于哪种类型并不是一成不变的。一方面企业的业务会随市场不断变化，例如，IBM 早先是一个设备制造商，现在业务涉及信息咨询以及软件开发等多个领域；另一方面，社会的发展和技术的进步会淘汰掉某些类型的企业，同时产生出一些新的企业种类，例如外包企业，它们使用来自外部供应商的服务或劳动力来降低成本。一些计算机公司将某些业务转移到其他国家的一些低成本地区，来维持产品价格的竞争力，称为离岸外包，这种方式很适合一些软件公司，例如 Microsoft 和 Oracle 公司使用了大量印度编程人员，当需要的时候，它们可以通过互联网进行远程工作。再例如信息系统集成商，它们善于把相关企业的技术和产品集成到一起，为用户提供完整的解决方案。今天信息化建设从规模和复杂性上都远远超过从前，把计算机技术、应用系统开发技术、网络技术、控制技术、通信技术、数据中心建设等综合运用在一个工程中是一种必然趋势，这方面信息系统集成商所拥有的专业技能及丰富的集成经验往往是其他企业不具备的。

由于供应链的关系，IT 产业往往呈现出一种集聚效应，即龙头企业在某些地区集中出现。典型的例如美国的硅谷和我国的中关村。硅谷位于美国加利福尼亚州北部旧金山湾区南面，是众多 IT 企业的诞生地，这里聚集着 Google、Facebook、HP、Intel、Apple、Cisco、NVIDIA、Oracle、Tesla 等一批世界著名的 IT 公司，融科学、技术、生产于一体，同时拥有多所科研实力雄厚的顶尖大学作为依托，如斯坦福大学(Stanford University)和加州大学伯克利分校(University of California,Berkeley)等。硅谷曾经也是集成电路、微处理器和个人计算机的诞生地,现在成为了世界高新技术创新中心,该地区的风险投资占全美风险投资总额的三分之一,硅谷的计算机公司已经发展到大约1500家。

延伸阅读
百度百科:硅谷。

我们从硅谷的发展可以了解很多IT企业成长、兴衰的历史并从中获得许多启发。吴军在他的著作《浪潮之巅》和《硅谷之谜》中分析了硅谷的起源和发展,对硅谷的创新力进行了深入剖析,把硅谷的成功经验总结为宽容叛逆、宽容失败、多元文化和追求卓越。宽容叛逆指的是企业允许其员工离开自己去创办另一个与自己竞争的企业,实现自己的追求;宽容失败是指投资者和企业能够支持员工尝试别人不敢设想的事情,即使失败了也不会追究责任;多元文化是指硅谷汇聚了来自世界各地的科学家和工程师,正是不同文化和思想的碰撞和交融给硅谷带来了无穷的创新动力;追求卓越是指硅谷的企业不甘于去做平庸的产品,而是瞄准全球领先的科技,产品具有很高的含金量。另外,硅谷不保护任何既有的企业,而是不断淘汰旧的企业,把有限的资源留给那些竞争力更强、利润率更高的企业。正是这些特点造就了硅谷几十年长盛不衰的奇迹。

今天我国把创新创业提到前所未有的高度,我们可以多多借鉴硅谷的经验,打造世界一流的IT高地,建设信息技术强国。从众多IT企业的发展历程,我们可以发现,一个IT企业能够成功大多都会具备以下几方面的条件,如果大家未来立志创新创业,需要了然于心:

- 社会需要。企业的定位一定要符合国家和社会的需要。
- 核心技术。企业要有自己的核心技术,不会轻易被别人所超越。
- 预见未来。企业要能预见到数年或数十年之后社会和科技发展的趋势。
- 快速应变。企业能够快速适应当前市场和技术的变化,做出相应的改变。
- 顺应技术潮流。企业要采用主流和有生命力的技术。
- 商业模式。企业要有适合自己的、能够带来最大收益的商业模式。
- 卓越的领袖。企业要有具有远见卓识以及优秀管理能力的领导者。
- 优秀的团队。企业要招聘最优秀的人才并发挥好他们的作用。
- 充足的资金。企业要说服投资方获得充足的启动和研发资金并尽可能降低风险。
- 生存环境。企业要选择一个在政策、投资、产业链和营销等方面适合自己发展的环境。

总之,信息技术是一门新兴的产业。它建立在现代科学理论和应用技术基础之上,是带有高科技性质的服务性产业,对于整个国民经济的发展意义重大。IT产业也是大多数同学们未来要从事的行业,我们应为之打好坚实的基础。

7.8 我们未来能做什么

一些同学到了大学四年级才开始思考毕业后找个什么样的工作，而有心的同学很可能从大学一年级就开始思考这个问题了。及早考虑我们的职业规划，可以让我们有明确的目标，提前准备，让自己成为国家和行业需要的人才。

我们未来的职业与IT产业的产品特点和社会分工有密切的关系。

所有的生命体都有诞生、发育、成熟、衰老、死亡这几个生命阶段，即生存周期。IT产品也可以看成是有生命的，要经历从产品论证、研发生产、产品发布、销售推广、系统维护到产品退役这样几个阶段。

(1) 产品论证。一个IT产品是谁决定要开发的呢？这里有两种情况，一种是来自企业内部的需要，比如某个公司看好某种产品很有前途，经过酝酿决策，决定上马这个产品；另一种是其他机构委托开发的，称为订单产品，它通过招标，邀请应标公司来帮助开发这个产品。在第一种情况下，IT企业往往需要安排专门的人员进行产品的调研和可行性分析，撰写分析报告，并游说管理层出资，这一步非常关键，因为大部分IT产品的开发都代价不菲，如果没有人投资，开发就无法进行。在第二种情况下，产品的委托方(甲方)会公布标书，写明产品的要求，IT企业要对标书进行分析，如果觉得值得应标，就会组织人员撰写投标书，经过竞标，获得甲方的投资并开始产品的研发。负责这项工作的主要是公司的产品部，参与的人员包括产品总监、产品经理、产品主管、产品专员、产品助理等。当公司决定要开发某个产品之后，需要确定产品的需求，提供给产品的开发部门，此外还要确定项目的实施计划。公司的很多部门如产品部、技术部、设计部、运营部、财务部都会参与需求的评审，保证需求和计划的合理性和可行性。

(2) 研发生产。当产品的需求确定之后，就要开始产品的设计了，主要包括产品的外观设计或用户界面设计。参与这项工作的主要有公司的设计部，产品部的产品经理以及技术部的开发人员。在完成产品设计之后，技术部的开发人员就开始了产品的研发过程。架构师需要确定产品的研发路线和实施方案，项目经理需要确定产品的开发计划，并妥善应对开发过程中的各种突发情况。根据不同的产品，开发人员可能有不同的分工，例如，对于Web应用，可能有前端开发人员、后端开发人员以及数据库开发人员；对于人工智能的应用，可能会有算法工程师和数据分析师等。伴随着开发工作的进行，产品的测试一般也就开始了。测试的目的是发现和减少产品中的Bug，保证产品交付到用户手中能正常使用。测试的工作量一般很大，因此测试人员数量可能比开发人员还多。开发人员在开发过程中会一边开发，一边测试；之后还会交给测试人员进行更全面、深入的测试，甚至还会邀请用户和运维人员来参与测试。为了便于IT产品维护和使用，技术部还需要安排人员撰写各类产品文档，包括产品的开发手册、安装与使用手册，以及产品的升级维护指南等。参与这项工作的主要有公司产品部的文档撰写员和开发人员。

(3) 产品发布。当产品经过测试确保达到了用户的要求后，就可以发布了。IT产品的发布有多种形式，例如线上或线下，租用或购买等，需要选择最适合用户的发布方式。另外，还可能需要对客户信息进行登记注册，以便将来进行售后服务。此外可能需要对客户进行培训，并提供用户升级维护的渠道。参与这项工作的主要有公司的技术部和客服部的人员。

（4）销售推广。对于非订单产品，IT企业总希望产品能够带来最大的收益。IT产品的盈利方式是多种多样的，例如，靠产品销售的利润，靠流量赚取广告费用，靠产品增值服务（如开源软件）的收费等，所有的盈利方式都需要有尽可能多的产品用户。这就需要市场部、公关部和客服部的相关人员通过各种渠道进行广告投放等营销活动，以便使更多的用户知道这个产品，去使用、去付费，同时在售前和售后帮助解答或解决用户提出的各种问题。

（5）系统维护。产品销售之后，产品经理和开发人员的工作并没有结束，因为产品往往需要不断优化，以获得更多用户的青睐，提高产品的市场竞争力。因此产品经理需要不断地收集用户反馈，优化迭代产品的功能，并且修复产品中的Bug。这些工作将催生出新一代的产品或一个新的版本，进入一个新的产品生存周期，周而复始。这部分工作往往需要公司产品部、技术部和市场部等多个部门人员的参与。

（6）产品退役。任何一个产品都有寿终正寝的那一天，或者用户不再需要这个产品的功能了，或者有更好的产品可以替代它。虽然决定产品退役的是用户，但作为IT企业，需要尽力做好产品的更新迭代，尽可能地延长产品的生存周期。如果产品的确到了退役的阶段，客服部和技术部的人员应该帮助用户保存好数据，做好善后处理。

根据以上IT产品的生存周期的介绍，可以大致勾勒出一个典型的IT企业的组织架构，如图7-33所示。

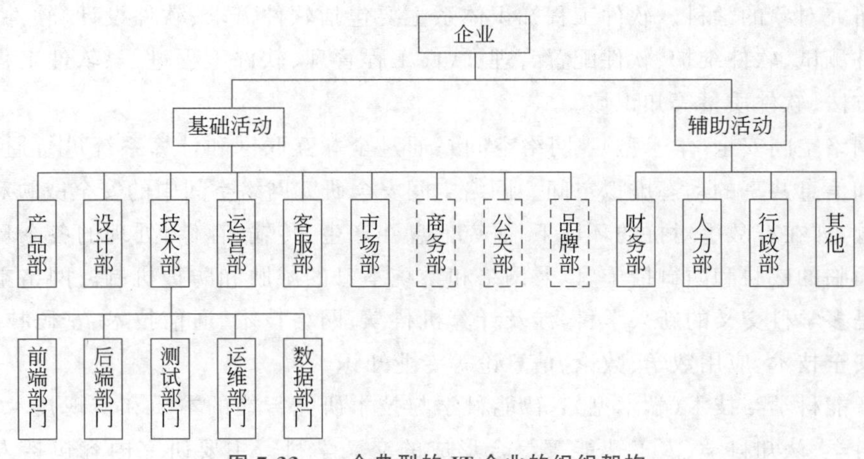

图7-33 一个典型的IT企业的组织架构

在IT产品的生存周期中，计算机专业人员主要从事计算机软硬件设计、分析、开发、测试或维护工作，同学们将来可以从事的一些重点岗位包括：参与产品设计、开发、测试和维护的开发工程师，参与产品售前和售后服务的技术支持工程师，以及文档撰写员等。

这些岗位也不是一成不变的，例如近年人工智能炙手可热，出现了众多算法工程师和数据分析师岗位，大家可以从每年的招聘会上多了解 IT 企业岗位设置的动向。本科毕业生一般都会从一些基层的岗位做起，例如产品助理、程序员、测试工程师等，逐步增长才干，担任开发组长、项目经理或部门主管，直至担任公司的高级管理人员，例如技术总监、首席架构师、CTO(首席技术官)或 CEO(首席执行官)。所有担任这些职务的人员都应该具备扎实的专业功底和良好的专业素质，担任管理职务的人员还应该具备团队合作精神和组织领导才能。

在 IT 企业还有一些岗位大家也可以去尝试，例如，市场销售、美工设计、人力资源、财务或运营等，这些岗位对计算机专业能力要求不是很高，但是可能需要学习一些其他领域的知识，同学们如果有意去应聘这样的岗位，不妨到学校的其他专业去选修一些相关的课程。

还有一些同学可能有良好的数理基础，立志要当计算机科学家或从事计算机基础理论研究工作，可以选择报考研究生，这将有助于你将来进入研究机构或高等院校去工作。在我国，研究生的培养是按照学科门类来进行的，截至 2023 年，与计算机相关的一级学科包括：

- 计算机科学与技术(学术型)：计算机科学与技术主要围绕计算机的设计与制造，以及信息获取、表示、存储、处理、传输和运用等领域方向，开展理论、原理方法、技术、系统和应用等方面的研究。计算机科学与技术学科涉及数学、物理、通信、电子等学科的基础知识。
- 软件工程(学术型)：软件工程是以计算机科学理论和技术以及工程管理原则和方法等为基础，研究软件开发、运行和维护的系统性、规范化的方法和技术，或以之为研究对象的学科。软件工程知识体系主要包括软件需求、软件设计、软件构造、软件测试、软件维护、软件配置管理、软件工程管理、软件工程过程、软件工程工具和方法、软件质量等知识域。
- 网络空间安全(学术型)：网络空间是通过全球互联网和计算系统进行通信、控制和信息共享的动态虚拟空间。网络空间安全研究网络空间中的安全威胁和防护问题，即在有敌手对抗的环境下，研究信息在产生、传输、存储、处理的各个环节中所面临的威胁和防御措施，以及网络和系统本身的威胁和防护机制。网络空间安全是多学科交叉的新兴学科，涉及计算机科学、网络技术、通信技术、密码技术、信息安全技术、应用数学、数论、信息论等专业知识。
- 智能科学与技术(学术型)：智能科学与技术研究智能的本质和实现技术，是由脑科学、认知科学、人工智能等综合形成的交叉学科。主要研究内容包括人类的思维、意识、推理、记忆、学习、交互等智能活动的机理，人类智能行为的模拟，智能工具的开发应用以及人机和谐环境等。涉及脑认知、机器感知与模式识别、自然语言处理、知识工程、机器人与智能系统等专业知识。
- 电子信息下的计算机相关方向(专业型)。服务国家重大战略、关键领域和社会重大需求，全国工程专业学位研究生教育指导委员会2021年设置了电子信息、机械、材料与化工、资源与环境、能源动力、土木水利、生物与医药、交通运输8种专业学位类别，以及专业领域指导性目录。专业学位倡导科学性与工程性并重，强调理论与技术相结合，技术与系统相结合，系统与应用相结合。在电子信息类别下，计算机相关的专业领域包括计算机技术、软件工程、人工智能、大数据技术与工程、网络与信息安全。

同学们将来无论是从事计算机相关的职业还是继续读研深造，都要树立正确的人生观、世界观和价值观，努力做到德、智、体、美全面发展，掌握与信息技术相关的自然科学和数学知识，以及计算机学科的基本理论和方法，并能够运用计算思维创造性地将这些知识应用于实际工作；要具备良好的科学素养和社会责任感、协作精神、创新意识和国际视野；具备自主学习和终身学习能力。作为计算机行业的从业者，要能够胜任计算机软硬件系统分析、设计、开发及应用等工作以及可能的管理工作；作为一名计算机科学技术领域的研究者，需要具有严谨求实的科学态度和良好的学术素养，恪守学术道德，具备获取知识的能力、科学研究能力、实践能力、学术交流以及组织协作能力，要能够胜任计算机相关领域的基础研究和关键技术创新工作。

今天新一轮科技和产业革命正孕育着历史性的伟大变革，当今的世界正处于百年未有之大变局，我们的未来充满着机遇和挑战。在“计算机导论”课程中，大家接触到的内容只是计算机发展长河中的惊鸿一瞥，希望同学们在将来的专业课程中去学习更深入的知识，锻炼更加全面的能力，成为堪当民族复兴重任的时代新人。

研讨问题

1. 简述电子计算机的分代和特点。

2. “神威·太湖之光”超级计算机系统的持续性能为93.015PFlops，性能功耗比为6051MFlops/W，目前处于世界领先地位。1度电约折合0.272kg碳排放量，“神威·太湖之光”每小时耗电相当于多少碳排放量？（注意：1P＝1000T，1T＝1000G，1G＝1000M，1M＝1000K）

3. 说出五种提高软件的生产率的途径。

4. 如果人工智能可以帮助人们编写程序，软件开发人员的职业会发生什么变化？

5. 举我国五个知名的IT企业及其业务方向/产品。

6. 调研一个著名的IT企业，分析其成败的原因。

7. 结合计算机专业人员的职业，分析他们应该具备哪些素质？

8. 你认为信息技术发展的终极目标是什么？

9. 谈一谈你的未来职业和个人发展规划。

10. 找出本书所涉及的关于计算思维的内容。用自己的语言解释以下四种计算思维的含义：①逻辑思维；②算法思维；③网络思维；④系统思维。

图书资源支持

感谢您一直以来对清华版图书的支持和爱护。为了配合本书的使用，本书提供配套的资源，有需求的读者请扫描下方的"书圈"微信公众号二维码，在图书专区下载，也可以拨打电话或发送电子邮件咨询。

如果您在使用本书的过程中遇到了什么问题，或者有相关图书出版计划，也请您发邮件告诉我们，以便我们更好地为您服务。

我们的联系方式：

清华大学出版社计算机与信息分社网站：https://www.shuimushuhui.com/

地　　址：北京市海淀区双清路学研大厦 A 座 714

邮　　编：100084

电　　话：010-83470236　010-83470237

客服邮箱：2301891038@qq.com

QQ：2301891038（请写明您的单位和姓名）

资源下载：关注公众号"书圈"下载配套资源。

资源下载、样书申请

书圈

图书案例

清华计算机学堂

观看课程直播